高等院校规划教材

PUTONG GAODENG
YUANXIAO
JISUANJI JICHU
JIAOYU XILIE JIAOCAI

普通高等院校计算机基础教育系列教材

C程序设计技术

CHENGXU SHEJI JISHU

主　编　刘慧君　熊　壮

编　者（按姓氏笔画排序）

王欣如　冉春林　伍　星

刘慧君　何　频　陈　策

张全和　吴漪菡　林宝如

熊　壮

重庆大学出版社

内容提要

本书针对程序设计语言初学者，以C语言为载体，以微软 Visual C++6.0 为环境，通过讨论C程序设计的一般过程和方法，重点介绍了结构化程序设计的基本思想和实现方法。本书通过数据组织、控制结构、文件处理等程序设计基础知识的讨论，向读者讲授使用C语言进行程序设计的基本方法；通过对指针与函数关系、指针与数组关系、指针数组、动态数组实现方法、构造数据类型使用方法等方面的讨论，向读者讲授C语言特有的一些重要知识，使读者能够循序渐进地掌握使用C语言开发各类常见应用程序的基本技能。

本书在附录中提供了ASCII码表、C程序设计中常用的标准库函数、使用Visual C++ 6.0集成环境开发C程序的基本方法等重要学习资料。

本书覆盖了C语言的应用基础，内容深入浅出、语言流畅、例题丰富，适合作为程序设计语言课程初学者的教材，对于程序设计爱好者也是极佳的入门教材或参考书。

图书在版编目(CIP)数据

C程序设计技术/刘慧君，熊壮主编.—重庆：重庆大学出版社，2015.2(2021.9重印)
普通高等院校计算机基础教育系列教材
ISBN 978-7-5624-8835-4

Ⅰ.①C… Ⅱ.①刘…②熊… Ⅲ.①C语言—程序设计—高等学校—教材 Ⅳ.①TP312

中国版本图书馆CIP数据核字(2015)第026878号

高等院校规划教材
普通高等院校计算机基础教育系列教材
C程序设计技术
主编 刘慧君 熊 壮
策划编辑 王 勇
责任编辑：文 鹏 版式设计：王 勇
责任校对：邬小梅 责任印制：张 策
*
重庆大学出版社出版发行
出版人：饶帮华
社址：重庆市沙坪坝区大学城西路21号
邮编：401331
电话：(023) 88617190 88617185(中小学)
传真：(023) 88617186 88617166
网址：http://www.cqup.com.cn
邮箱：fxk@cqup.com.cn (营销中心)
全国新华书店经销
重庆市联谊印务有限公司印刷
*
开本：787mm×1092mm 1/16 印张：20.5 字数：474千
2015年2月第1版 2021年9月第4次印刷
印数：9 001—11 000
ISBN 978-7-5624-8835-4 定价：49.00元

前 言

计算机程序设计能力是理工科大学生基本能力之一。培养学生的逻辑思维能力、抽象能力和基本的计算机程序设计能力,引导学生进入计算机程序设计的广阔空间,是大学计算机程序设计课程的主要目标。

计算机程序设计的主要任务,就是用合适的计算机程序设计语言,对解决问题的方法进行编码处理,即编制程序。C 语言功能丰富、表达能力强、程序执行效率高、可移植性好,既有高级计算机程序设计语言的特点,同时又具有部分汇编语言的特点,故具有较强的系统处理能力。C 语言是一种结构化程序设计语言,支持自顶向下、逐步求精的程序设计技术,通过 C 语言函数结构,可以方便地实现程序的模块化。在 C 语言基础之上发展起来的面向对象程序设计语言如 C++、Java、C#等与 C 语言有许多共同特征。掌握 C 语言,对学习进而应用这些面向对象的程序设计语言有极大的帮助。

本书从结构化程序设计技术出发,以 C 程序设计语言为载体,通过对 C 语言的基本语法、语义以及学习 C 语言过程中各种常见典型问题的分析,通过对程序设计技术基础范畴内各种典型问题描述求解方法以及相应 C 语言代码的描述,展现了在程序设计过程中对问题进行分析、组织数据和描述解决问题的方法,展现了在计算机应用过程中将方法和编码相联系的具体程序设计过程,进而向读者介绍了计算机结构化程序设计的基本概念、基本技术和方法。

本书的主要内容分为相辅相成的两个部分，第一部分包括第1章至第5章，主要介绍计算机程序设计高级语言共性的基础知识，包含的主要内容有基本数据类型的使用、运算符和表达式计算基础、标准库函数的使用方法和顺序程序设计、结构化程序设计、函数调用中的数值参数和地址值参数传递、变量的作用域和生存期、数组使用和字符串处理基础、函数调用中的数组参数传递、文件数据处理基础。对于需要了解和掌握结构化程序设计基本思想的读者，通过这部分的学习即可较为全面地掌握结构化程序设计的基本思想。第二部分包括第6章至第9章，主要介绍C语言特有的一些重要知识，包含的主要内容有返回指针值的函数、指向函数的指针以及指向函数指针变量作函数的形式参数、数组与指针的关系、指针数组、命令行参数、用指针实现动态数组的方法、结构体数据类型、联合体数据类型、用typedef关键字描述复杂数据类型、编译预处理基础、位运算与枚举类型。通过第二部分内容的学习，可以较为全面地掌握C语言的基础知识。

本书选用Microsoft Visual C++ 6.0作为教学环境，书中的所有教学示例都在Microsoft Visual C++ 6.0集成开发环境中通过。附录中还提供了ASCII码表、C程序设计中常用的标准库函数、使用Visual C++ 6.0 IDE开发C程序的基本方法等重要学习资料。

本书适于作为高等院校各专业程序设计语言类课程教材，同时可作为计算机专业本专科学生、计算机应用开发人员、程序设计爱好者、计算机等级考试应试者在学习程序设计语言和程序设计技术时的参考教材。

参加本书编撰的作者都是长期从事程序设计课程教学的一线教师，在教材内容选取、章节教学顺序安排上都尽可能考虑了C语言基础内容与初学程序设计难度上的平衡,通过丰富的例题、流畅的语言对教学内容进行了深入浅出的描述。参加本书编撰的教师有:陈策、何频、林宝如、刘慧君、冉春林、王欣如、伍星、熊壮、张全和,各章节编写分工如下:陈策(第4章),何频(第2章),林宝如(第5章),刘慧君、吴漪菡(第8章),冉春林(第9章),王欣如(第1章),伍星(第6章),熊壮(第7章),全书由刘慧君、熊壮进行内容调整、修改,统一定稿。

限于编者水平,书中不妥和错误之处在所难免,恳请读者不吝指教。

联系地址:重庆大学计算机学院。

E-Mail:lhjlcr@cqu.edu.cn, xiongz@cqu.edu.cn

编者

2014年12月

目录

第1章

C 程序设计初步

1.1 C 程序结构和处理过程

C 语言是 1978 年由美国电话电报公司(AT&T)贝尔实验室正式发表,早期主要用于 UNIX 系统。由于 C 语言具有强大的功能,很快移植到其他操作系统平台下,在各类大、中、小和微型计算机上得到了广泛使用,成为当代最优秀的程序设计语言之一。C 语言有如下的一些主要特点:

①简洁、紧凑,使用方便、灵活。C 语言只有 30 多个关键字,9 种控制语句,程序书写形式自由。

②运算类型丰富。C 语言共有 34 种运算符,其中包括括号、赋值、逗号等,从而使 C 语言的运算类型极为丰富,可以实现其他高级语言难以实现的运算。

③数据类型丰富。C 语言的数据类型有整型、实型、字符型、数组类型、指针类型、结构体类型、共用体类型以及枚举类型等,可以表达各种复杂的数据结构,具有很强的数据处理能力。

④完全模块化和结构化的语言。C 语言具有结构化的控制语句,用函数作为程序的单元,便于实现程序的模块化。

⑤语法规则简洁。C 语法限制不太严格,程序设计和书写形式自由度大。

⑥C 语言允许直接访问物理地址,能进行位(bit)操作,能实现汇编语言的大部分功能,可以直接对硬件进行操作。

⑦生成目标代码质量高,程序执行效率高。

⑧可移植性好,程序容易在新的系统获得使用。

1.1.1 C 程序的基本结构

下面通过两个完整的 C 程序了解 C 语言源程序结构的特点。在这两个示例中,主要了解组成一个 C 源程序的基本部分和书写格式,程序实现功能的细节,在后面的章节中逐步介绍。

[**例** 1.1] 在屏幕上输出信息:"This is my first C program."。

```
/* Name: ex0101.cpp */
#include <stdio.h>      //这是编译预处理命令
int main()
{
    printf("This is my first C program.\n");
    return 0;
}
```

[程序代码说明]

①程序仅由一个主函数组成,main 是主函数的函数名,函数名前面的 int 表示函数是整型类型函数。这种类型的主函数必须在函数的最后使用 C 语句"return 0;"来表示程序正常结束。C 程序最常用的两种主函数框架如下所示,本书采用整型主函数形式。

```
#include <stdio.h>
int main()
{
    ….
    return 0;
}
```

```
#include <stdio.h>
void main()
{
    ….
}
```

②程序中的注释。注释部分仅起到说明作用,程序不执行注释部分。在现代的开发环境下,注释的书写有多行注释方式和单行注释方式两种。用符号/*和*/作为括号的是多行注释方式,其中的注释内容既可以写在一行上,也可以写在多行上;用符号//作为引导的是单行注释方式,其注释内容只能书写在一行上。

③程序中调用输出函数 printf,将括号中的字符串内容显示到屏幕(显示器)上,这也是 C 程序输出程序运行结果的主要方式。为了能够使用标准函数 printf,在程序前面使用了预处理语句:#include <stdio.h>。

[**例** 1.2] 从键盘上输入两个整数,求它们中间的较大者。

```
/* Name: ex0102.cpp */
#include <stdio.h>
int main()      //主函数
{
    int max(int a,int b);      /*函数声明*/
    int x,y,z;      /*变量说明*/
    printf("请用户输入两个整数,用空格分隔:\n");
    scanf("%d%d",&x,&y);      /*输入 x,y 值,注意书写格式*/
    z=max(x,y);      /*调用 max 函数*/
    printf("max num: %d\n",z);      /*输出程序执行结果*/
    return 0;
}
int max(int a,int b)      //定义 max 函数
```

```
{
    int c;
    if(a >b)
        c=a;
    else
        c=b;
    return c;     //把结果返回主调函数
}
```

[程序代码说明]

①程序执行时,由用户输入两个整数(用空格分隔,按回车键结束输入),程序执行后输出其中较大的数。

②程序由主函数 main 和函数 max 组成。max 函数是一个用户自定义函数,其功能是比较从主函数传递过来的两个数,然后把较大的数返回给主函数。

③程序中,函数之间是并列关系。C 程序中,每个函数都是一个相对独立的代码块,它们在程序中书写的顺序是任意的。被调用的函数定义如果出现在调用点之后,必须要对被调函数进行声明。例如在本例中,主函数 main 调用 max 函数,max 函数的定义在主函数之后,所以在主函数中必须对 max 函数进行声明(参见主函数中的函数声明语句)。关于函数有关知识,将在第 3 章进行详细介绍。

通过以上例子可以看出,C 程序在结构上有如下特点:

①一个 C 程序可以由一个或多个函数组成,但无论有多少个函数,都有且仅有一个主函数(即 main 函数)。

②函数由函数头和函数体两个部分构成,用花括号{}包括函数体部分。函数体由一系列 C 语句组成,用以实现函数的功能。

③C 程序根据需要可以有多条预处理语句,预处理语句通常放在源程序的最前面。由于每个完整的 C 程序都会涉及数据的输入、输出,所以每一个 C 程序都一定含有预处理语句:#include <stdio.h>或者#include "stdio.h"。

④C 程序中,每一条语句都必须以分号结尾。但对于预处理命令,函数头和花括号"}"之后不需要加分号。

⑤标识符、保留字以及各语言独立成分之间至少用一个空格以示间隔。

⑥程序应当包含适当的注释,以增强程序的易读性和可理解性。

1.1.2 C 程序的处理过程

计算机不能直接识别和执行用高级语言书写的指令,需要通过"解释方式"或者"编译方式"对程序进行处理。在用编译方式处理高级语言编写的程序时,需要经过"编译"和"连接"两个过程。

用符合 C 语言规范的方式书写并保存的 C 程序称为源程序文件。处理 C 源程序文件时,首先使用"编译程序"把 C 源程序翻译成二进制形式的目标码,并用目标文件的形式存放;再通过"连接程序"将源程序中用到的其他功能函数与目标程序连接在一起,最后生成

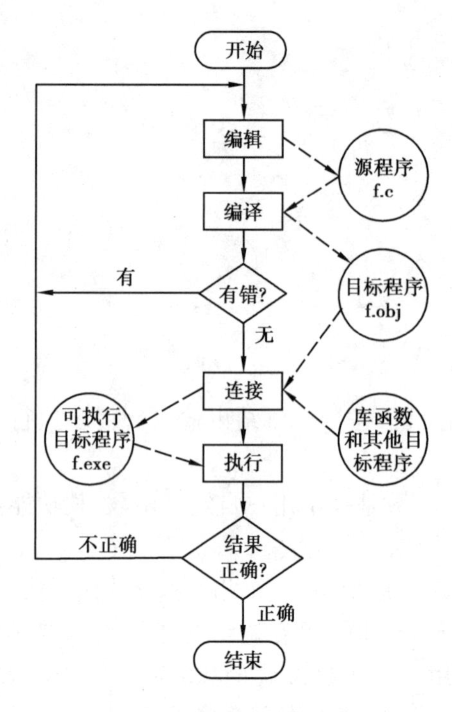

图 1.1　程序的处理过程

计算机系统可以辨识和执行的机器语言程序。

以 Microsoft Visual C++ 6.0 集成环境(简称 VC++6.0 IDE)为例(如图 1.1 所示),一个 C 程序的处理过程为:

①编写源程序代码。在开发环境中,使用其编辑功能输入和修改源程序,获得程序的源程序文件(后缀为.c 或.cpp)。

②编译程序。通过执行开发环境中的"编译"命令,对源程序进行编译处理。编译处理的主要工作是检查程序中是否存在语法错误。若有语法错误,则返回编辑环境修改程序;若没有语法错误,则生成由二进制代码表示的目标程序文件(后缀为.obj)。

③连接程序。获得程序的目标文件后,通过开发环境中的"连接"命令,将目标文件和由开发环境提供的标准库函数、启动代码等进行连接,形成可执行文件(后缀为.exe)。

④运行与调试。获得执行文件后,在开发环境中,通过使用"运行"命令即可执行程序。若程序执行后获取了正确结果,则程序处理过程完成;若程序执行后没有获得期望的结果,表示该程序有逻辑错误(即程序代码不能实现要求的功能),这时需要调试程序,即返回编辑环境,寻找错误出现的原因,修改程序代码。

1.2　C 语言的基本数据类型

C 语言的数据包含两个大类:基本数据类型和构造数据类型。基本数据类型也称为内置数据类型,该类数据可以在程序中直接使用。

1.2.1　C 程序中数据的表示

C 程序的基本构成成分包括字符集,标识符,保留字,常量,变量,运算符等。

1)C 语言的字符集

每种计算机程序设计语言都规定了在书写源程序时允许使用的字符集,以便语言处理系统能正确识别它们。C 语言规定书写 C 源程序的字符集由以下字符组成:

- 小写英文字母:a b c … z
- 大写英文字母:A B C … Z
- 数字字符:0 1 2 3 … 9
- 特殊字符:+ = - _ ( ) * & % $! | < > . , ; : " ' / ? { } ~ [ ] ^
- 不可印出字符:空格、换行、制表符等

2)标识符和保留字

标识符是在程序中为数据对象命名的单词(字符序列),分为两大类:系统保留字和用户标识符。

C 语言有 37 个系统保留字(又称为关键字)。保留字是一类特殊的标识符,在 C 语言中具有特定严格意义的基本词汇,任何情况下都不能将它们作为用户标识符使用。下面列出的是 C 语言中的保留字(其中标有"*"的是在 C99 标准中增加的):

```
auto        _Bool *       break         case
char        _Complex *    const         continue
default     do            double        else
enum        extern        float         for
goto        if            _Imaginary *  inline *
int         long          register      restrict *
return      short         signed        sizeof
static      struct        switch        typedef
union       unsigned      void          volatile
while
```

还有几个标识符从严格意义上说不属于系统保留字,它们常出现在 C 的预处理器中,C 语言开发环境中为它们赋予了特定的含义,建议用户不要将它们在程序中随意使用,以免造成混淆。这些标识符是:

```
define      undef       include     ifdef
ifndef      endif       line        error
elif        pragma
```

用户标识符是在程序中给用户自定义数据对象(如变量、常量、函数、数据类型等)命名的符号。在不混淆的情况下,用户标识符简称为标识符。标识符的命名规则是:

①构成标识符的字符只能是字母、数字和下划线。

②标识符中第一个符号不能是数字,只能是字母或者下划线。

③标识符构成时要区分字母的大小写,即 abc 和 ABC 是不相同的标识符。

④不能用保留字作用户标识符。

在程序中自定义标识符时,除了必须遵守标识符的命名规则外,还需要注意以下两个方面:一是要将标识符取得既有意义,又便于阅读;二是要注意避免含义上或书写时引起混淆。

下面列出的是一些合法的用户自定义标识符例子:

a　x1　file_name　_buf　PI

下面列出的是不合法的用户自定义标识符例子及错误原因:

```
123abc          /* 不是以英文字母开头 */
float           /* 与系统保留字同名 */
```

```
up-to                    /*标识符中出现了非法字符"-"*/
zhang san                /*标识符中间出现了非法字符空格*/
```

3）常量和变量

常量和变量是计算机高级语言程序中数据的两种表现形式。在程序执行过程中，数据的值不能发生改变，则称其为常量；数据的值有可能发生改变，则称其为变量。

在程序中，常量可以不经说明而直接引用（即直接书写在程序代码中），而变量则必须先定义后使用。变量在程序中用标识符命名，同时变量还对应计算机系统存储器中的某一段存储空间（容纳该变量值的空间）。程序中定义变量时，不但要用合适的标识符命名，而且还必须说明变量的数据类型，以便编译器确定该变量的存储和处理方法。变量定义的一般形式为：

数据类型名 变量名 1，变量名 2，…；

1.2.2 C语言基本数据类型

C语言中，数据类型可分为4类，即基本数据类型、构造数据类型、指针类型、空类型，如图1.2所示。

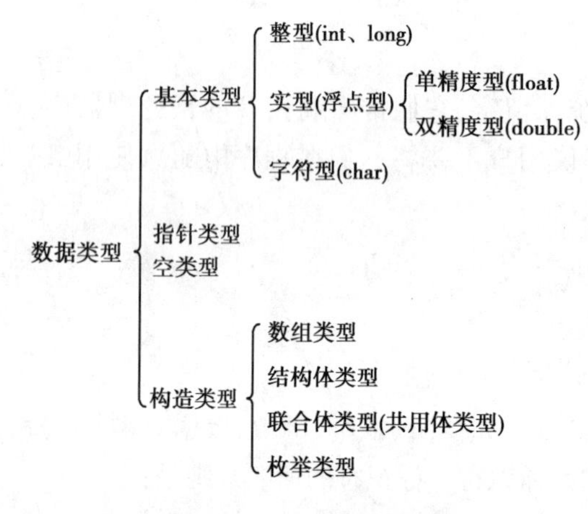

图1.2 C语言的数据类型

1）整型数据

整型数据是计算机程序设计中最常用的数据类型之一。在C语言中，整型数据用机器的一个字长来存储，所以整型数据的表示范围与计算机系统的软硬件环境有关。在字长为16位计算机系统中，整型数据占用2个字节，表示的数据范围为-32 768～32 767（$-2^{15}\sim2^{15}-1$）。在字长为32位的计算机系统中，整型数据占用4个字节，表示的数据范围为-2 147 483 648～2 147 483 647（$-2^{31}\sim2^{31}-1$）。

整型常量在C程序中有3种书写形式：

①十进制整数：如12、-123、0等。

②八进制整数：以0开头的整数是八进制整型常量，如0777、-011等。

③十六进制整数：以0x开头的整数是十六进制整型常量，如0x123、0xff等。

在C程序中，用于存放整型数据的变量称为整型变量。整型变量有基本整型、短整型、长整型和无符号整型四种，其数据类型名分别由关键字int、short、long与unsigned表示。下面是一些C程序中整型变量定义的示例：

```
int a,b,c;      //定义a,b,c为整型变量
long x,y;       //定义x,y为长整型变量
unsigned p,q;   //定义p,q为无符号整型变量
```

变量定义时可以进行初始化，即在定义的同时通过赋值号（=）将值赋值给变量，例如：语句int a=100,b=200;等。

一个程序中,数据的输入或输出,特别是输出是必不可少的。C程序中的数据输入、输出一般通过标准库函数 scanf 和 printf 来实现。

C程序中,可以通过调用标准函数 scanf 实现整型数据的输入。C语言规定必须使用变量的取地址形式,一般使用控制符号%d、%hd、%ld、%u进行输入控制。下面代码段描述了整型数据输入C语句的书写示例:

```
int abc1;
short abc2;
long abc3;
unsigned abc4;
scanf("%d",&abc1);              //为整型变量 abc1 输入数据,注意变量的取地址
形式
scanf("%hd",&abc2);             //为短整型变量 abc2 输入数据
scanf("%ld",&abc3);             //为长整型变量 abc3 输入数据
scanf("%u",&abc4);              //为无符号整型变量 abc4 输入数据
scanf("%d%u",&abc1,&abc4);      //为变量 abc1 和 abc4 输入数据,数据间用空格
                                  分隔
scanf("%d,%u",&abc1,&abc4);     //为变量 abc1 和 abc4 输入数据,数据间用逗号
                                  分隔
```

C程序中,可以通过调用标准函数 printf 实现整型数据输出,一般使用控制符号%d、%hd、%ld、%u进行输出控制。下面代码段描述了整型数据输出C语句的书写示例:

```
printf("%d\n",abc1);      //输出变量 abc1 的值,然后换行
printf("%ld",abc3);      //输出变量 abc3 的值(不换行),注意比较上一个输出控制
printf("%d\n%u\n",abc1,abc4);      //输出变量 abc1 和变量 abc4 的值,数据分两
                                     行输出
printf("%d,%u\n",abc1,abc4);      //输出变量 abc1 和变量 abc4 的值,输出数据间
                                    用逗号分隔
printf("abc2=%hd\n",abc2);      //先输出字符序列:abc2=,然后接着输出变量
                                  abc2 的值
```

［**例1.3**］ 整型数据在程序中的使用示例。

```
// Name:ex0103.cpp
#include <stdio.h>
int main()
{
    int a,b,c,d;
    a=1000;      //常量值直接赋给变量
    printf("请输入变量 b 和 c 的值:");      //程序运行时提示用户输入数据
    scanf("%d,%d",&b,&c);      //输入两个数据,用逗号分隔
    d=a+b+c+1000;      //常量值直接写在表达式中
```

```
    printf("%d,%d,%d\n",a,b,c);    //输出变量 a,b,c 的值,用逗号分隔
    printf("d=%d\n",d);    //输出变量 d 的值
    return 0;
}
```

程序运行时,若输入的数据序列为:10,20<CR>(<CR>表示按回车键),则输出数据序列为:

1000,10,20
d=2030

2)实型数据

C 程序中,实型数据也称为浮点型数据。

C 语言中,实型常量也称为实型常数、实数或者浮点数,采用十进制形式表示。在书写方式上,实型常数的表示形式有两种,即十进制小数形式和指数形式。

十进制小数形式由数码 0~9 和小数点组成,其书写的一般形式为:

整数部分.小数部分

例如:0.3、25.0、5.67、0.13、5.0、300.0、-26.820 等均为合法的实数。

指数形式由数码 0~9 、小数点和表示阶码的标志"e"或"E"组成,其书写的一般形式为:

整数部分.小数部分 E/e 阶码部分(整数)

例如:2.1E5 表示数据 $2.1 * 10^5$,3.7E-2 表示 $3.7 * 10^{-2}$。

在使用实型数据的指数书写形式时,应该注意下面两点:

①指数部分只能是整数而不能用实数表示,如 123E1.5 是错误的表示方法。

②字母"e"或"E"之前的数即使是 1 也不能省略,如 10^{-8} 不能只写为 E-8,而应该写成 1E-8(或者 1e-8)。

C 程序中,用于存放实型数据的变量称为实型变量。根据表达的数据范围和精度不同,实型数据分为单精度实型和双精度实型,分别用 float 和 double 标识。

在 32 位开发环境中,单精度型占 4 个字节存储空间,其数值范围为 3.4E-38~3.4E+38,只能提供 6~7 位有效数字。双精度型占 8 个字节存储空间,其数值范围为 1.7E-308~1.7E+308,可提供 15~16 位有效数字。下面是 C 程序中实型变量定义的示例:

```
float a;    //定义单精度实型变量 a
float x,y;    //定义单精度实型变量 x 和 y
double a,b,c;    //定义双精度实型变量 a、b 和 c
```

变量定义时可以进行初始化,即在定义的同时通过赋值号(=)将值赋值给变量,例如:语句 double a=100.123,b=200.577 等。

C 程序中,调用 scanf 和 printf 函数输入/输出实型数据时,一般使用%f 和%e 来分别控制单精度实型变量的十进制小数形式输入/输出和指数形式输入/输出。下面代码段描述了单精度实型变量的输入/输出示例:

```
float a,b;
```

```
    float x,y;
    scanf("%f",&a);        //使用十进制小数形式为变量 a 输入值,注意取地址形式
    scanf("%e",&b);        //使用指数形式为变量 b 输入值
    scanf("%f,%f",&x,&y);        //使用小数形式为变量 x 和变量 y 输入值,输入数据用
                                   逗号分隔
    printf("%f\n",a);        //用十进制小数形式输出变量 a 值,然后换行
    printf("%e",b);        //用指数形式输出变量 b 值,不换行(比较上一行)
    printf("%f,%f\n",x,y);        //用小数形式输出变量 x 和变量 y 值,输出数据用逗号
                                   分隔
```

对于双精度实型数据的输入/输出,则用%lf 和%le 控制实现。下面代码段描述了双精度实型数据的输入/输出示例:

```
    double a,b;
    double x,y;
    scanf("%lf",&a);        //使用十进制小数形式为变量 a 输入值,注意取地址形式
    scanf("%le",&b);        //使用指数形式为变量 b 输入值
    scanf("%lf,%lf",&x,&y);        //使用小数形式为变量 x 和变量 y 输入值,输入数据
                                     用逗号分隔
    printf("%lf\n",a);        //用十进制小数形式输出变量 a 值,然后换行
    printf("%le",b);        //用指数形式输出变量 b 值,不换行(比较上一行)
    printf("%lf,%lf\n",x,y);        //用小数形式输出变量 x 和变量 y 值,输出数据用逗
                                      号分隔
```

[**例 1.4**] 实型数据在程序中的使用示例。

```
/* Name: ex0104.cpp */
#include <stdio.h>
int main()
{
    float a,b;
    double x,y;
    a=0.015f;        //后缀字符 f 表示数据为单精度常数
    x=12.3;
    printf("? b: ");
    scanf("%f",&b);
    printf("? y: ");
    scanf("%lf",&y);
    printf("%e\n%f\n",a,b);
    printf("%le\n%lf\n",x,y);
    return 0;
}
```

程序运行时,分别为变量 b 和 y 输入值 100,则输出数据序列为:

1.500000e-002
100.000000
1.230000e+001
100.000000

从以上程序的输出结果可以看出,输出数据默认是 6 位小数。

3)字符型数据

字符数据是 C 程序中经常处理的基本数据。在 C 语言中,用对应的 ASCII 值(整数)来存储字符。

在 C 程序中,表示字符常量的方式有两种:普通字符形式和转义字符形式。普通字符形式是使用单引号将字符集中的一个可打印字符括起来,如' a '、'! '、' A '等。转义字符是由反斜杠"\"开头的字符序列,此时反斜杠字符后面的字符或字符序列不表示自己本身的含义而转变为表示另外的特定意义。转义字符一般表示控制功能,或者用于表示不能直接从键盘上输入的字符数据。表 1.1 中列出了常用的转义字符。

表 1.1 常用转义字符表

转义字符	意　义	功能解释
\0	NULL	字符串结束符
\b	退格	把光标向左移动一个字符
\n	换行	把光标移到下一行的开始
\f	换页	(打印机)换到下一页
\t	水平制表	把光标移到下一个制表位置
\\	反斜杠	引用反斜杠字符
\"	双引号	在字符串中引用双引号
\'	单引号	在字符串中引用单引号
\a	响铃	报警响铃
\ddd		1 到 3 位八进制数所表示的字符
\xhh		1 到 2 位十六进制数所表示的字符

使用转义字符表中的最后两种形式可以表示 ASCII 表中的任何一个字符,例如,"\101"或"\x41"分别用 8 进制数形式和 16 进制数形式表示了字符"A"。

字符类型变量用以存储和表示一个字符,占用一个字节。字符型变量的定义形式如下:

```
char <变量列表>;
```

例如:char ch,c;　　//定义变量 ch、c 为字符型变量

变量定义时可以进行初始化,即在定义的同时通过赋值号(=)将值赋值给变量,例如:语句 char c1=' A ',c2=' B ',c3='\123 ';等。

C 程序中,调用 scanf 和 printf 函数输入/输出字符数据时,使用%c 来进行控制。下面的代码段描述了字符数据的输入/输出示例:

```
char c1,c2,c3;
scanf("%c",&c1);        //为变量 c1 输入值(字符)
scanf("%c,%c",&c2,&c3);       //为变量 c2 和 c3 输入值,用逗号分隔输入字符
scanf("%c%c",&c1,&c2);       //为变量 c1 和 c2 输入值,连续输入,中间不能有任何
                              分隔
printf("%c\n",c1);       //输出变量 c1 值(字符),然后换行
printf("%d\n",c1);       //输出变量 c1 值(整数,对应的 ASCII 值),然后换行
printf("%c,%c\n",c2,c3);       //输出变量 c2 和 c3 值,用逗号分隔输出字符
scanf("%c%c\n",c1,c2);       //输出 c1 和 c2 值,中间没有任何分隔
```

C 程序中还常用另外一对标准函数来处理字符数据的输入、输出,它们是 getchar 和 putchar 函数。

getchar 函数的功能是从标准输入设备(键盘)上读入一个字符,常见的使用形式是:

```
char ch;
ch=getchar();       //从键盘输入一个字符,赋给变量 ch
```

putchar 函数的功能是将指定的字符数据输出到标准输出设备(显示器)。下面的代码段描述了字符数据的输入、输出示例:

```
char ch;
ch=getchar();       //从键盘输入一个字符,赋给变量 ch
putchar('A');       // 输出大写字母 A
putchar('\n');       // 输出换行符,即执行控制字符所具有的换行功能
puchar(ch);       //输出字符变量 ch 的内容(字符)
```

[例 1.5] 字符数据在程序中的使用示例。

```
/ * Name: ex0105.cpp * /
#include <stdio.h>
int main()
{
    char c1,c2;
    c1=getchar();       //为变量 c1 输入字符值
    c2=c1+2;
    printf("变量 c2 对应的 ASCII 值:%d\n",c2);
    printf("变量 c2 对应的字符:%c\n",c2);
    putchar(c2);       //输出 c2 对应的字符
    putchar('\n');       //使用转义字符方式换行
    return 0;
}
```

程序运行时,若为变量 c1 提供的值为字符 a,则输出数据序列为:

```
变量 c2 对应的 ASCII 值:99
变量 c2 对应的字符:c
c
```

4)字符串常量

C 语言中,字符串常量是用双引号括起来的由 0 个字符或若干个字符构成的字符序列,例如"This is a string constant"。其中,双引号只是作为定界符使用,并不是字符串中的字符。系统在存储字符串常量时分配一段连续的存储单元,依次存放字符串中的每一个字符,然后在字符串的最后一个字符后添加转义字符"\0"表示字符串的结尾,所以其需要的空间长度是串中字符存储所需要的长度再加一个字节。

字符串常量中可以包含转义字符,在统计字符串中的字符个数时需要特别注意。例如,"ABCD\t123\n\\\101"一个合法的字符串常量,其长度为 11 个字符。字符串常量中字符的大小写是有区别的。例如,"ABCDEFG"与"abcdefg"是两个不同的字符串常量。

由于字符串常量可以是 0 个字符,所以一对双引号之间没有任何字符也是合法的字符串(空字符串);但在一对单引号中如果没有任何字符则是非法字符。

C 语言中没有字符串变量,而是使用字符数组的形式来表示字符串变量,这将在第 4 章中进行讨论。特别值得注意的是,由于一个汉字需要占用两个字节的空间,C 程序中即使对于单个汉字的处理,也需要使用字符串的方式进行。

5)符号常量

C 程序中,符号常量就是用标识符代表的一个常量。定义符号常量要使用到另外一个编译预处理语句,定义的一般形式为:

```
#define 标识符 常量
```

定义符号常量时,习惯使用大写字母构成标识符名,以区别于一般的变量。在程序中定义好符号常量,则之后的程序代码中即可用该符号常量描述对应的数据。程序处理时,首先用对应的数据替换符号常量,然后再进行编译处理。

在 C 程序设计中使用符号常量主要有以下两点好处:

①清晰地描述某些常量的意义。

②当需要修改多处使用的同一个常量数据时,便于修改程序。

[**例 1.6**] 符号常量的定义和使用示例。

```
/* Name: ex0106.cpp */
#include <stdio.h>
#define PI 3.1415926      //定义表示圆周率的符号常量 PI
int main()
{
    double c,s,r;
    printf("请输入圆半径:");
    scanf("%lf",&r);       //输入半径,放在 r 变量中
    c=2*PI*r;      //使用符号常量 PI
```

```
    s=PI*r*r;
    printf("c=%lf,s=%lf\n",c,s);        //输出圆周长、圆面积
    return 0;
}
```

6)格式化输入、输出函数使用进阶

前面已经讨论了各种数据输入、输出的最简单方法,下面对格式化输入、输出标准函数进行较为详细的介绍。

格式化输入/输出函数 scanf 和 printf 是 I/O 类标准库函数。C 程序中使用这类标准库函数需要在源程序中的开始位置加上如下文件包含编译预处理命令:

```
#include"stdio.h"或#include <stdio.h>
```

(1)格式化输出函数 printf

格式化标准输出函数 printf 使用的常见格式有两种:

```
printf("字符序列");
printf("格式控制字符串",输出数据列表);
```

第一种格式的作用是将字符序列表示的字符串常量输出到标准输出设备(显示器)上。例如,函数调用语句"printf("This is a string.\n");"的作用是在显示器上输出字符串数据"This is a string.",然后换行。

第二种格式的功能是:向标准输出设备(显示器)输出一个或多个指定类型的数据。

输出数据列表由一到若干个输出表达式组成,两个输出表达式项之间用逗号分隔。格式控制字符串由"普通字符"和"格式说明项"组成。

格式控制字符串中的普通字符,输出时照原样输出,即在对应的位置上输出串中对应字符。格式字符串中的格式控制项与输出表列中的输出表项一一对应,指定输出表项的输出格式。

格式说明以%开始到格式控制字符结束,中间含有若干个可选项,一般形式为:

% - * m.n l/h <格式控制字符>

格式控制项中各成分意义如下:

- 格式控制字符　格式控制字符用于规定对应数据项的输出格式,常用的格式控制字符如表 1.2 所示。

表 1.2　常用输出格式控制符及其意义

控制字符	控制字符意义
d	以十进制形式输出带符号整数(正数不输出符号)
o	以八进制形式输出无符号整数(不输出前缀 o)
x	以十六进制形式输出无符号整数(不输出前缀 ox)
u	以十进制形式输出无符号整数
f	以小数形式输出单、双精度实数
e	以指数形式输出单、双精度实数
g	以%f 或%e 中较短的输出宽度输出单、双精度实数
c	输出单个字符
s	输出字符串

格式控制字符用于指定计算机系统输出对应位置数据项的格式。格式控制字符必须根据被输出数据项的数据类型来进行选择,具体选择原则如下:

①输出的数据项是带符号的整型数据,格式控制字符只能选择表1.2中的d格式控制字符。

②输出的数据项是无符号的整型数据,格式控制字符只能在表1.2中的o、x、u 3个格式控制符之中选择。

③输出的数据项是实型数据,格式控制字符只能在表1.2中的f、e、g 3个格式控制符之中选择。

④输出的数据项是单个字符数据,格式控制字符只能选择表1.2中的c格式控制字符。

⑤输出的数据项是字符串数据,格式控制字符只能选择表1.2中的s格式控制字符。

[例1.7] C程序输出数据时的格式控制字符选择示例。

```
/* Name: ex0107.cpp */
#include <stdio.h>
int main()
{
    int a=-123;
    unsigned b=100;
    char ch='A';
    float x=123.578f;
    printf("a=%d\n",a);                          //输出带符号整型变量a值
    printf("b1=%o,b2=%x,b3=%u\n",b,b,b);         //输出无符号整型变量b值
    printf("ch=%c\n",ch);                        //输出字符变量ch值
    printf("x1=%f,x2=%e,x3=%g\n",x,x,x);         //输出单精度实型变量x值
    printf("string:%s\n","I am a student.");     //输出字符串常量值
    return 0;
}
```

上面程序中定义了各种类型变量,输出时分别使用了能够使用的各种控制字符来控制数据输出,选用的控制字符参见程序中的注释。程序执行的结果是:

```
a=-123
b1=144,b2=64,b3=100
ch=A
x1=123.578003,x2=1.235780e+002,x3=123.578
string:I am a student.
```

• 长度修正可选项l/h　长度修正项用于指定对应位置输出数据是按长类型数据输出还是按短类型数据输出,具体选择原则如下:

①使用ld格式控制输出带符号长整数数据;使用lo、lx、lu格式控制输出无符号长整型数据;使用lf、le、lg格式控制输出双精度实型数据。

②使用hd格式控制输出带符号短整数数据;使用ho、hx、hu格式控制输出无符号短整

型数据。

特别提示:在一些 C 系统中,只使用对应格式控制字符就可以正确地输出长整型数据、短整型数据以及双精度实型数据。但在某些系统中,则必须使用带 l 或者带 h 的格式控制输出。

- 域宽可选项 m.n　域宽可选项用于指定对应输出项所占的输出宽度,即指定用多少个字符位置来显示对应输出数据,具体选择原则如下:

①整型数据没有小数显示的问题,取单一整数来指定输出数据的宽度。例如%5d 说明输出域宽为 5,即用 5 个字符所占的位置来展示对应的整型数据项。

②实型数据可以选取 m.n 格式,指定输出总宽度为 m 位,其中小数点占一位,小数部分为 n 位。例如%5.2f 说明输出域宽为 5 位,整数和小数部分各占 2 位。输出实型数据时,如果没有指定小数位数,则 C 系统默认输出 6 位小数。

③字符串数据也可以选用 m.n 格式,其中 m 仍然表示字符串数据输出使用的宽度,但 n 指定的是仅输出字符串数据的前 n 个字符。例如:语句 printf("%5.3s\n","abcde");仅输出"abc"3 个字符数据。

特别提示:输出数据时指定的域宽不足以显示整型数据或实型数据的整数部分时,输出不受指定域宽的限制,仍按实际需要的位数显示。输出字符串数据时,若指定的域宽不足以显示需要输出字符,也按照实际需要进行显示。

- "*"可选项　含有"*"可选项的格式控制项对应输出表列中连续两个数据项,其意义是用前一个数据项的值作为后一个数据项输出的指定域宽。
- 减号可选项　减号可选项用于指定对应输出数据的对齐方向。当选用减号时,输出数据左对齐;当不用减号时,输出数据右对齐。

(2)格式化输入函数 scanf

格式化标准输入函数调用的一般格式为:

```
scanf("格式控制字符串",地址表列);
```

函数的功能是:从标准系统输入设备(键盘)上输入一个或多个指定类型的数据到由地址列表指定的内存单元中。

地址列表中的每一项为一个地址量,其形式是在一般变量之前加地址运算符 &,例如有变量 x,则 &x 表示变量 x 的地址。

格式控制字符串中的普通字符必须照原样输入。在输入数据时,对应位置必须输入格式控制字符串中指定的字符。格式控制字符串中,最常使用普通字符的情况是在两个格式控制项之间使用逗号","进行分隔,这就意味着程序运行中需要输入数据时,应该使用逗号来分开输入的两个对应数据。除了使用普通字符在输入函数的格式控制字符串中指定输入数据的分隔形式外,在格式控制字符串中对普通字符的其他用法都是不可取的。特别需要指出的是,不要在输入函数的格式控制字符串中插入换行符"\n",否则程序有可能陷入死循环。

如果在两个格式控制项之间没有任何的普通字符分隔,则 C 系统默认的输入数据分隔符为空白符。所谓"空白符",指的是"空格键"、"Tab 键(即转义字符'\t')",或者"回车键(即转义字符'\n')"。

控制字符串中的格式控制项指定数据的输入格式，与地址列表中的地址表项一一对应。一个格式说明以%开始到格式控制字符结束，中间含有若干个可选项。其一般形式为：

% * m l/h <格式控制字符>

格式控制项中各成分意义如下：

• 格式控制字符　格式控制字符用于规定对应数据项的输入格式，常用的格式控制字符如表1.3所示。

表1.3　常用输入格式控制符及其意义

控制字符	控制字符意义
d	以十进制形式输入带符号整数（正数不输入符号）
o	以八进制形式输入无符号整数（不需要输入前缀o）
x	以十六进制形式输入无符号整数（不需要输入前缀ox）
u	以十进制形式输入无符号整数
f	以小数形式输入单精度实数
e	以指数形式输入单精度实数
c	输入单个字符
s	输入字符串

格式控制字符用于指定向计算机系统提供数据的格式，所以格式控制字符必须根据被输入数据项的数据类型来进行选择，具体选择原则如下：

①输入的数据项是带符号整型数据，格式控制字符只能选择表1.3中的d格式控制字符。

②输入的数据项是无符号整型数据，格式控制字符只能在表1.3中的o、x、u 3个格式控制符之中选择。

③输入的数据项是单精度实型数据(float类型数据)，格式控制字符只能在表1.3中的f、e两个格式控制符之中选择。

④输入的数据项是单个字符数据，格式控制字符只能选择表1.3中的c格式控制字符。

⑤输入的数据项是字符串数据，格式控制字符只能选择表1.3中的s格式控制字符。

［例1.8］　C程序输入数据时的格式控制字符选择示例。

```
/ * Name: e0108.cpp * /
#include <stdio.h>
int main( )
{
    char ch;
    int a;
```

```
    unsigned ua,ub,uc;
    float x1,x2;
    printf("请按正确的输入格式提供数据:\n");
    scanf("%c",&ch);
    scanf("%d",&a);
    scanf("%o,%x,%u",&ua,&ub,&uc);
    scanf("%f,%e",&x1,&x2);
    printf("下面是输出数据:\n");
    printf("ch=%c\n",ch);
    printf("a=%d\n",a);
    printf("ua=%d,ub=%d,uc=%d\n",ua,ub,uc);
    printf("x1=%f,x2=%e\n",x1,x2);
    return 0;
}
```

该程序的数据输入函数调用中,参照欲输入的数据类型选择了相应的输入格式控制字符。程序一次执行的过程和执行结果是:

```
请按正确的输入格式提供数据:
A
-1234
100,100,100      //输入8进制、16进制数据是不需要输入数据的前缀
1234.5678,0.12345678e5
下面是输出数据:
ch=A
a=-1234
ua=64,ub=256,uc=100
x1=1234.567749,x2=1.234568e+004
```

- 长度修正可选项 l/h　长度修正项用于指定对应输入数据是按长类型数据输入还是按短类型数据输入,具体选择原则如下:

①使用 ld 格式控制输入带符号的长整数数据;使用 lo、lx、lu 格式控制输入无符号的长整型数据;使用 lf、le 格式控制输入双精度实型数据。

②使用 hd 格式控制输入带符号的短整数数据;使用 ho、hx、hu 格式控制输入无符号的短整型数据。

特别提示:在一些 C 系统中,使用对应的格式控制字符 d、o、x、u 就可以正确地输入长整型数据或短整型数据,但对于双精度实型数据,必须使用 lf、le 格式控制。

- 域宽可选项 m　域宽可选项用于指定输入数据时在输入流上最多截取的字符个数。"最多"的含义是:当输入流上的字符个数足够多时,依次截取指定个数的字符;如果输入流上的字符个数不足时,则取完为止。

- "*"可选项　"*"的作用是表示"虚读",即从键盘上按指定格式输入一个数据,但

并不赋给任何变量。例如有函数调用语句:scanf("%4d% * 3d%f",&j,&p);当系统的输入数据流为12345678.9时,则j=1234,p=8.9,其中对应控制格式% * 3d的输入字符流567被从输入流中截取出来并被系统忽略抛弃。

1.3 C语言基本运算符和表达式运算

1.3.1 C运算符和表达式概念

C程序中对数据进行加工处理,一般都会通过数据的各种计算来实现。C语言把除了控制语句和输入输出操作以外的几乎所有基本操作,都作为运算符处理,提供了丰富的运算符满足各种计算的要求(如表1.4所示)。C运算符主要包括以下几类:

表1.4 运算符及运算符的优先级和结合性

优先级	运算符	结合性
1	()、[]、->、.	从左至右
2	!、~、++、--、-、*、&、sizeof	从右至左
3	*、/、%	从左至右
4	+、-	从左至右
5	<<、>>	从左至右
6	<、<=、>、>=	从左至右
7	==、!=	从左至右
8	&	从左至右
9	^	从左至右
10	|	从左至右
11	&&	从左至右
12	||	从左至右
13	?:	从右至左
14	=、+=、-=、*=、/=、%=、&=、^=、|=、>>=、<<=	从右至左
15	,	从左至右

1)算术运算符

算术运算符用于各类数值运算,包括加、减、乘、除、求余(模运算)、自增、自减等。

2)关系运算符

关系运算符用于数据之间的比较运算,包括大于、小于、等于、大于等于、小于等于、不等于等。

3)逻辑运算符

逻辑运算符用于在程序中构成复杂的条件判断,包括与、或、非等。

4)位运算符

位运算符用于实现位操作,即对数据按二进制位方式进行运算,包括位与、位或、位非、位异或、左移、右移等。

5)赋值运算符

赋值运算符用于对数据对象的赋值运算。赋值运算分为简单赋值和复合算术赋值两大类。

6)条件运算符

条件运算符是C语言中唯一的三目运算符,用于在程序中表达简单的双分支求值运算。

7)逗号运算符

逗号运算符的功能是把若干表达式组合成一个逗号表达式,在程序中主要用于同时处理或控制多个数据对象。

8)指针类运算符

指针类运算符包括取地址、取指针两个相对应的运算,用于处理与地址相关的应用。

9)sizeof 运算符

sizeof 运算符用于计算数据对象所需要占用的存储空间字节长度(字节数)。

10)特殊运算符

特殊运算符主要包括圆括号、方括号、成员运算符等。

C程序中,运算符必须与运算对象结合在一起才能体现其功能。与运算符密切相关的程序构成成分是表达式。用运算符和括号将运算对象连接起来的、符合C语言语法规则的式子称为C语言表达式。运算对象包括常量、变量、函数等,单个的常量、变量或函数本身也是表达式特例。

表1.4中不但规定了运算符的优先级别,同时还规定了运算符的结合性。运算符的结合性规定了表达式运算中遇到同优先级运算时的运算次序。左结合性规定运算顺序先左后右,右结合性规定运算顺序先右后左。表达式求值时可以按照如下方式理解结合性规则:

- 何时需要使用结合性规则:在表达式中,一个数据对象两边的运算符优先级不同时就不需要考虑结合性问题;只有在一个运算对象的两边具有同级运算符的时候才需要考虑结合性问题。例如:

```
a+b * c     //数据对象 b 左右两边的运算符级别不同,用优先级决定运算次序
a+b-c       //数据对象 b 左右两边的运算符级别相同,需用结合性决定运算次序
```

- 左右结合的意义:左结合(即从左至右)的含义是数据对象先和其左边的运算符结合在一起参与运算;右结合(即从右至左)的含义是数据对象先和其右边的运算符结合在

一起参与运算。例如,对于表达式 a+b-c 计算需要考虑结合性,从表 1.4 中可以看到,加(+)减(-)都是左结合性,所以 b 应该先与其左边的加法运算符结合在一起参与运算(即先计算 a+b),然后再进行其他运算。

1.3.2 赋值运算符

赋值运算符记为"=",由"="连接的式子称为赋值表达式。其一般形式为:

变量=表达式

例如:x=a+b,w=sin(a)+sin(b),y=i++等都是赋值表达式。

赋值表达式的功能是:计算出赋值号右边表达式的值,赋值给左边的变量。赋值运算符具有右结合性,因此 a=b=c=5 可理解为 a=(b=(c=5))。

C 语言的赋值表达式可以作为一个运算成分出现在另外的表达式中。例如:x=(a=5)+(b=3)是一个合法的 C 表达式。它的意义是把 5 赋值给 a,3 赋值给 b,然后再将 a,b 的和赋值给 x,故 x 应等于 8。

在 C 语言中,将赋值表达式末尾加上分号";"就构成赋值语句,其一般形式为:

<赋值表达式>;

例如:"a=x+y"是赋值表达式,而"a=x+y;"则是赋值语句。

C 程序中,赋值语句作为单独的 C 语句出现,而赋值表达式可以作为一个运算对象出现在另外的表达式中,从而构成比较复杂的表达式或语句。

无论是赋值表达式还是赋值语句,赋值运算符两边数据的类型一致时就直接进行赋值。如果赋值运算符两边数据的类型不相同,系统将自动进行类型转换。转换的规则是将赋值号右边表达式运算结果的数据类型转换成赋值号左边变量具有的数据类型。常出现的赋值转换如下:

①实型表达式值赋值给整型变量,舍去小数部分。特别要注意的是,C 语言使用截取法取整,即将小数部分直接去掉。例如有语句序列:int a,b;a=3.45;b=3.9878;,则变量 a 和 b 得到的值都是 3。

②整型表达式值赋值给实型变量,整数部分数值不变,小数部分的值为 0。

③字符型表达式值赋值给整型变量,直接字符的 ASCII 码值放到整型量的低八位中,作为整数使用。例如有语句序列:int i;i='a';,则变量 i 的值为 97。

④整型表达式值赋值给字符变量,只能将整型数据低八位值赋给字符型变量。例如有语句序列:char c;c=321;,注意到十进制数 321 的十六进制值为 0x0141,所以变量 c 的值是 0x41(十进制值 65),即字符"A"。

C 语言中的实型数据有单精度和双精度之分,双精度实型无论从表达数据的范围还是可以获取的精度(有效小数位数)都比单精度实型要高,所以当单精度实型表达式值赋值给双精度实型变量时,数据没有任何损失;但将双精度实型表达式值赋值给单精度实型变量时,有可能会丢失数据(整数部分)或者损失精度(小数部分)。

1.3.3 算术运算符

C 语言中提供的算术运算符分成两类:单目运算符和双目运算符。

单目运算符有正号运算符“+”和负号运算符“-”,它们的功能就是将数据对象取正值或者取负值。

双目运算符共有5个,它们是:加号“+”、减号“-”、乘号“ * ”、除号“/”和求模运算符“%”。其中,乘法、除法和求模运算是同级运算,它们属于“乘除法”类运算,其优先级高于加法和减法运算。算术运算符都具有左结合性。

算术运算符在C程序设计中的使用方法与在自然科学中的使用方法类似。加、减、乘等运算的计算方法和数学完全一致,但在使用除法运算符和求模运算符时,C语言中有独特的规定,需要特别注意:

①两个整型数据相除时,得到的结果仍然是整数。除法结果采用截取法取整,即直接将小数部分去掉,如7/5=1、-7/5=-1,2/5=0。C语句序列:int x=5,y=3;x=x/y;计算后,变量x的最后取值是整数1。

②求模运算就是求余数运算。C语言规定参与求模运算的两个对象必须都是整型对象,运算结果的符号与第一个(左边)运算对象相同,如7%5=2、-7%5=-2、7%-5=2。例如对C语句序列:int x=5; double y=3;,会出现试图进行x%y运算的语法错误。如果程序中需要对实型数据进行取余数运算,可以使用C标准库函数fmod。

1.3.4 自增自减运算符

自增运算符“++”和自减运算符“--”是两个单目运算符,它们都只需要一个运算对象,其功能是将运算对象的值增加或减少一个该对象的单位值。例如,整型数据和实型数据的单位值是整数1,所以对整型数据或者实型数据而言是增加或减少数值1。使用自增运算符和自减运算符时要注意下面两点:

①自增运算符和自减运算符可以作用于整型变量、实型变量或者字符型变量,但不能作用于构造数据类型的变量。

②自增运算符和自减运算符不能作用于常量数据或者表达式。例如下面的语句序列存在错误:

```
int a=100;
--(a+10);     //错误原因:试图对表达式a+10施加自减运算
100++;      //错误原因:试图对整型常数100施加自增运算
```

自增、自减运算符在使用形式上都有前缀和后缀两种形式:

(1)自增、自减运算符的前缀形式

前缀形式即自增、自减运算符出现在变量的左侧,如++i、--i。自增、自减运算符前缀形式的意义是:表达式值是变量实施增值(或减值)后的值,此时表达式的值和变量的值是一致的。

(2)自增、自减运算符的后缀形式

后缀形式即自增、自减运算符出现在变量的右侧,如i++、i--。自增、自减运算符后缀形式的意义是:表达式值是变量实施增值(或减值)之前的值,此时表达式的值和变量的值是不同的,表达式值是变量增/减值变化之前的值,变量的值则是其自行增/减之后的值。

[**例1.9**] 自增、自减运算符使用示例。

```
/* Name: ex0109.cpp */
#include <stdio.h>
int main()
{
    int i=-1,j=-1,k=-1;
    printf("%d\t",++i);
    printf("%d\n",i);
    printf("%d\t",j--);
    printf("%d\n",j);
    printf("%d\t",-k--);
    printf("%d\n",k);
    return 0;
}
```

上面程序运行结果为：

```
 0      0
-1     -2
 1     -2
```

对于变量 i 而言，程序中进行的是前缀自增运算，输出的++i 和 i 值是一样的；对于变量 j，程序中进行的是后缀自减运算，输出的 j--是 j 自减之前的值，而后输出的则是 j 自减之后的值；对于类似于-k--之类的表达式，特别要注意自增自减运算只能对变量进行，所以该表达式是对 k--的结果取负值，而不是对-k 取自减运算。

1.3.5 复合赋值运算符

复合赋值运算符也称为自反运算符，在赋值符"="之前加上其他二目运算符即构成复合赋值运算符。C 语言中的复合赋值运算符共有 10 个，它们是：

+=、-=、*=、/=、%=、<<=、>>=、&=、^=、|=

如果用符号 OP 表示某一双目运算符，则复合赋值表达式的一般形式为：

<操作数 1> OP=<操作数 2>

这种由复合赋值运算符构成的表达式在 C 语言中被解释为：

<操作数 1>=<操作数 1> OP (<操作数 2>)

在使用复合赋值运算符时需要注意两点：

①当操作数 2 是单个变量或常数时，括住操作数 2 的括号可以省略；而当操作数 2 是一个表达式时，必须用括号将操作数 2 括起来。例如：

```
a+=5      等价于 a=a+5        /*省略了括住第二个操作数的括号*/
z%=p      等价于 z=z%p        /*省略了括住第二个操作数的括号*/
x*=y+1    等价于 x=x*(y+1)    /*不能省略括住第二个操作数的括号*/
x%=y-5    等价于 x=x%(y-5)    /*不能省略括住第二个操作数的括号*/
```

②复合赋值运算符具有右结合性，使用时要注意计算顺序。例如有下面的 C 程序段：

```
int a=-3;
a+=a-=a*a;
```

进行表达式 a+=a-=a*a 的运算时,首先计算表达式 a-=a*a(即计算 a=a-a*a)得到 a 的值为-12,然后计算表达式 a+=a(即计算 a=a+a)得到 a 的值为-24。

1.3.6 逗号运算符

逗号运算符是 C 语言中提供的一种特殊运算符。逗号运算符用于将两个以上的表达式连接成一个逗号表达式。逗号表达式的一般形式为:

<表达式 1>,<表达式 2>,…,<表达式 n>

逗号运算符是 C 语言中优先级别最低的运算符,其结合性为左结合性。逗号表达式在求值时,按从左到右的顺序分别计算各表达式的值,用最后一个表达式的值和数据类型来表示整个逗号表达式的值和数据类型。例如,逗号表达式 a=1,b=a-4,c=b+2;等价于以下 3 个有序语句:

```
a=1;
b=a-4;
c=b+2;
```

使用逗号运算符时要充分理解以下 3 点:

①在程序中使用逗号表达式,通常的需求是分别求逗号表达式内各表达式的值(即在一条 C 语句中为多个变量赋值)。例如,由逗号表达式构成的 C 语句:a=1,b=2,c=3;,其目的是使变量 a、b、c 各具其值。

②并不是所有出现逗号的地方都构成逗号表达式,如在变量定义、函数参数表中的逗号只是用作各变量之间的分隔符。

③C 语言中,赋值表达式也可以作为逗号表达式构成成分。在逗号表达式的运算过程中,应特别注意哪些运算对变量进行了赋值操作。例如,下面两个逗号表达式计算后,变量 z 的值各不相同。

```
z=5,z*=5,z+10      //整个表达式值为35,变量z的值为25
z=5,z*5,z+10       //整个表达式值为15,变量z的值为5
```

［例 1.10］ 逗号运算符和逗号表达式使用示例。

```
/* Name: ex0110.cpp */
#include <stdio.h>
int main()
{   int x,y,z;
    x=1,2,3,4;
    y=(1,2,3,4);
    z=(z=2,z*5,z+3);
    printf("x=%d,y=%d,z=%d\n",x,y,z);
    return 0;
}
```

在上面程序中,语句 x=1,2,3,4;由一个逗号表达式构成,仅对变量 x 进行了赋值操作;语句“y=(1,2,3,4)”;是一个典型的赋值语句,将右边逗号表达式(1,2,3,4)计算的结果赋值给变量 y;语句“z=(z=2,z*5,z+3)”;也是一个赋值语句,将右边逗号表达式(z=2,z*5,z+3)的计算结果赋值给变量 z(请注意 z*5 和 z*=15 的区别)。整个程序的输出结果为:

x=1,y=4,z=5

1.3.7 sizeof 运算符

sizeof 运算符是 C 语言特有的运算符,运算符使用形式为:

sizeof(<数据对象>)

其中,数据对象可以是:

- 某个具体的变量名;
- 某种数据类型的常量;
- 某种数据类型的名字(包括数组、结构体等构造数据类型);
- 一个合法的 C 表达式。

sizeof 运算符的功能是返回其所测试的数据对象所占存储单元的字节数。例如,若有整型变量 x,则在 16 位系统中,sizeof(x)和 sizeof(int)的值均为 2;而在 32 位系统中,sizeof(x)和 sizeof(int)的值均为 4。

使用 sizeof 运算符时需要注意以下两点:

①使用 sizeof 运算符的最主要目的是获取任何数据对象所占内存单元的字节数,避免出现人工计算带来的错误,使得程序自适应于所用系统的存储分配机制。

②如果被测试的对象是一个表达式,sizeof 不会对表达式进行具体的运算,而只是判断该表达式的最终数据类型,并以此求出所需要的存储空间。

1.3.8 数据类型转换

在 C 表达式中,两个不同数据类型的对象进行运算都必须首先进行数据类型转换,转换为同一数据类型后再进行运算。数据类型的转换有两种形式:自动类型转换和强制类型转换。

1)数据类型的自动转换

自动转换也称为隐式转换,由编译系统在需要时自动实现转换。自动转换时以不丢失数据、保证数据精度为原则。具体转换规则如图 1.3 所示。

在系统的自动转换规则中,横向的转换规则表示必须进行的转换。也就是说,参加运算的数据是 char 或 short 型时,无条件转换成 int 型;参加运算的数据是 float 型时,无条件转换成 double 型。纵向的转换规则表示运算符两边的数据类型不同时,低级别的类型向高级别类型转换。

根据自动数据类型转换规则,可以非常容易地得到一个结论:一个具有多种数据类型数据构成的表达式,如果没有在数据进行混合运算时使用强制数据转换,则表达式最终运算结果的数据类型取决于参与表达式运算各数据对象中数据类型级别最高者。例如,一个具有 int 型数据、float 型数据和 double 型数据的混合运算表达式,其最终的运算结果为 double 数据类型。

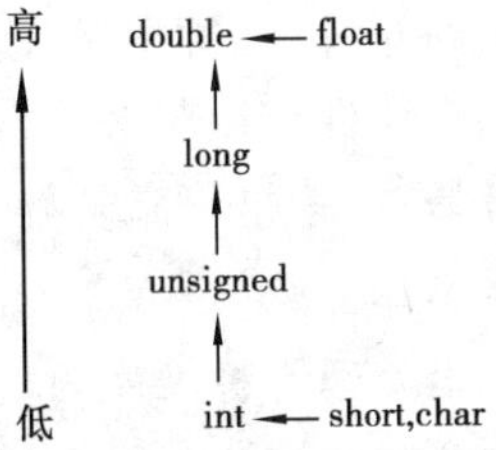

高 double ← float
long
unsigned
低 int ← short,char

图 1.3　系统自动数据类型转换规则

2)数据类型的强制转换

强制类型转换又称为显式转换,通过强制转换运算符来实现的,一般格式为:

(类型说明符)(表达式)

强制转换的功能是:在本次运算中,强迫表达式的值转换成指定数据类型参加运算。注意,若被转换的对象不是单个变量,则需用括号将整个被转换对象括住。例如:

(float) a　　　把 a 转换为实型

(int)(x+y)　　把 x+y 的结果转换为整型

[**例 1.11**]　强制类型转换示例。

```
/ * Name: ex0111.cpp * /
#include <stdio.h>
int main( )
{
    double f=4.56f;
    int zf;
    zf=(int)(f+1);
    printf(" zf=%d,f=%.2lf\n",zf,f);
    return 0;
}
```

程序运行结果为:

zf=5,f=4.56

1.4　C 语言标准库的使用方法

1.4.1　C 标准库的使用方法

C 开发环境由 C 语言核心、标准函数库和预处理器 3 个部分组成。在 C 标准库中包含了几百个标准函数。标准库函数在设计时充分考虑了各种因素,无论从代码的简洁性、健壮性、易用性等方面,都进行了严格测试和广泛使用的考验。

在 C 程序设计的过程中,合理使用标准库函数可以得到如下好处:

①某些程序功能在标准库中已经存在标准化的函数代码,使用这些代码可以简化程序设计过程、提高程序设计效率。

②标准库函数在开发时充分考虑了各种影响函数功能的因素,经过长期使用的考验,使用标准库函数可以使程序的健壮性得到足够的保证。

在C标准库中,库函数按照其功能进行分类,并将它们在使用时需向系统说明的形式用不同的头文件组织起来。常用的标准库函数及对应的头文件有:

标准输入/输出类库函数　　对应的头文件为 stdio.h
数学类库函数　　对应的头文件为 math.h 或 stdlib.h
字符串处理类标准库函数　　对应的头文件为 string.h
存储分配类库函数　　对应的头文件为 stdlib.h
时间类库函数　　对应的头文件为 time.h

当程序中需要使用到不同的标准库函数时,必须事先通过文件包含预处理语句将对应的头文件包含到程序中来。

文件包含编译预处理语句的一般形式为:

#include <头文件名>或　#include "头文件名"

1.4.2 常用数学标准库函数介绍

数学运算是计算机应用中最基本的需要,为了适应这方面的需要,C语言系统的标准函数库中提供了近百个关于数学运算的标准函数。

使用标准库函数时要注意以下两点:

①区分库函数原型声明形式和程序中对函数调用形式上的不同,在函数调用时仅需使用函数名字和函数所需的实际参数。

②注意标准函数对实际参数在数据形式、数据性质上的要求,提供满足要求的实际参数。

下面通过几个最常用数学类标准库函数在程序中使用方式的介绍,了解C程序中使用数学类标准库函数的方法,其余数学类标准库函数的使用方法请读者参考其他相关资料。

1)求绝对值类常用数学函数

常用的求绝对值函数有:abs、labs 和 fabs。求绝对值函数中,abs 和 labs 的函数原型在头文件 stdlib.h 中声明,fabs 的函数原型在头文件 math.h 中声明。函数原型如下所示:

```
int abs(int n);          /*求整型数据的绝对值*/
long labs(long int n);      /*求长整型数据的绝对值*/
double fabs(double x);      /*求双精度实型数据的绝对值*/
```

[例 1.12] 求绝对值函数使用示例。

```
/* Name: ex0112.cpp */
#include <stdio.h>
#include <math.h>
int main()
{
    double a,b;
    printf("Input a number:");
    scanf("%lf",&a);
```

```
    b=fabs(a);      /*请注意函数调用与函数原型声明在形式上的区别*/
    printf("|a|=%lf\n",b);
    return 0;
}
```

程序的运行过程和结果为：

```
Input a number:-120.5
|a|=120.500000      /*输出结果*/
```

2)求余数类常用数学函数

算术运算符中的求模运算符%只能对整型数据进行操作,对实型数据数据的求余数运算只能通过标准库函数进行。实型数据求余数可用标准库函数 fmod,函数的原型在头文件 math.h 中声明,函数原型声明如下所示：

```
double fmod(double x, double y);     /*求双精度实型数据x对y的余数值*/
```

［例 1.13］ 求余数值函数使用示例(将输入的角度值限制在 360 度以内)。

```
/* Name: ex0113.cpp */
#include <stdio.h>
#include <math.h>
int main()
{
    double x,y;
    printf("请输入一个角度值:\n");
    scanf("%lf",&x);
    y=fmod(x,360);
    printf("y=%.2lf\n",y);
    return 0;
}
```

程序的运行过程和结果为：

```
请输入一个角度值:
1183.25
y=103.25
```

3)取整数部分类数学函数

常用取整数部分函数有:floor 和 ceil。函数原型在头文件 math.h 中声明,函数原型如下所示：

```
double floor(double x);     //向下舍入
double ceil(double x);      //向上舍入
```

floor(x)返回(获取)的是不大于 x 的最大整数值部分(然后转换为 double 型)。

ceil(x)返回(获取)的是不小于 x 的最小整数值部分(然后转换为 double 型)。

［例 1.14］ 取整数部分函数使用示例。

```
/ * Name: ex0114.cpp * /
#include <stdio.h>
#include <math.h>
int main(void)
{
    double number1 = 123.54, number2 = -123.54;
    double down1, up1, down2, up2;
    down1 = floor(number1);
    up1 = ceil(number1);
    down2 = floor(number2);
    up2 = ceil(number2);
    printf("[number1] floor:%.2lf, ceil: %.2lf\n", down1, up1);
    printf("[number2] floor:%.2lf, ceil:%.2lf\n", down2, up2);
    return 0;
}
```

运行结果：

```
[number1] floor:123.00, ceil: 124.00
[number2] floor:-124.00, ceil:-123.00
```

4）三角函数类常用数学函数

常用的三角函数有：sin、cos、tan、sinh、cosh 和 tanh。三角函数类标准库函数的参数均要求为弧度，当提供的数据为角度时，应将其转化为弧度。

设用 c 表示角度，用 x 表示弧度，度转换为弧度的方法是：

$$\frac{\pi}{180}=\frac{x}{c}$$

则

$$x=\frac{c\times\pi}{180}$$

三角函数的原型均在头文件 maht.h 中声明，函数原型声明如下所示：

```
double sin(double x);      / * 求正弦函数值 * /
double cos(double x);      / * 求余弦函数值 * /
double tan(double x);      / * 求正切函数值 * /
double sinh(double x);     / * 求双曲正弦函数值 * /
double cosh(double x);     / * 求双曲余弦函数值 * /
double tanh(double x);     / * 求双曲正切函数值 * /
```

［**例** 1.15］ 从键盘上输入一个角度值，求出它的正弦函数值。

```
/ * Name: ex0115.cpp * /
#include <stdio.h>
#include <math.h>
#define PI 3.14159
```

```
int main()
{
    double x,y;
    printf("Input the x:");
    scanf("%lf",&x);
    y=x*PI/180;
    printf("sin(%.2lf)=%lf\n",x,sin(y));
    return 0;
}
```

程序的运行过程和结果为：

```
Input the x:30.25
sin(30.25)=0.503774
```

5）指数类、对数类和平方根类常用数学函数

常用的指数类函数有 exp 和 pow，常用的对数类函数有 log、log10，常用的平方根类函数有 sqrt。这几类函数的原型均在头文件 math.h 中声明，函数原型声明如下所示：

```
double exp(double x);              /* 求 e^x 的值 */
double pow(double x, double y);    /* 求 x^y 的值 */
double log(double x);              /* 求 ln(x)的值 */
double log10(double x);            /* 求 lg10(x)的值 */
double sqrt(double x);             /* 求 x 的平方根值 */
```

［例 1.16］ 求平面上(x1,y1)和(x2,y2)两点之间的距离，两点的坐标值从键盘上输入。

```
/* Name: ex0116.cpp */
#include <stdio.h>
#include <math.h>
void main()
{
    double x1,x2,y1,y2,z;
    printf("输入2个坐标点的值:\n");
    scanf("%lf,%lf,%lf,%lf",&x1,&y1,&x2,&y2);
    z=sqrt(pow(x2-x1,2)+pow(y2-y1,2));
    printf("2点间距离为: %lf\n",z);
}
```

程序的运行过程和结果为：

```
输入2个坐标点的值:
2,2,3,3     //输入数据,按回车键结束输入
2点间距离为: 1.414214
```

习题 1

一、单项选择题

1.将高级语言编写的程序翻译成目标程序的工具是(　　)。

A.解释程序　　B.编译程序　　C.源程序编辑器　　D.汇编程序

2.下列选项中,不属于转义字符的是(　　)。

A.\\　　B.\'　　C.101　　D.\0

3.下面选项中,正确的用户标识符是(　　)。

A.arr　　B.int　　C.sin　　D.ab 1

4.在 C 语言中,char 型数据在参与运算时的值是(　　)。

A.原码　　B.反码　　C.补码　　D.ASCII 码

5.在 C 语言中,putchar 函数向屏幕输出一个(　　)。

A.整型数　　B.字符　　C.实型数　　D.字符串

6.下列数据中,属于“字符串常量”的是(　　)。

A.abc　　B."abc"　　C.'abc'　　D.'a'

7.设有 C 语句序列:int a = 2; a+ = a- = a * a;,执行该语句序列后,变量 a 的值是(　　)。

A.7　　B.4　　C.-4　　D.0

8.C 语言中,表达式 16/4 * sqrt(4.0)/2 的数据类型是(　　)。

A.int　　B.float　　C.double　　D.不确定

9.在 C 程序中,一个 int 型数据在内存中占 2 个字节(16 位系统),则 unsigned int 型数据的取值范围为(　　)。

A.0 到 255　　B.0 到 32767　　C.0 到 65535　　D.0 到 2147783647

10.C 语言源程序中,表达式和语句的差别在于是否有(　　)。

A.运算符　　B.函数　　C.标识符　　D.分号

二、填空题

1.C 语言源程序由预处理命令和函数组成,无论有多少个函数,只能有一个__(1)__函数,其函数名是__(2)__。

2.函数是由两部分组成,包括__(3)__和__(4)__。

3.表达式 x * =a+b 等价于表达式__(5)__。

4.printf 函数中格式控制字符串,由__(6)__和__(7)__两种组成的,表示双精度数据的格式字符是__(8)__。

5.下面程序的功能是在屏幕上显示:Hello,everybody!,请填空完成程序。

```
#include <stdio.h>
   (9)
```

```
{
    printf ___(10)___ ;
    return 0;
}
```

三、阅读程序题

1.写出下面程序运行的结果。

```
#include<stdio.h>
int main ( )
{
    int i=8,j=5,m,n;
    m=++i;
    n=j++;
    printf("%d,%d,%d,%d\n",i,j,m,n);
    return 0;
}
```

2.写出下面程序运行的结果。

```
#include <stdio.h>
int main( )
{
    int x=0,y=-1,z=-1;
    x+=-z-y--;
    printf("%d,%d,%d\n",x,y,z);
    return 0;
}
```

3.写出下面程序运行的结果。

```
#include <stdio.h>
int main( )
{
    char c1='a',c2='b',c3='c',c4='\101',c5=101;
    printf("a%c b%c\tc%c\tabc\n",c1,c2,c3);
    printf("%c %c\n",c4,c5);
    return 0;
}
```

4.写出下面程序运行的结果。

```
#include<stdio.h>
int main( )
{
```

```
    int  x=5,y=2;
    printf("x=%d y=%d   * sum=%d\n",x,y,x+y);
    printf("10 squared is :%d\n", 10 * 10);
    return 0;
}
```

5.写出下面程序运行的结果。

```
#include<stdio.h>
#include <math.h>
int main()
{
    double result,x=1,y=100;
    result=log(exp(x));
    printf("The natural log of %lf is %lf\n",exp(x),result);
    printf("The common log of %lf is %lf\n",y,log10(y));
    return 0;
}
```

四、程序设计题

1.编程序输出如下所示的字符图形：

```
/**************\
\*Programming*\
\*************/
```

2.设圆半径 r=1.5,圆柱高 h=3,求圆周长、圆面积、圆球表面积、圆球体积、圆柱体积。要求用 scanf 函数输入数据,用 printf 函数输出计算结果,保留两位小数,输出数据中要有适当的文字说明。

3.编写程序,从键盘输入 3 个整数,输出它们的和与平均值。

4.编程求解鸡兔同笼问题:鸡兔同笼共有 30 只,脚共有 90 只,计算笼中鸡兔各有多少只。

5.编程序实现功能:输入三角形的三条边边长,求三角形面积。

6.编程序实现华氏温度到摄氏温度的转换,其转换公式为:$c=\frac{5}{9(f-32)}$,其中 f 表示华氏温度,c 表示摄氏温度。

7.编程序实现简单密码功能,采用的密码规律是:用原来的字母后面第 5 个字母代替原来的字母,例如“China”译为“Hmnsf”。编程序实现对于任意输入 5 个字母,加密后输出。

8.编程序实现功能:任意输入一个字符,求出字符对应的 ASCII 码值。

9.编写程序,从键盘输入角度,计算对应的正弦、余弦值。

10.编写程序,求一元二次方程 $2x^2-9x-18=0$ 的根。

第2章

C 程序的基本控制结构

结构化程序主要有顺序、分支和循环 3 种基本结构,任何复杂的程序都是这 3 种基本结构的某种组合。前面已经讨论了顺序结构程序设计的基本方法,本章主要讨论 C 语言中条件的表示方法、分支(选择)结构和循环结构程序设计的基本方法。

2.1 C 语言关系运算和逻辑运算

程序设计中,无论是分支结构还是循环结构,都必然会涉及条件的描述方法和条件取值的判断问题。程序设计语言中,用关系运算或逻辑运算来表达对这些条件的描述。

2.1.1 关系运算符

关系运算符用于两个同类型数据对象之间的比较运算。C 语言中的关系运算符及其含义如表 2.1 所示。

表 2.1 关系运算符及其含义

运算符	>	>=	<	<=	==	!=
含义	大于	大于等于	小于	小于等于	等于	不等于

关系运算符是双目运算符,优先级低于算术运算符,具有左结合性。用关系运算符将两个运算对象连接起来的表达式称为关系表达式。关系运算的结果应该是逻辑“真”或者逻辑“假”。C 语言中没有逻辑数据类型,用整数 1 表示逻辑“真”,用整数 0 表示逻辑“假”。

例如,3>5 的结果是 0;5<=8 的结果是 1;0!=0 的结果是 0;0==0 的结果是 1。

2.1.2 逻辑运算符

关系运算只能描述简单的条件,如果程序中需要描述复杂的条件,就必须使用逻辑运算。C 语言中逻辑运算符及其含义如表 2.2 所示。

表 2.2　逻辑运算符及其含义

运算符	!	&&	||
含义	逻辑非	逻辑与	逻辑或

逻辑运算符“&&”和“||”是双目运算符，具有左结合性；“!”是单目运算符，具有右结合性。用逻辑运算符将运算对象连接起来的表达式称为逻辑表达式。在C语言中，构成逻辑运算的数据对象除了关系表达式外，还可以是任意的其他表达式。对其他表达式而言，非0值以逻辑“真(即1)”参加逻辑运算，0值以逻辑“假”参加逻辑运算。逻辑表达式的运算结果是一个逻辑值(即0或者1)。逻辑运算的规则可以用“真值表”描述，两个数据对象之间的逻辑运算规则如表2.3所示。

表 2.3　逻辑运算真值表

A	B	!A	A&&B	A||B
0	0	1	0	0
0	1	1	0	1
1	0	0	0	1
1	1	0	1	1

C语言中进行逻辑表达式求值运算时，不但要注意逻辑运算符本身的运算规则，而且还必须遵循下面的两条原则：

①对逻辑表达式从左到右扫描求解。

②在逻辑表达式的求解过程中，任何时候只要逻辑表达式的值已经可以确定，则求解过程不再进行。

在具体理解逻辑表达式运算规则时可以采用这样的步骤：

①找到表达式中优先级最低的逻辑运算符，以这些运算符为准将这整个逻辑表达式分为几个计算部分。

②从最左边一个计算部分开始，按照算术运算、关系运算和逻辑运算的规则计算该部分的值。每计算完一个部分就与该部分右边紧靠着的逻辑运算符根据真值表进行逻辑值判断。

③如果已经能够判断出整个逻辑表达式的值，则停止其后的所有计算；只有当整个逻辑表达式的值还不能确定的情况下，才进行下一个计算部分的计算。

例如有定义：int a=1,b=2,c=0;，则对逻辑表达式 a++||b++&&c++计算过程为：

①最低优先级的逻辑运算符||将逻辑表达式分成了两个部分 a++和 b++&&c++；

②计算第一个计算部分 a++得到该部分的值为1(变量a自增为2)；

③用 a++计算部分得到的结果1与其右边的逻辑或运算符根据逻辑运算真值表进行逻辑值判断，得出整个逻辑表达式的结果为1。由于已知整个逻辑表达式的结果，停止该逻辑表达式的运算(即 b++&&c++没有进行任何运算)。

根据上面的计算过程，得到结果为：逻辑表达式的值为1、变量a的值为2、变量b的值为2(原值)、变量c的值为0(原值)。

［**例** 2.1］ 逻辑表达式运算规则示例。

```c
/* Name: ex0201.cpp */
#include <stdio.h>
int main()
{
    int a=1,b=2,c=0;
    a++||b++&&c++;
    printf("1: a=%d,b=%d,c=%d\n",a,b,c);
    a++&&b++||c++;
    printf("2: a=%d,b=%d,c=%d\n",a,b,c);
    return 0;
}
```

C 程序设计中，常用逻辑与运算表示某个数据对象的值是否在给定的范围之内，而用逻辑或运算表示某个数据对象的值是否在给定的范围之外。例如，若要表示变量 x 的值在区间[a,b]之内时条件为真，则可使用逻辑表达式 x>=a&&x<=b 来表示；若要表示变量 x 的值在区间[a,b)之外是条件为真，则可使用逻辑表达式 x<a||x>=b 表示。

2.2 分支结构程序设计

分支结构是程序的基本控制结构之一。分支结构程序中，程序员需要将某种条件下所有可能的处理方法都编写好执行代码，程序运行时根据条件的成立与否，在事先编制好的若干段代码中选择一段来执行。C 语言中提供 if 语句和 switch 语句支持分支结构的程序设计。

2.2.1 单分支程序设计

单分支选择 if 语句的结构形式为：

```
if(exp)
    sentence;
```

语句的执行过程为：首先计算作为条件的表达式(exp)值；然后对计算出的表达式值进行逻辑判断，若表达式值不为 0(逻辑真)，则执行语句(sentence)后执行 if 结构的后续语句；若表达式值为 0(逻辑假)，则跳过语句(sentence)部分直接执行 if 结构的后续语句。单分支 if 语句的执行过程如图 2.1 所示。

使用 if 语句实现单分支选择结构程序时还需要注意以下两点：

①作为条件的表达式一般来说应该是关系表达式或逻辑表达式，但 C 语言中允许表达式是任何可以求出 0 值或非 0 值的表达式。

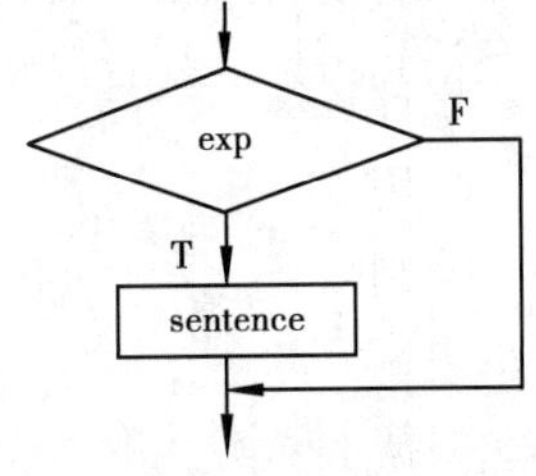

图 2.1 if 语句的执行流程

②从 C 语言的语法来说，if 结构中的语句部分(sentence)只能是一条 C 语句，但可以是 C 语言的任何合法语句(如复合语

句、if 语句等)。

[**例 2.2**] 编程序实现功能:从键盘上输入一个整数,若输入的数据是奇数,则输出该数。

```
/ * Name: ex0202.cpp * /
#include <stdio.h>
int main( )
{
    int x;
    printf( " Input the x: " );
    scanf( " %d" ,&x) ;
    if( x %2)
        printf( " %d is odd number. \n" ,x) ;
    return 0;
}
```

在此程序中,if 语句中条件表述不是“关系表达式”或“逻辑表达式”,而是一个“数学表达式”。C 语言中,数学表达式结果可以用“0 值”或“非 0 值”表示,如果要描述条件式为“非 0 值”时条件成立的情况,则既可以直接使用该表达式表示,也可以使用相应的关系表达式表示。例如,本例的 if 控制中,使用 x%2 或者 x%2! =0 表达了相同的语义。

就一般情况而言,设用符号 e 来表示任意表达式,表示 e 结果值为“非 0 值”时条件成立的情况,既可以直接用 e 来表示,也可以用 e! =0 来表示。例如,对 if 条件语言而言,使用 if(e)和if(e! =0)表示相同的控制含义。表示 e 结果值为“0 值”时条件成立的情况,既可以直接用! e 来表示,也可以用 e= =0 来表示。使用 if(! e)和 if(e= =0)也表示同样的控制含义。

同时还需提醒读者,此处分析的关于条件表达的方法,在 C 程序设计的所有控制结构中都是相同的,今后涉及此问题时不再赘述。

2.2.2 复合语句在程序中的使用

C 语言中,控制结构的语句部分在语法上都只能是一条 C 语句。但在对实际问题处理的应用程序中,有可能在某种条件下需要实现一些仅用一条简单语句不能描述的功能。为了满足这种在语法结构上只能有一条语句,而功能的实现又需要多条语句的要求,C 语言提供称为复合语句的语句块对这种要求进行支持。

复合语句是用一对花括号“{}”将若干条 C 语句括起来形成的语句块,在语法上作为一条语句考虑。复合语句的构成形式如下:

```
{
    C 语句 1;
    C 语句 2
    ⋮
    C 语句 n;
}
```

C 程序设计中,描述控制结构中多条 C 语句才能完成的功能时,就需要使用复合语句。

[**例 2.3**] 从键盘上输入三角形的三边的边长,若它们能构成一个三角形,则输出其面积。

根据数学知识,若三边 a、b、c 构成三角形,则必须满足条件:任意两边之和大于第三边(即:a+b>c 且 a+c>b 且 b+c>a)。计算三角形面积的公式为:

$s=(a+b+c)/2$

$area=\sqrt{s(s-a)(s-b)(s-c)}$

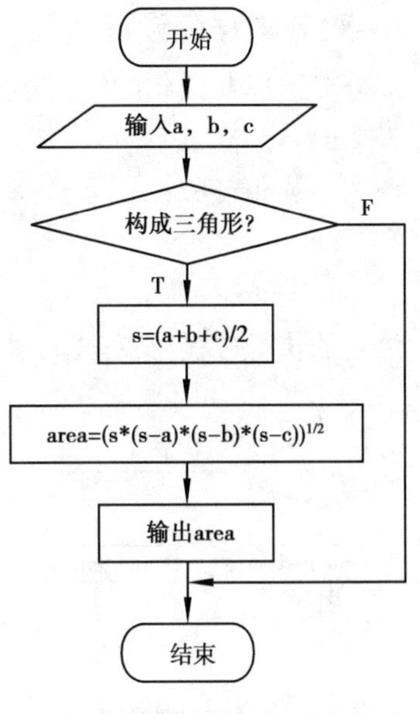

图 2.2 程序流程图

```
/ * Name: ex0203.cpp * /
#include <stdio.h>
#include <math.h>
int main()
{
    double a,b,c,s,area;
    printf("输入三角形3条边的长度:");
    scanf("%lf,%lf,%lf",&a,&b,&c);
    if(a+b>c && a+c>b && b+c>a)
    {
        s=(a+b+c)/2;
        area=sqrt(s*(s-a)*(s-b)*(s-c));
        printf("三角形面积是:%lf\n",area);
    }
    return 0;
}
```

程序运行过程中,若输入数据能够构成三角形(例如输入:3,4,5),if 语句中的条件表达式 a+b>c && a+c>b && b+c>a 值为“真”(非 0 值),则执行其后的复合语句;若输入数据不能构成三角形(例如输入:1,2,3),程序则不会执行后面的复合语句。

C 程序中,需要使用复合语句的地方必须使用复合语句的形式,否则程序在语法上可能检查不出任何错误,但程序运行的结果与程序设计者的期望会相去甚远。例如,将例 2.3 相关程序段描述为如下形式:

```
if(a +b>c && a+c>b && b+c>a)          /*满足三角形条件时求其面积*/
    s=(a+b+c)/2;
    area=sqrt(s*(s-a)*(s-b)*(s-c));
    printf("%f\n",area);
```

程序在编译和连接时没有任何的语法错误,但此时 if 下面的 3 个语句在语法上不再是一个整体,语句 area=sqrt(s*(s-a)*(s-b)*(s-c));和 printf("%f\n",area);与 if 语句控制结构部分没有任何关系,即无论 if 结构中的条件成立与否都会执行这两条 C 语句,因而在逻辑功能上并不能实现对程序的要求。

C 语言规定,复合语句中也可以定义变量,这方面的知识涉及变量的作用范围问题,本书将在"变量的作用域"章节中予以讨论。

2.2.3 双分支程序设计

双分支选择 if 语句的结构形式为:

```
if( exp)
    sentence1;
else
    sentence2;
```

语句的执行过程为:首先计算作为条件的表达式(exp)值;然后对计算出的表达式值进行逻辑判断,若表达式值不为 0(逻辑真),则执行语句(sentence1)后执行 if 结构的后续语句;若表达式值为 0(逻辑假),则执行语句(sentence2)后执行 if 结构的后续语句。双分支 if 语句的执行过程如图 2.3 所示。

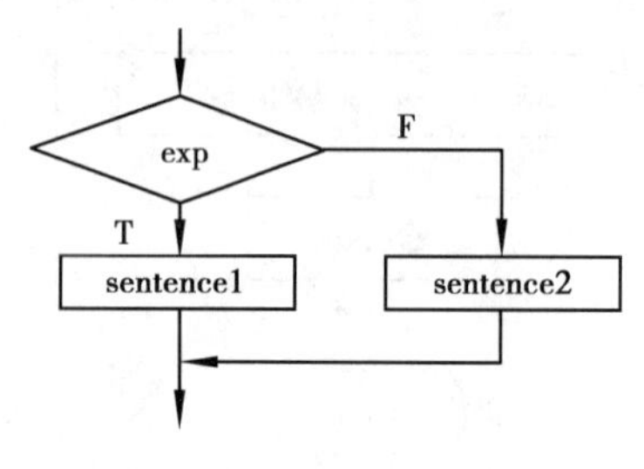

图 2.3 if 语句的执行流程

与使用 if 语句类似,使用 if~else 语句实现双分支结构程序时也需要注意以下两点:

①作为条件的表达式可以是任何能够求出 0 值或非 0 值的表达式。

②if 结构或 else 结构后语句部分都可以是 C 语言的任何合法语句。

[**例 2.4**] 任意输入 3 个整数,求出它们中的最大值。

```
/ * Name: ex0204.cpp  * /
#include <stdio.h>
int main( )
{
    int x,y,z,max;
    printf("请输入 3 个整数:");
    scanf("%d,%d,%d",&x,&y,&z);
    if (x>y)     //x,y 中较大者送入 max
      max=x;
    else
      max=y;
    if(z>max)      //z,max 中较大者送入 max
      max=z;
    printf("最大值是:%d\n",max);
    return 0;
}
```

对应简单的双分支 if 语句,C 语言中提供了一个特殊的条件运算符(?:)。条件运算符是 C 语言中唯一的一个三元运算符,使用条件运算符构成的条件表达式形式如下:

exp1 ？exp2 ：exp3

条件表达式的执行过程是：首先计算表达式 exp1 值，若 exp1 值为非 0(真)，则计算出表达式 exp2 值作为整个条件表达式的值；若 exp1 值为 0(假)，则计算出表达式 exp3 值作为整个条件表达式的值。

例如下面两种语句结构表示了相同的功能：

```
if(x<y)
        max=y; ←—比较—→ max=(x<y)?y:x;
else
        max=x;
```

条件运算符的优先级别高于赋值运算符但低于关系运算符和算术运算符，结合性为右结合。例如，条件表达式 a>b?a:c>d?c:d 相当于 a>b?a:(c>d?c:d)。

［例 2.5］ 从键盘上输入一个英文字母，若输入的是大写字母则转换为小写字母输出；若输入的是小写字母则转换为大写字母输出。

```
/ * Name: ex0205.cpp * /
#include <stdio.h>
int main()
{
    char ch;
    printf("Input a letter:");
    ch=getchar();
    ch=ch>='A'&&ch<='Z'? ch+'a'-'A':ch-('a'-'A');
    printf("%c\n",ch);
    return 0;
}
```

此程序中，表达式'a'-'A'计算的是小写英语字母'a'和对应大写英语字母'A'之间的差距(ASCII 码值的差距)，即 97-65。在 ASCII 表中，任意一对大小写英语字母之间的差距都是相同的，可以表达为'a'-'A'，或者直接用整数 32 表示。当大写字母转换为对应小写字母时，仅需将其值加 32；当小写字母转换为对应大写字母时，仅需将其值减 32。例如，上面程序中用于转换字母的语句也可以写为：

```
ch=ch>='A'&&ch<='Z'?ch+32:ch-32;
```

2.2.4 多分支程序设计

在实际问题中，我们经常遇到多分支选择问题。所谓“多分支”，是指在某个条件下存在着多种选择。例如，一个 4 分支的情况如图 2.4 所示。

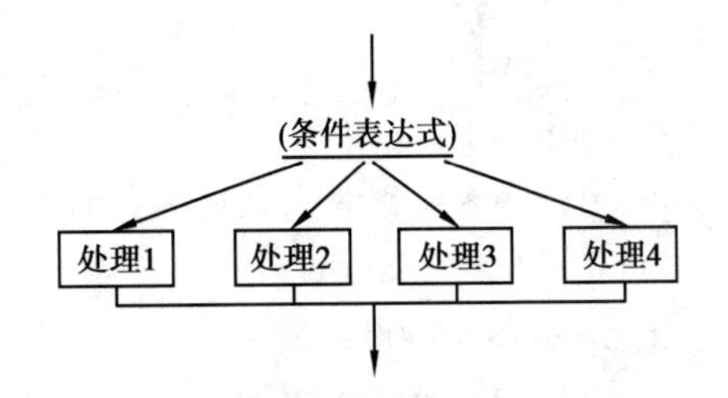

图 2.4 程序的 4 分支结构示意图

对于多分支情况，程序设计语言中没有直接对应的控制语句，需要首先对其分解，然后用单分支或者双分支控制结构的嵌套进行处理。例如,图 2.4 所示的 4 分支结构可以有两种分解方式,如图 2.5 和图 2.6 所示。

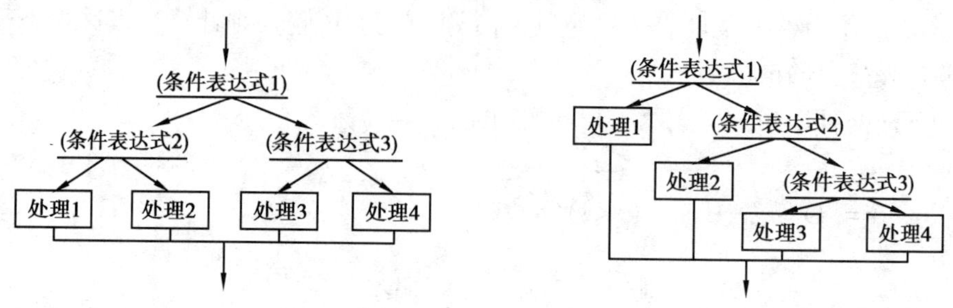

图 2.5　4 分支结构对称分解示意图

图 2.6　4 分支结构不对称分解示意图

1)使用 if 语句嵌套组成多分支结构程序

如果 if 结构或者 else 结构的语句部分又是另外一个 if 结构,称为 if 语句的嵌套。例如,在一个二分支 if 语句的两个语句部分分别嵌入一个二分支 if 语句,其形式为(对应图 2.5 的分解方式):

```
if (exp1)
  if (exp2)
    sentence1;
  else
    sentence2;
else
  if (exp3)
    sentence3;
else
    sentence4;
```

［例 2.6］　某公司按照销售人员收到的订单金额评定其等级。规则为:订单总金额≥10000 为 A 等,5000~9999 为 B 等,2500~4999 为 C 等,2500 以下为 D 等。编程序实现如下功能:输入某人的订单总金额数后,判定其对应的等级并输出结果。

```
/ * Name: ex0206.cpp  * /
#include <stdio.h>
int main( )
{
    double orders;
    char dj;
    printf(" * * * 销售人员收到的订单金额,Input: * * *\n");
    scanf("%lf",&orders);
    if(orders>=5000)
        if(orders>=10000)
            dj='A';
```

```
        else
            dj='B';
    else
        if(orders>=2500)
            dj='C';
        else
            dj='D';
    printf("订单金额为:%.2lf,相应等级为: %c\n",orders,dj);
    return 0;
}
```

在C程序中,也可能出现上述形式的各种变种。例如:if 和 else 的语句部分中只有一个是 if 结构、嵌套和被嵌套的 if 结构中一个或者两个都是不平衡的 if 结构(即没有 else 部分的结构)等。特别地,当被嵌套的 if 结构均被嵌套在 else 的语句部分时,形成了一种称为 else~if 的多分支选择结构,这是 if~else 多重嵌套的变形(对应图 2.6 的分解方式),其一般形式为:

```
if(exp1)
   sentence1;
else if(exp2)
   sentence2;
else if(exp3)
   sentence3;
        …
else if(expN)
   sentenceN;
else
   sentenceN+1;
```

在这种特殊的 else~if 结构中,表示条件的表达式是相互排斥的,执行该结构时,控制流程从 exp1 开始判断,一旦有一个条件表达式值为非0(真)时,就执行与之匹配的语句,然后退出整个选择结构;如果所有表示条件的表达式值均为0(假),则在执行语句 $sentence_{N+1}$ 后,退出整个选择结构;如果当所有的条件均为假时,不需要进行任何操作,则最后一个 else 和语句 $sentence_{N+1}$ 可以缺省。

[例 2.7] 重写例 2.6 程序,要求用不对称分解方式处理多分支。

```
/ * Name: ex0207.cpp  * /
#include <stdio.h>
int main()
{
    double orders;
    char dj;
```

```
    printf(" *** 销售人员收到的订单金额,Input: ***\n");
    scanf("%lf",&orders);
    if(orders>=10000)
        dj='A';
    else if(orders>=5000)
        dj='B';
    else if(orders>=2500)
        dj='C';
    else
        dj='D';
    printf("订单金额为:%.2lf,相应等级为: %c\n",orders,dj);
    return 0;
}
```

在包含了 if 语句嵌套结构的程序中,else 子句与 if 的配对原则是非常重要的,按不同的方法配对则得到不同的程序结构。C 语言中规定:程序中的 else 子句与在它前面距它最近的且尚未匹配的 if 配对。无论将程序书写为何种形式,系统总是按照上面的规定来解释程序的结构。

2)使用 switch 语句组成多分支结构程序

使用 if 语句嵌套可以处理所有多分支的问题,但如果分支的条件不是某个区间的连续条件而是若干个分散的条件点时,C 语言提供了 switch 语句来更加简洁地处理该类多分支问题。switch 语句结构的一般形式如下:

```
switch(expression)
{
    case constand_1:sentences_1;
                    break;
    case constand_2:sentences_2;
                    break;
            ⋮
    case constand_N:sentences_N;
                    break;
    default:        sentences_N+1
}
```

C 程序中使用 switch 结构时要注意以下几点:

①作为条件的表达式值只能是整型、字符型、枚举型三者之一;

②case 后的语句段可以是单条语句,也可以是多条语句,但多条语句并不构成复合语句,不需要使用花括号{};

③结构中的常数值应与表示条件的表达式值对应一致,且各常数的值不能相同;

④结构中的 break 语句和 default 项可根据需要确定是否选用；

⑤switch 结构允许嵌套。

switch 语句结构执行过程是：首先对作为条件的表达式（expression）求值；然后在语句结构的花括号内从上至下地查找所有 case 分支，当找到与条件表达式值相匹配的 case 时，将其作为控制流程执行的入口，并从此处开始执行相应的语句段，直到遇到 break 语句或者是 switch 语句结构的右花括号“}”为止。

［例 2.8］　从键盘上输入一个字符，判断它是数字、空格还是其他键；若是数字，还要求显示出是哪一个数字。

```
/ * Name: ex0208.cpp * /
#include <stdio.h>
int main()
{
    char c;
    int i=0;
    printf("Input a character: ");
    c=getchar();
    switch(c)
    {
        case '9':  i++;
        case '8':  i++;
        case '7':  i++;
        case '6':  i++;
        case '5':  i++;
        case '4':  i++;
        case '3':  i++;
        case '2':  i++;
        case '1':  i++;
        case '0':  printf("It is a digiter %d.\n",i);
                   break;
        case ' ':  printf("It is a space.\n");
                   break;
        default:   printf("It is other character.\n");
    }
    return 0;
}
```

需要特别注意的是，在嵌套的 switch 结构中，内层 switch 结构执行中遇到 break 语句时，退出的仅仅是内层 switch 结构。下面的代码段说明了这个问题。

```
switch(a)
```

```
{
    case 2:switch(b)   //内层 switch 结构
        {
            case 1:sum+=2;
                break;   //退出内层 switch
            case 2: sum+=3;
                break;   //退出内层 switch
        }
        sum+=5;   //从内层 switch 中退出到此,继续执行代码
        break;   //退出外层 switch
    case 3:sum+=10;
        break;   //退出外层 switch
}
```

2.3 循环结构程序设计

实际问题中经常会遇到许多具有规律性的重复计算处理问题,处理此类问题的程序中就需要将某些语句或语句组重复执行多次。程序设计中,一组被重复执行的语句称为循环体,每一次执行完循环体后都必须根据某种条件的判断决定是否继续循环,决定所依据的条件称为循环条件。这种由重复执行的语句或语句组,以及循环条件的判断所构成的程序结构就称为循环结构。在程序设计过程中,正确、合理、巧妙灵活地构造循环结构可以避免重复而不必要的操作处理,从而简化程序并提高程序的效率。在C语言中提供了三种实现程序循环结构的语句:while 语句、do~while 语句和 for 语句。

2.3.1 while 循环控制结构

while 型循环结构又称为当型循环结构,控制结构的一般形式为:

```
while (exp)
    Loop-Body
```

while 型循环结构的执行过程是:首先计算循环条件表达式 exp 值并对表达式 exp 值进行判断,若条件表达式值为非0(真),则执行一次循环体 Loop-Body;然后再一次计算循环条件表达式 exp 值,若计算结果仍为非0(真),则再一次执行循环体。重复上述过程,直到某次计算出的循环条件表达式值为0(假)时,则退出循环结构;控制流程转到该循环结构后的C语句继续执行程序。while 循环控制结构的执行过程如图2.7所示。

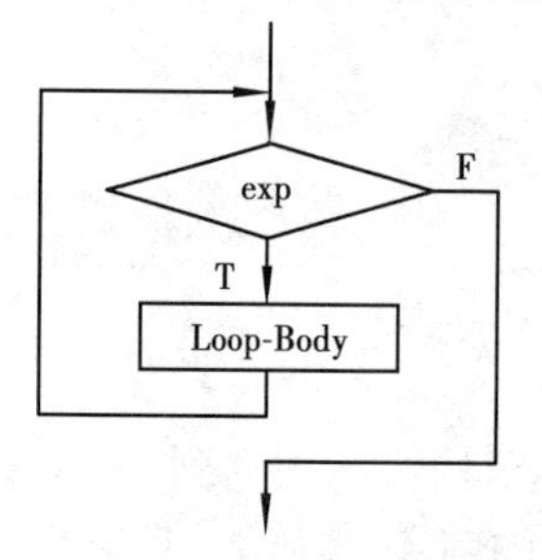

图2.7 while 控制结构执行过程

使用 while 循环结构时需要注意以下几点:

①由于整个结构的执行过程是先判断、后执行,故循环体有可能一次都不执行。

②如果在循环结构中的循环条件表达式是一个非0值常量表达式,则构成了死循环。例如:

```
while (1)
        Loop-Body
```

C 程序设计中,如果不是有意造成死循环,则在 while 循环结构的循环体内必须有能够改变循环条件的语句存在。

③循环结构的循环体可以是一条语句、一个复合语句、空语句等任意合法的 C 语句。

[例 2.9] 使用 while 循环控制结构求$\sum_{n=1}^{100} n$的值。

```
/ * Name: ex0209.cpp * /
#include <stdio.h>
int main( )
{
    int n=1,sum=0;
    while(n<=100)
    {
        sum+=n; / * 等价于 sum=sum+n; * /
        n++;
    }
    printf("sum=%d\n",sum);
    return 0;
}
```

此程序中,当满足循环条件时需要进行两个操作,所以使用了复合语句的形式。当然也可以通过语句的组合使得循环体只由一条 C 语句构成,从而不需要使用复合语句形式。程序中的循环结构可以改写为如下形式:

```
while (n<=100)
        sum+=i++;        //请分析本语句的执行过程
```

在程序中还需要注意变量 sum 的初值问题,由于变量 sum 用于存放和值,所以其初值必须从某一固定值开始。一般而言,用于存放和值、计数等的变量,其初始值一般为 0 值;用于求解累积运算结果的变量,其初值一般为 1。

2.3.2 do~while 循环控制结构

do~while 型循环结构是 C 语言中提供的直到型循环结构,控制结构的一般形式为:

```
do
{   Loop-Body
}while(exp);
```

do~while 型循环结构的执行过程是:首先执行一次循环体 Loop-Body;然后计算作为判断条件的循环条件表达式 exp 值并对表达式 exp 值进行判断,若表达式值为非 0(真),则执

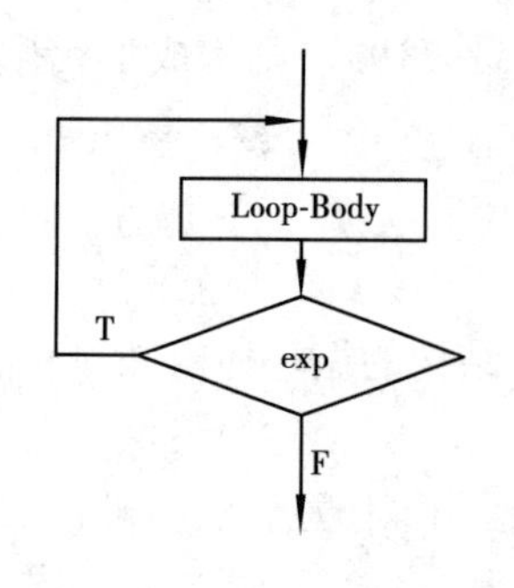

图 2.8 do~while 控制结构执行过程

行一次循环体;执行完循环体后再一次计算循环条件表达式值,若计算结果仍为非 0(真),则再一次执行循环体。重复上述过程,直到某次计算出的循环条件表达式值为 0(假)时,退出循环结构;控制流程转到该循环结构后的 C 语句继续执行程序。do~while 循环控制结构的执行过程如图 2.8 所示。

使用 do~while 循环结构时需要注意以下几点:

①由于整个结构的执行过程是先执行、后判断,所以循环结构中的循环体至少被执行一次。

②如果在循环结构中的循环条件表达式是一个非 0 值常量表达式,则构成了死循环。例如:

```
do
{   Loop-Body
}while(1);
```

C 程序设计中,如果不是有意造成死循环,则在 do~while 循环结构的循环体内必须有能改变循环条件的语句存在。

③循环结构的循环体可以是一条语句、一个复合语句、空语句等任意合法的 C 语句。

[例 2.10] 编程序实现功能:从键盘上输入一个正整数,判断其是否为"回文数"。

```
/ * Name: ex0210.cpp * /
#include <stdio.h>
int main()
{
    int n,n1,s=0;
    printf("Input the n: ");
    scanf("%d",&n);
    n1=n;
    do
    {
        s=s*10+n%10;
        n/=10;
    }while (n!=0);
    if(s==n1)
        printf("%d 是回文数! \n",n1);
    else
        printf("%d 不是回文数! \n",n1);
    return 0;
}
```

上面程序中,通过输入数据和其对应的"倒序数"进行比较来判断输入数据是否为"回

文数”。在程序中要注意以下几点:

①输入数据后需要复制一个备份,因为数字拆分会破坏原数;

②利用数字拆分技术获得了输入数据的“倒序数”。获取“倒序数”的具体方法请读者自行分析总结。

③输入数据是要注意整型数据的取值范围,如果要处理更大范围的数据,可以使用数字字符串的方式进行处理。

2.3.3 for 循环控制结构

for 语句构成的循环是 C 语言中提供的使用最为灵活、适应范围最广的循环结构,它不仅可以用于循环次数已确定的情况,而且也可以用于循环次数不确定但能给出循环结束条件的循环。for 循环结构的一般形式为:

```
for (exp1; exp2; exp3)
    Loop-Body
```

其中,括号内的 3 个表达式称为循环控制表达式,exp1 的作用是为循环控制变量赋初值或者为循环体中的其他数据对象赋初值,exp2 的作用是作为条件用于控制循环的执行,exp3 的主要作用是对循环控制变量进行修改,三个表达式之间用分号分隔。

for 循环结构的执行过程是:首先计算表达式 exp1 值对循环控制变量进行初始化,如果有需要也同时对循环体中的其他数据对象进行初始化操作;然后计算作为循环控制条件使用的表达式 exp2 值并根据 exp2 计算的结果决定循环是否进行,当 exp2 值为非 0(真)时则执行循环体 Loop-Body 一次;执行完循环体后,计算表达式 exp3 值以修改循环控制变量;然后再次计算表达式 exp2 值以确定是否再次执行循环体;反复执行上述过程,直到某一次表达式 exp2 值为 0(假)时为止。for 循环控制结构的执行过程如图 2.9 所示。

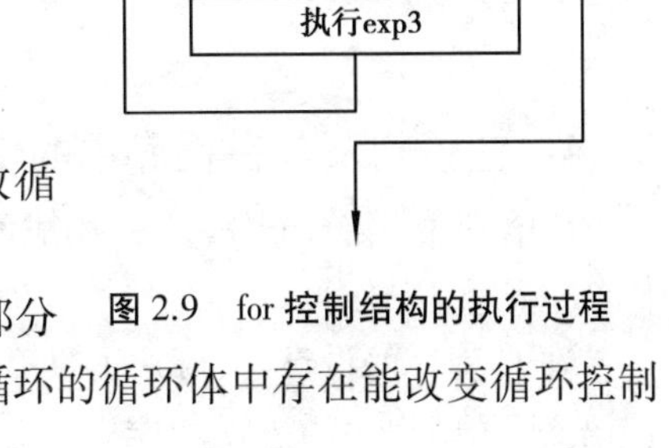

图 2.9 for 控制结构的执行过程

使用 for 循环结构时需要注意以下几点:

①由于整个结构的执行过程是先判断、后执行,故循环体有可能一次都不执行。

②C 语言的 for 循环控制结构不仅提供在其控制部分的 exp3 中修改循环控制变量的值,而且还允许在 for 循环的循环体中存在能改变循环控制条件的语句,使用时需特别注意。

③无论 exp1 和 exp3 的取值如何,只要 exp2 是一个非 0 值常量表达式,则构成了死循环。例如:

```
for (exp1;1; exp3)
    Loop-Body
```

④循环结构的循环体可以是一条语句、一个复合语句、空语句等任意合法的 C 语句。

⑤根据程序功能的需要,循环控制部分的 3 个表达式分别都可以是逗号表达式,这也

是逗号表达式最主要的用法之一。

⑥根据程序功能的需要，循环控制部分的3个表达式中可以缺省一个、两个、三个，但作为分隔符使用的分号不能缺省。如果控制部分的3个表达式全部省略，则是死循环的另外一种表达形式：

```
for ( ; ; )
    Loop-Body
```

［例 2.11］ 编程序实现功能：从键盘输入一个大于2的正整数，判断其是否为素数。

所谓素数，就是只能被1和自身整除的自然数。根据素数的定义，判断一个正整数 n 是否为素数的最简单的方法就是：用2到 $n-1$ 之间的每一个整数去除 n，若其间有一个能整除 n，则 n 不是素数；若2到 $n-1$ 之间的所有整数都不能整除 n，则 n 为素数。

```
/ * Name: ex0211.cpp * /
#include <stdio.h>
int main( )
{
    int n,i,flag;
    scanf("%d",&n);
    flag=1;        //flag用作标志,等于1时表示是素数
    for(i=2;i<=n-1;i++)
        if(n%i==0)        //在2到n-1区间内找到能被n整除的数
            flag=0;       //设置标志表示不是素数
    if(flag==1)
        printf("%d是素数! \n",n);
    else
        printf("%d不是素数! \n",n);
    return 0;
}
```

2.3.4 空语句及其在程序中的使用

C语言中，由单个分号“;”构成的C语句称为空语句，空语句执行时不进行任何具体操作（或称为空操作）。

在C程序的设计中，程序的某个位置从C语言的语法要求上应该有一个C语句存在，但语义上（即程序的逻辑功能上）又不需要进行任何操作时，就可以使用空语句来占据这个语句位置以同时满足语法和语义上的需求。例如，求整数1到10之间的数之和，最常见的处理方式是：

```
int i,s;
for(i=1,s=0;i<=10;i++)
    s+=i;
```

如果要求循环体使用空语句，则可以使用如下代码段实现：

```
    int i,s;
    for(i=1,s=0;i<=10;s+=i,i++)
        ;     //注意:循环体是空语句
```

［例 2.12］ 编写程序实现求阶乘的功能,要求循环体用空语句实现。

```
/ * Name: ex0212.cpp * /
#include <stdio.h>
int main()
{
    int n,t,fac;
    printf("Input the n: ");
    scanf("%d",&n);
    for(fac=1,t=n;n>=1;fac * =n--)
        ;     //使用空语句作为循环体
    printf("%d 的阶乘是:%d\n",t,fac);
    return 0;
}
```

2.3.5 循环的嵌套结构

一个循环结构的循环体内又包含另外一个完整的循环结构,称为循环的嵌套。循环嵌套层数可以是多层,称为多重循环。在某些具有规律性重复计算的问题中,如果被重复计算部分的某个局部又包含着另外的重复计算问题,就可以通过使用循环的嵌套结构(多重循环)来处理。前面讨论的 while、do~while 和 for 3 种循环控制结构均可互相嵌套,并且可以多层嵌套以适应不同的应用,最常见的几种二层循环嵌套结构如图 2.10 所示。

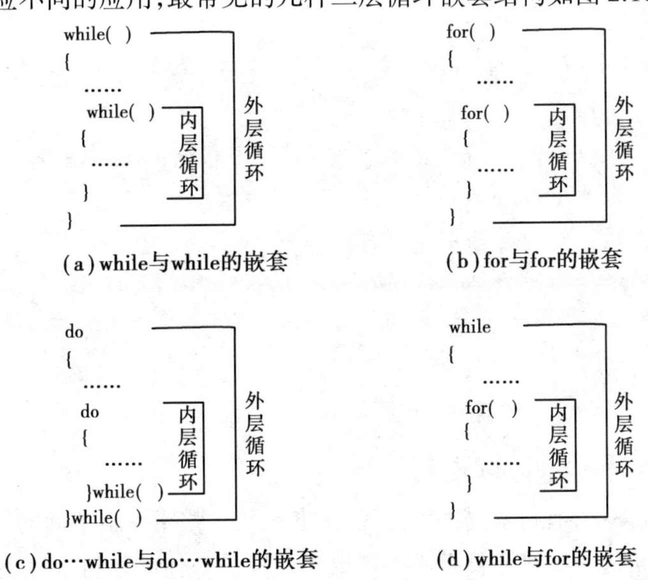

图 2.10 常见的二层循环嵌套结构

注意多层循环嵌套时语句段的执行过程,外层循环每执行一次,内层循环就完整地执行了一遍。在程序设计时,要注意程序内每个语句的具体执行次数和每次执行后各个变量值的相应变化。为了避免在多层循环的程序段中发生预想不到的错误,各层循环的控制变量一般不应相同。

[**例** 2.13] 编写程序,输出如图 2.11 所示的字符图形。

```
        A
      B A
    C B A
  D C B A
E D C B A
```

图 2.11

对于这类字符图形输出的程序设计,首先要理解屏幕输出(或打印机输出)都只能是从上到下、从左到右一行一行地输出数据,所以在设计程序时也必须考虑计算机的这种数据输出方式。例 2.13 应该考虑如下几方面问题:

①如何控制输出 5 行字符串,可以用一个循环控制某件事情处理 5 遍的概念来处理。

②每行都由前导空格字符串和输出字母字符串两个部分组成,分别都可用循环结构进行处理。在前导空格的输出循环中,要考虑如何实现空格字符个数随着行数的增加而减少;在字母字符的输出循环中,要考虑如何实现字符个数随行数的增加而增多。

③每次完整地输出完一行字符后,需要输出一个换行符号实现换行的操作。

```
/ * Name:ex0213.cpp * /
#include<stdio.h>
int main( )
{
    char ch='A';
    int i,j;
    for(i=0;i<5;i++)        //外层循环控制输出行数
    {
        for(j=0;j<5-i;j++)       //输出前导空格,注意 j<5-i 的控制意义
            printf(" ");
        for(j=0;j<=i;j++)       //输出每行的字符,注意 j<=i 的控制意义
            printf("%c",ch+i-j);
        printf("\n");       //每输出完一行后换行
    }
    return 0;
}
```

2.3.6 break 语句和 continue 语句

在循环结构程序中,有可能需要在某种条件下不受循环控制条件的约束,而提前结束循环的执行,也有可能在某种条件下不再需要对每次循环体的执行都完整地进行。C 语言提供了 break 和 continue 来实现这些程序设计的要求。

1) break 语句

break 语句是一条限定转移语句,其一般形式为:

    break;

break 语句只能用于下面两种程序结构中:

①switch 语句结构中(在 2.2.4 小节中已经讨论)。

②循环控制结构中。

break 语句的功能是把程序的控制流程转出直接包含该 break 语句的循环控制结构或 switch 语句结构。由于 break 语句的功能是中断包含它的循环结构执行,所以在循环体中,break 语句总是出现在 if 结构的语句部分,构成如下形式的语句结构形式:

```
if (exp)
  break;
```

[例 2.14]　编程序实现功能:将自然数区间[a,b](a>2)中所有素数挑选出来。

根据数学知识可知:如需判定数 n 是否为素数,可以用 2 到 n 之间的所有整数去除 n,若其中任意一个数能够整除 n,则 n 不是素数;否则 n 是素数。

```
/ * Name: ex0214.cpp * /
#include <stdio.h>
#include <math.h>
int main()
{
    int a,b,num,i,k;
    printf("Input a & b:");
    scanf("%d,%d",&a,&b);
    for(num=a;num<=b;num++)
    {
        k=(int)sqrt(num);      //sqrt 函数的返回值是 double 类型
        for(i=2;i<=k;i++)
            if(num%i==0)       //遇到能够整除的情况时则退出内层循环
               break;
        if(i>k)     //判断退出内层循环的位置
            printf("%d is a prime number.\n",num);
    }
    return 0;
}
```

2) continue 语句

continue 语句是一条限定转移语句,其一般形式为:

    continue;

continue 语句只能用在循环结构中。它的功能是提前结束本次循环体的执行过程而直接进入下一次循环。由于 continue 语句的功能是中断正在被执行的循环体,所以在循环体中,continue 语句总是出现在 if 结构的语句部分,构成如下形式的语句结构形式:

```
if (exp)
  continue;
```

[例 2.15] 重写例 2.14 程序,去掉区间下限 *a* 大于 2 的限制。

```
/ * Name: ex0215.cpp * /
#include <stdio.h>
#include <math.h>
int main( )
{
    int a,b,num,i,k;
    printf(" Input a & b:");
    scanf("%d,%d",&a,&b);
    for(num=a;num<=b;num++)
    {
        if(num<2)       //num 小于 2 时,不可能是素数,直接返回取下一个数据
            continue;
        else if(num==2)     //num 等于 2 时,输出素数信息,返回取下一个判断
        {
            printf(" %d is a prime number.\n",num);
            continue;
        }
        k=(int)sqrt(num);     //以下代码处理一般情况
        for(i=2;i<=k;i++)
            if(num%i==0)     //遇到能够整除的情况时,则退出内层循环
              break;
        if(i>k)     //判断退出内层循环的位置
            printf(" %d is a prime number.\n",num);
    }
    return 0;
}
```

与例 2.14 程序对比可以看出,上面程序对[*a*,*b*]区间的每个数据,首先判断是否小于 2 和等于 2 两种特殊情况,若是,则直接处理;只有当不是特殊数据时,程序才会进入一般数据的处理过程。

[例 2.16] 编程序实现功能:检测从键盘上输入的以换行符结束的字符流,统计非字母字符的个数。

```
/ * Name: ex0216.cpp * /
#include <stdio.h>
```

```
int main()
{
    char c;
    int counter=0;
    printf("Input a string:");
    while((c=getchar())!='\n')
    {
        if(c>='A'&&c<='Z'||c>='a'&&c<='z')      //是字母则不计数
            continue;
        counter++;
    }
    printf("Counter=%d\n",counter);
    return 0;
}
```

上面程序通过循环依次检查每一个输入的字符,当字符不是换行符并且是字母时,通过执行 continue 语句提前结束本轮循环(即不执行循环体中的 counter++;语句);当字符不是换行符并且不是字母时,才会执行计数器增一的操作 counter++;当遇到换行字符时,循环结束并输出变量 counter 的值。

2.4 基本控制结构简单应用

本章前 3 节较为详细地讨论了结构化程序设计的基本技术和 C 语言提供的三种基本程序组成结构,使用这 3 种基本结构可以构成许多较为复杂的程序,解决常见的程序设计问题。本小节就程序设计中常见的穷举方法的程序实现问题、迭代方法的程序实现问题等讨论程序设计的基本方法。

2.4.1 穷举方法程序设计

在程序设计中,许多问题的解"隐藏"在多个可能之中。穷举就是对多种可能的情形一一进行测试,从众多的可能中找出符合条件的(一个或一组)解,或者得出无解的结论。在一个集合内对集合中的每一个元素进行一一测试的方法称为穷举法。穷举本质上就是在某个特定范围中的查找,是一种典型的重复型算法,其重复操作(循环体)的核心是对问题的一种可能状态的测试。穷举方法的实现主要依赖于以下两个基本要点:

①搜寻可能值的范围如何确定。

②被搜寻可能值的判定方法。

对于"被搜寻值"的判定,一般都是问题中所要查找的对象或者要查找对象应该满足的条件,在问题中都会有清晰的描述。但对于搜寻范围,有些问题比较确定,而有些问题则不确定。程序设计中,应根据问题的描述,具体分析确定,但应尽量缩小搜索范围,提高程序效率。

［例 2.17］ 编程找出所有的“水仙花数”。“水仙花数”是指一个 3 位数，其各位上数字的立方之和等于这个数本身。例如 $153=1^3+5^3+3^3$，所以 153 是“水仙花数”。

题目分析：这是一个典型的搜寻范围已定的穷举问题。依题意可以得出，搜寻可能值的范围为 100～999；判定方法为各位上数字的立方之和等于被判定数。程序可以依次取出区间［100,999］的每一个数，然后将该数分解为 3 个数字，按照判定条件判定即可。

```
/ * Name: ex0217.cpp * /
#include <stdio.h>
int main( )
{
    int num,a,b,c;
    for(num=100;num<=999;num++)
    {
        a=num/100;
        b=num/10%10;
        c=num%10;
        if(num==a * a * a+b * b * b+c * c * c)
            printf("水仙花数:%d\n",num);
    }
    return 0;
}
```

上面求取“水仙花数”的方法可以称为分离数据的方法。除此之外，还可以使用组合数据的方法求取“水仙花数”。如果用 a、b 和 c 分别表示 3 位数的百位、十位和个位，则该 3 位数可以表示为：a * 100+b * 10+c，其中 a 的变化范围为［1,9］，b 和 c 的变化范围均为［0,9］。使用三重循环结构，每层循环分别控制 a、b 和 c 的变化，组合出所有的 3 位数参加判断即可。

```
/ * Name: ex0217b.cpp * /
#include <stdio.h>
int main( )
{
    int a,b,c,num;
    for(a=1;a<=9;a++)
      for(b=0;b<=9;b++)
        for(c=0;c<=9;c++)
        {
            num=a * 100+b * 10+c;
            if(num==a * a * a+b * b * b+c * c * c)
                printf("水仙花数:%d\n",num);
    }
```

```
    return 0;
}
```

［例 2.18］ 搬砖问题：36 块砖，36 人搬，男搬 4，女搬 3，两个小孩抬 1 砖。要求将所有的砖一次搬完，问需要男、女、小孩各多少人？

题目分析：这是一个典型的搜寻范围需要分析确定的穷举问题。

设男、女、小孩的数量分别为 man，woman，child，依题意可知被搜寻值的判定方法可以用下式表示：

4 * man+3 * woman+0.5 * child = 36

对于搜寻的范围，按照常识简单划分，men，women，children 都应该为整数，而且男人的数量应该少于 9 人(36/4)，女人的数量应该少于 12 人(36/3)。当男人数量和女人数量一定的情况下，小孩的数量可以用算式 children = 36-men-women && children%2 = = 0 来确定。由此可以简单地确定搜寻范围表示如下：

men：1-8；

women：1-11；

children = 36-men-women && children%2 == 0

```
/ * Name: ex0218.cpp  * /
#include<stdio.h>
int main( )
{
    int men,women,children;
    for( men = 1;men<9;men++)
        for( women = 1;women<12;women++)
        {
            children = 36-men-women;
            if( (4 * men+3 * women+children/ 2.0) == 36)
                printf(" men = %d women = %d children = %d\n" ,men,women,children);
        }
    return 0;
}
```

程序中通过表达式(4 * man+3 * woman+child/2.0)= =36 保证小孩人数是偶数。该表达式左边 4 * man+3 * woman+child/2.0 是实数，比较运算时，右边的 36 自动转换为实数(36.0)进行比较。如果相等关系成立，则表示左边表达式值的小数部分也为 0，从而保证了小孩数一定是偶数。程序执行的输出结果为：

man = 3 woman = 3 child = 30

2.4.2 迭代方法程序设计

递推就是一个不断由变量旧值按照一定的规律推出变量新值的过程。递推在程序设计中往往通过迭代方法实现。迭代一般与 3 个因素有关，它们是：初始值、迭代公式、迭代结束条件(迭代次数)。

迭代算法的基本思想:迭代变量先取初值,据初值(或旧值)按迭代公式计算出新值,用新值对变量原值进行更新替换;重复以上过程,直到迭代结束条件满足时结束迭代。迭代过程在程序结构上使用循环结构进行处理。

[**例** 2.19] 求两个正整数的最大公约数和最小公倍数。

题目分析:使用辗转相除法实现求两个非负整数 m 和 $n(m>n)$ 的最大公倍数,其算法可以描述为:

①m 除以 n 得到余数 $r(0\leqslant r<n)$。

②若 $r=0$ 则算法结束,n 为最大公约数,否则执行步骤③。

③$m\leftarrow n,n\leftarrow r$,转回到步骤①。

当已知两个非负整数 m 和 n 的最大公约数后,求其最小公倍数的算法可以简单描述为:两个正整数之积除以它们的最大公约数。

```
/ * Name: ex0219.cpp * /
#include <stdio.h>
int main( )
{
    int m,n,num1,num2,r;
    printf("请输入两个正整数:");
    scanf("%d,%d",&num1,&num2);
    if(num1<num2)    //保证 num1 大于等于 num2
        r=num1,num1=num2,num2=r;
    m=num1;  //备份原数用于求最小公倍数
    n=num2;
    r=m%n;
    while(r!=0)
    {
        m=n;
        n=r;
        r=m%n;
    }
    printf("最大公约数是:%ld\n",n);
    printf("最小公倍数是:%ld\n",num1 * num2/n);
    return 0;
}
```

上面程序代码是完全按照算法描述的步骤书写的,考虑到除数肯定不能为0、两个数的乘积可以在迭代之前计算等因素,程序可以优化如 ex0219b.cpp 所示,请读者对照理解。

```
/ * Name: ex0219b.cpp * /
#include <stdio.h>
```

```
int main()
{
    int m,n,p,r;
    printf("请输入两个正整数:");
    scanf("%d,%d",&m,&n);
    if(m<n)   //保证 m 大于等于 n
        r=m,m=n,n=r;
    p=m*n;  //求出两个数的乘积用于计算最小公倍数
    while(n!=0)
    {
        r=m%n;
        m=n;
        n=r;
    }
    printf("最大公约数是:%ld\n",m);
    printf("最小公倍数是:%ld\n",p/m);
    return 0;
}
```

［**例 2.20**］ 求出斐波那契数列的前 *n* 项。斐波那契(Fibonacci)数列:前两个数据项都是 1,从第 3 个数据项开始,其后的每一个数据项都是其前面两个数据项之和。

题目分析:设用 f1、f2 和 f3 表示相邻的 3 个斐波那契数据项,据题意有 f1、f2 的初始值为 1,即迭代的初始条件为:f1=f2=1;迭代的公式为:f3=f1+f2。由初始条件和迭代公式只能描述前 3 项之间的关系,为了反复使用迭代公式,可以在每一个数据项求出后将 f1、f2 和 f3 顺次向后移动一个数据项,即将 f2 的值赋给 f1,f3 的值赋给 f2,从而构成如下的迭代语句序列:f3=f1+f2; f1 = f2; f2 = f3;。反复使用该语句序列就能够求出所要求的斐波那契数列。

```
/* Name: ex0220.cpp */
#include <stdio.h>
int main()
{
    int i,f1,f2,f3,n;
    printf("Input the n: ");
    scanf("%d",&n);
    f1=f2=1;      //处理数列前两项
    printf("%d,%d",f1,f2);
    for(i=3;i<=n;i++)      //从第 3 项开始循环处理数列
    {
        f3=f1+f2;
```

```
        printf(",%d",f3);
        f1=f2;
        f2=f3;
    }
    printf("\n");
    return 0;
}
```

2.4.3 一元高阶方程的迭代程序解法(*)

用迭代法求一元高阶方程$f(x)=0$的解,就是要把方程$f(x)=0$改写为一种迭代形式:$x=\phi(x)$;选择适当的初值x_0,通过重复迭代构造出一个序列:$x_0,x_1,x_2,x_3,\cdots,x_n,\cdots$若函数在求解区间内连续,且这个数列收敛,即存在极限,那么该极限值就是方程$f(x)=0$的一个解。在构成求解序列时,不可能重复无限次,重复的次数应由指定的精确度(或误差)决定。当误差小于给定值时,便认为所得到的解足够精确,迭代过程结束。

1)牛顿迭代法求解一元高阶方程

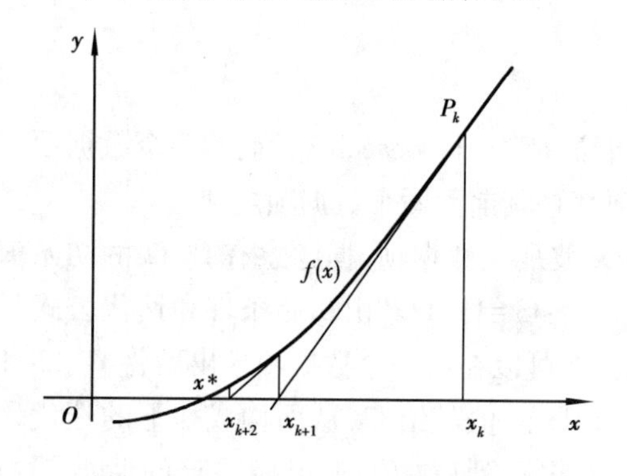

图 2.12　牛顿迭代法求高阶方程根

牛顿迭代法又称为牛顿切线法,其基本思想如图 2.12 所示。设x_k是方程$f(x)=0$的精确解$x*$附近的一个猜测解,过点$P_k(x_k,f(x_k))$作$f(x)$的切线。该切线方程为:

$$y=f(x_k)+f'(x_k)*(x-x_k)$$

切线与x轴的交点是方程$f(x_k)+f'(x_k)*(x-x_k)=0$的解,为$x_{k+1}=x_k-f(x_k)/f'(x_k)$,该式即是牛顿迭代法求解一元高阶方程迭代公式。

从数学上可以证明,若猜测解x_k取在单根$x*$的附近,则它恒收敛。经过有限次迭代后,便可以求得符合误差要求的近似根。

[例 2.21]　用牛顿迭代法求方程$x^4-4x^3+6x^2-8x-8=0$在0附近的根。

```
/* Name: ex0221.cpp */
#include <stdio.h>
#include <math.h>
#define ESP 1e-7
int main()
{
    double x,x0,f,f1;
    x0=0;
    do
```

```
    {
        f=pow(x0,4)-4 * pow(x0,3)+6 * pow(x0,2)-8 * x0-8;
        f1=4 * pow(x0,3)-12 * pow(x0,2)+12 * x0-8;
        x=x0-f/f1;      //切线方程的根
        x0=x;
    } while(fabs(f)>=ESP);
    printf("root=%lf\n",x);
    return 0;
}
```

程序的运行结果为：
root=-0.602272

2）二分迭代法求解一元高阶方程

设有一元高阶方程表示为：$f(x)=0$，则用二分迭代法求高阶方程在某个单根区间的实根（如图2.13所示）的步骤描述如下：

①输入所求区间的两个端点值即初值 x_1 和 x_2，所取求根区间必须保证 $f(x_1)\cdot f(x_2)<0$。

②计算出用 x_1 和 x_2 表示端点的求根区间中点值 $x=(x_1+x_2)/2$。

③计算 x_1、x 和 x_2 三点处的函数值 $f(x_1)$、$f(x_2)$ 和 $f(x)$。此时若 $f(x)=0$，则算法结束，x 就是所求的一个实根。否则，转步骤④。

④若 $f(x)$ 和 $f(x_1)$ 同号，令 $x_1=x$，否则令 $x_2=x$，转步骤②。

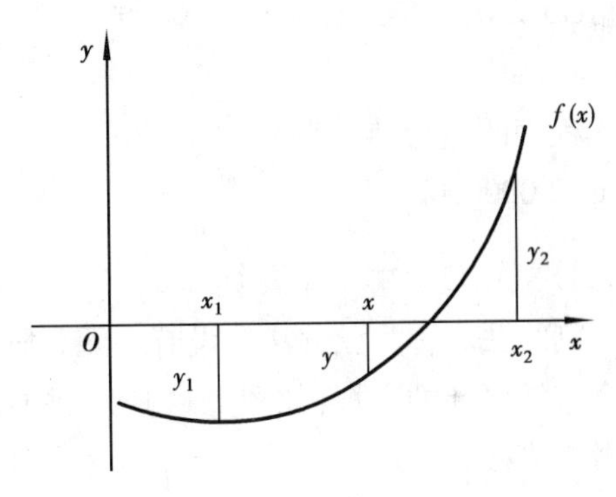

图2.13　二分迭代法求高阶方程根

应该注意的是：当 $y=f(x)$ 为0时，x 就是方程的根。但是，$f(x)$ 是一个实数，在计算机中表示一个实数的精度有限，因此判断一个实数是否等于0时一般不用"$f(x)=0$"，而用"$|f(x)|\leqslant 10^{-k}$"来代替 $f(x)$ 是否为0的判断。如果 $f(x)$ 满足这个条件，则 x 即为所求方程的根（近似根）。这个 10^{-k} 称为精度，所以求高次方程的根应该给出精度要求。

［**例2.22**］　用二分迭代法求方程 $2x^3-4x^2+3x-6=0$ 在区间（-10，10）中的根。

```
/ * Name: ex0222.cpp * /
#include <stdio.h>
#include <math.h>
#define ESP 1e-7
int main()
{
    double x,x1,x2,fx,fx1,fx2;
```

```
    x1=-10,x2=10;
    do
    {
        x=(x1+x2)/2;
        fx1=x1*((2*x1-4)*x1+3)-6;
        fx2=x2*((2*x2-4)*x2+3)-6;
        fx=x*((2*x-4)*x+3)-6;
        if(fx*fx1<0)
            x2=x;
        else
            x1=x;

    }while(fabs(fx)>=ESP);
    printf("root=%lf\n",x);
    return 0;
}
```

程序的运行结果为:

root=2.000000

3)割线法求解一元高阶方程

割线法亦称为弦截法。设有一元高阶方程表示为:$f(x)=0$,则用割线法求高阶方程在某个单根区间的实根(如图2.14所示)的步骤描述如下:

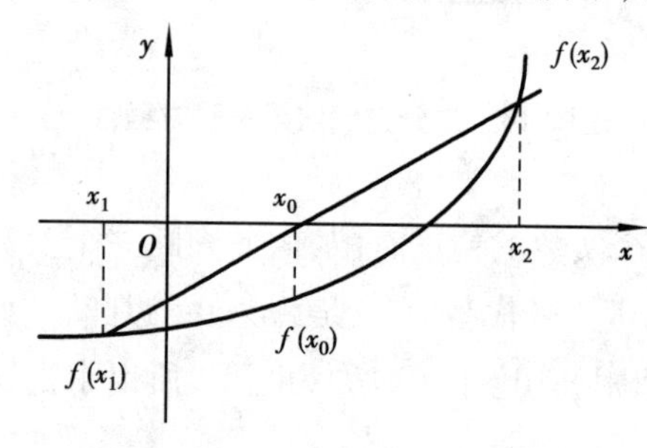

图2.14 割线法求高阶方程根

①输入所求区间的两个端点值即初值 x_1 和 x_2,所取求根区间必须保证 $f(x_1)\cdot f(x_2)<0$。

②连接 $f(x_1)$ 和 $f(x_2)$ 两点,连线交 X 轴于 x_0,x_0 的坐标方程为:

$$x_0=\frac{x_1f(x_2)-x_2f(x_1)}{f(x_2)-f(x_1)}$$

③若 $f(x_0)$ 与 $f(x_1)$ 同号,则根必在 (x_0,x_2) 区间内,此时将 x_0 作为新的 x_1;反之则表示根在 (x_1,x_0) 之间,此时将 x_0 作为新的 x_2。

④反复执行步骤②和③,直到所求根满足要求为止。

[**例2.23**] 用割线法求方程 $2x^3-4x^2+3x-6=0$ 在区间(-10,10)中的根。

```
/* Name: ex0223.cpp */
#include <stdio.h>
#include <math.h>
#define ESP 1e-7
```

```
int main()
{
    double x,x1,x2,fx,fx1,fx2;
    x1=-10,x2=10;
    do
    {
        fx1=x1*((2*x1-4)*x1+3)-6;
        fx2=x2*((2*x2-4)*x2+3)-6;
        x=(x1*fx2-x2*fx1)/(fx2-fx1);
        fx=x*((2*x-4)*x+3)-6;
        if(fx*fx1<0)
            x2=x;
        else
            x1=x;
    }while(fabs(fx)>=ESP);
    printf("root=%lf\n",x);
    return 0;
}
```

程序的运行结果为：

```
root=2.000000
```

习题 2

一、单项选择题

1.能正确表示 x 的取值在[1,10]或[100,210]范围内的表达式是(　　)。

A.(x>=1) && (x<=10) && (x>=100) && (x<=210)

B.(x>=1) || (x<=10) || (x>=100) || (x<=210)

C.(x>=1) && (x<=10) || (x>=100) && (x<=210)

D.(x>=1) || (x<=10) && (x>=100) || (x<=210)

2.为了表示关系 $x \geq y \geq z$,应使用下列 C 语言表达式中的(　　)。

A.(x>=y) AND (y>=z)　　　　B.(x>=y) && (y>=z)

C.(x>=y>=z)　　　　D.(x>=y) & (y>=z)

3.当 c 的值不为 0 时,在下列选项中能正确将 c 的值赋给变量 a、b 的是(　　)。

A.(a=c)&&(b=c)　　　　B.(a=c) || (b=c)

C.c=b=a　　　　D.a=c=b

4.设有 C 语句:int a=5,b=4;,则下列条件中值为“假”的是(　　)。

A.(a>b)&&(b-a)　　B.(b>=0)&&(a<=b ?a+b :a-b)

C.(a<=0) ‖ (a%b)　　D.a && !b

5.执行下面的 C 语句序列后,变量 a 的值是(　　)。

```
int a,b,c; a=b=c=1; ++a || ++b&&++c;
```

A.随机值　　B.0　　C.2　　D.1

6.执行 C 语句:for(i=1; i++<4;); 后,循环控制变量 i 的值是(　　)。

A.3　　B.4　　C.5　　D.1

7.循环语句 for(x=0,y=0; (y!=100)&&(x<4); x++); 的循环体执行次数是(　　)。

A.无限多次　　B.不定　　C.4 次　　D.3 次

8.下面程序段中,与 while(!a)中的!a 所表示条件等价的是(　　)。

```
scanf("%d",&a);
while(!a)
{
    printf("ok.\n");
    a=!a;
}
```

A.a==0　　B.a!=1　　C.a!=0　　D.a==1

9.设有 C 语句:int i,j;,则下面程序段中的内循环体总执行次数是(　　)。

```
for (i=5;i;i--)
   for(j=0;j<4;j++)
   {  …   }
```

A.20 次　　B.24 次　　C.25 次　　D.30 次

10.下面程序段中,与 if(x%2)中的 x%2 所表示条件等价的是(　　)。

```
scanf("%d",&x);
if (x%2)
  x++;
```

A.x%2==0　　B.x%2!=1　　C.x%2!=0　　D.x%2==1

二、填空题

1.如果条件是:"a 或者 b 之一为 0,且 a 和 b 不同时为零",在 C 语言中可将其描述为逻辑关系:___(1)___。

2.在 C 语言的逻辑表达式运算过程中,对于___(2)___运算,如果左操作数被判定为"假",系统不再判定或求解右操作数;对于___(3)___运算,如果左操作数被判定为"真",系统不再判定或求解右操作数。

3.在 C 语言中___(4)___语句的功能是在该语句处提前结束本次循环体的执行过程,而直接进入下一次循环。

4.常用于复合条件表述的 3 个逻辑运算符:逻辑与、___(5)___、逻辑非,在 C 语言中与之对应的运算符号分别是:___(6)___、‖、!。

5.break 语句能够实现程序控制流程从包含该语句的___(7)___结构或___(8)___语句结构中强制转出。

6.在 C 程序中,表示 x 取值在[1,100]范围内的逻辑表达式是___(9)___;表示 y 取值在(1,100)范围内但 $x \neq 50$ 的逻辑表达式是___(10)___。

7.程序填空实现如下功能:从键盘上输入一行字符,将其中的小写字母转换为大写字母。

```
#include<stdio.h>
int main( )
{
    char c;
    while ((c=___(11)___)!='\n')
        if (c>='a'&&c<='z')
        {
            c=c-32;
            printf("___(12)___",c);
        }
    return 0;
}
```

三、阅读程序题

1.写出下列程序运行的结果。

```
#include <stdio.h>
int main()
{
    int a,b,c,d,j,k;
    a=1,b=2,c=3,d=4,j=k=1;
    c=(j=a<b)!=0&&(k=c>d)!=0;
    printf("j=%d,k=%d\n",j,k);
    d=a++&&b++&&c++;
    printf("a=%d,b=%d,c=%d,d=%d\n",a,b,c,d);
    d=--a || b++&&c++;
    printf("a=%d,b=%d,c=%d,d=%d\n",a,b,c,d);
    return 0;
}
```

2.写出下列程序运行的结果。

```
#include <stdio.h>
int main( )
{
    int x=3,y=0,a=0,b=0;
    switch(x)
    {
        case 3:
            switch(y)
            {
                case 0: a++;
                        break;
                case 1: b++;
                        break;
            }
        case 2: a++;
                b++;
                break;
        case 1: a++;
                b++;
    }
    printf("a=%d,b=%d\n",a,b);
    return 0;
}
```

3.写出下列程序运行的结果。

```
#include <stdio.h>
int main( )
{
    int r,n=13579;
    do
    {
        r=n %10;
        printf("%d",r);
        n /=10;
    } while ( n! =0 );
    printf("\n");
    return 0;
}
```

4.写出下列程序运行的结果。

```
#include <stdio.h>
int main( )
{
    int i,j,m=4;
    for(i=0;i<m;i+=2)
      for(j=m-1;j>=0;j--)
        printf("%1d%c", i+j,j ? '*' : '$');
    printf("\n");
    return 0;
}
```

5.写出下列程序在输入数据是123abcdEFG*#时的运行结果。

```
#include <stdio.h>
int main( )
{
    char ch;
    while((ch=getchar())!='*')
    {
        ch++;
        if((ch>='A'&&ch<='Z')||(ch>='a'&&ch<='z'))
            ch=ch>='A'&&ch<='Z'?ch+('a'-'A'):ch+('B'-'b');
        printf("%c",ch);
    }
    printf("#end\n");
    return 0;
}
```

四、程序设计题

1.编程序实现功能:输入一个整数,判断其是否能同时被3、5、7整除,被整除则输出"YES",否则,输出"NO"。

2.编程序实现功能:在一个标高为0 m的平面上,有4个高度为15 m的圆塔,其塔心坐标分别为(2,2)、(-2,2)、(2,-2)、(-2,-2),塔的圆半径为1 m。输入一个坐标点的值,则输出该点的高度(假定塔外高度为0m)。

3.编程序实现功能:找出所有的"水仙花数"。"水仙花数"是指一个三位数,其各位数字的立方之和等于它本身。例如:$153=1^3+5^3+3^3$,则153是"水仙花数"。

4.编程序实现功能:按公式 $e=\sum_{n=0}^{k}\frac{1}{n!}$,求e的近似值(精度为$10^{-6}$)。

5.编程序实现功能:一个正整数与3的和是5的倍数,与3的差是6的倍数,求出符合此条件的最小正整数。

6.编程序实现功能:找出1到99之间的全部同构数。若某数出现在其平方数的右边则称该数为同构数。例如,5是25右边的数,25是625右边的数,则5和25都是同构数。

7.编程利用下式计算并输出π的值。(式中:$n=10000$)

$$\frac{\pi}{4}=1-\frac{1}{3}+\frac{1}{5}-\frac{1}{7}+\cdots+\frac{1}{4n-3}-\frac{1}{4n-1}$$

8.将一张百元大钞换成等值的10元、5元、2元、1元一张的小钞票,要求每次换成40张小钞票,每种小钞票至少一张,编程输出所有可能的换钞方案。

9.一球从100米高度自由落下,每次落地后反弹回原高度的一半后再落下。编程求该球在第10次落地时共经过了多少米,第10次反弹多高?

10.编程求解猴子吃桃问题。第一天猴子摘下若干桃子,当即吃掉一半后又多吃了一个;第二天又将剩下的桃子吃掉一半后再多吃一个;以后每天都吃掉前一天所剩桃子的一半零一个。到第10天猴子只剩下一个桃子可吃,问第一天共摘下多少桃子?

第3章

函　数

程序设计的实质是人类通过计算机语言去解决复杂的实际应用问题。程序设计中对复杂问题常采用“分而治之”的策略，模块化程序设计是实现“分而治之”的方法之一。

模块化程序设计在C语言中通过函数来体现。C程序由一个或多个函数组成，有且仅有一个名为main的主函数。一个可以运行的C程序总是从主函数开始执行，主函数常常通过调用其他函数来实现它的功能。这些被调用的函数中，既有标准库函数，也有用户根据自己的需要定义的函数。C程序的一般结构如图3.1所示。

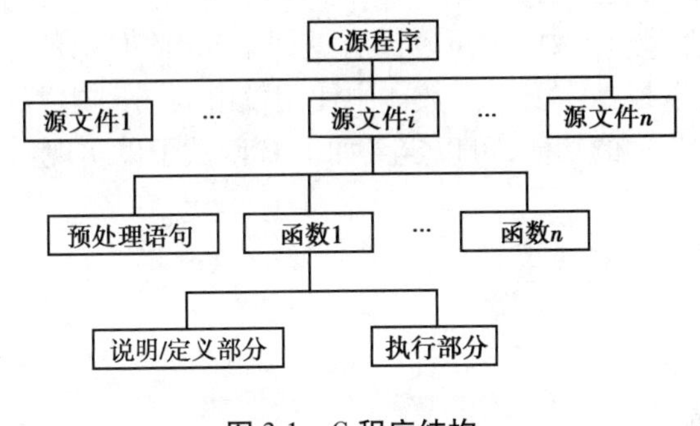

图3.1　C程序结构

3.1　函数的定义和调用

3.1.1　函数的定义和声明

1) 函数的定义

C程序中，函数对应于某一特定功能，函数的定义就是编写实现这一功能的程序代码。C函数定义的一般形式如下：

```
返回值类型名　函数名(类型名 形参,类型名 形参,…)
{
  <函数体语句>
}
```

函数定义的形式中,最上面一行称为函数头(或函数首部),由函数返回值类型、函数名和形式参数表组成。它们的意义是:

①返回值类型名。任何一个非 void 类型的函数执行完成后都会得到一个具体数据,返回值类型名规定了这个返回数据的数据类型。函数执行后不需要返回值时,其类型应定义为 void。C 语言规定,定义返回值类型为 int 或 char 的函数时,返回值类型名可省略不写。

②函数名。即用户为函数取的名字。程序中通过函数名来调用函数,除主函数 main 外,其他函数由用户自己用标识符进行命名。

③形式参数表。形式参数表示函数与外界打交道的数据通道,由零个到多个的形式参数组成,每个形式参数都由数据类型名和变量名两部分构成,参数之间用逗号分隔。一个函数即使没有形式参数,圆括号也不能省略。当函数被调用时,形式参数表中的参数从对应的实参获取数据。

C 函数体由一对花括号括住,是函数实现具体功能的代码段,由零到若干条 C 语句构成。若函数是非 void 类型,函数体中必然存在返回语句。返回语句表达两方面含义:一是结束函数的调用(函数的执行);二是向调用者报告函数执行的结果。返回语句的形式为:

```
return 表达式;
```

值得注意的是:一个函数执行结果的数据类型不是由返回语句中表达式数据类型决定的,而是取决于函数头中指定的返回值类型。两者不一致时,返回语句中表达式值被自动转换为函数头部指定的数据类型。

如果函数是 void 类型,函数体中可以没有返回语句,此时函数体的右边花括号作为函数执行结束标志;也可以根据需要在函数体中使用仅由 return 构成的返回语句。

例如,求某个整数阶乘的功能,可以定义如下 C 函数予以实现:

```
//求整数的阶乘
int fac(int n)          //函数头
{                       //函数体
    inti,fact=1;
    for(i=1;i<=n;i++)
        fact *=i;
    return fact;
}
```

在函数体中可以存在多个返回语句用以表示函数执行结束的不同情况。例如,下面代码段表示了具有两种执行结束可能的函数:

```
//求两数之积或两数之和的函数定义
double jh(double x,double y)
{
    if(x>y)
        return x+y;
    else
        return x * y;
}
```

定义一个函数一般分为设计函数头和设计函数体两个步骤。设计函数头时,首先应该给函数取一个有意义的名字;其次可以把函数体想象成一个具有输入/输出的黑匣子,具体的功能实现被这个黑匣子隐藏起来,函数执行时需要从外界(函数的调用者)获取数据,根据这些数据的个数、次序、数据类型可以设计出对应的形式参数表;最后,根据函数执行后获得结果数据的类型来确定返回值类型。当一个函数所有的功能都在函数体实现,不需要返回值时,返回值类型应定义为 void。

在函数体的设计中,把形参当作已经初始化的变量直接使用,根据需要适当增加变量。对于函数体中求出的结果,一般不是直接输出,而是通过 return 语句返回给主调函数。

例如,编写求两个正整数最大公约数的函数。函数执行时的输入显然是两个正整数,说明形参是两个整型变量(假定用变量 m 和 n 表示);函数执行后的输出是整数表示的最大公约数,由此确定函数的返回值是整型;函数取名为 gcd。函数定义如下所示:

```
/ * 求两个正整数最大公约数 * /
int gcd(int m,int n)
{
    int r;
    r=m%n;
    while(r)
    {
        m=n;
        n=r;
        r=m%n;
    }
    return n;
}
```

C 语言中规定,在一个函数的内部不能定义其他函数(即函数不能嵌套定义)。这个规定保证了每个函数都是一个相对独立的程序模块。在由多个函数组成的 C 程序中,各个函数的定义是并列的,并且顺序也是任意的,函数在程序中定义的顺序与程序运行时函数的执行顺序无关。

2)函数的声明

C 语言规定,程序中使用到的任何数据对象都要事先进行声明。对于函数而言,所谓“声明”是指向编译系统提供被调函数的必要信息:函数名,函数的返回值的类型,函数参数的个数、类型及排列次序,以便编译系统对函数的调用时进行检查。例如,检查形参与实参类型是否一致,使用调用方式是否正确等。

标准库函数说明按类别集中在一些称为“头文件”的文本文件中,程序中要调用标准库函数时,只需要在程序的适当位置写上相应的文件包含预处理语句:#include <头文件名>或#include "头文件名",即可完成对标准库函数的声明。例如,程序中要调用输入输出标准库函数,使用的文件包含预处理语句是:

```
#include <stdio.h>或 #inlcude "stdio.h"
```

声明自定义函数时,需要向编译系统提供函数的返回值类型、函数名和形式参数表的特征信息,声明语句的一般形式为:

返回值类型名 函数名(类型名［形参］,类型名［形参］,…);

从函数声明的形式可以看出,函数声明就是描述出函数定义的头部信息。声明中描述函数形式参数表时,其中的参数个数、每个参数的类型、参数出现的次序都是非常重要的,但参数的名字是无关紧要的。例如,声明前面设计的 gcd 函数时,可以使用如下 3 种形式:

```
int gcd(int m,int n);     //与函数头部书写完全一致
int gcd(int,int);     //省略了形参变量名
int gcd(int x,int y);     //使用了不同的形参变量名
```

［**例** 3.1］ 函数声明示例。

```
/ * Name: ex0301.cpp * /
#include <stdio.h>
int main( )
{
    int gcd(int m,int n);     //对被调函数 gcd 的声明
    int a,b,c;
    scanf("%d,%d",&a,&b);
    c=gcd(a,b);
    printf("最大公约数是:%d\n",c);
    return 0;
}
int  gcd(int m,int n)
{
    int r;
    r=m%n;
    while(r)
    {
        m=n;
        n=r;
        r=m%n;
    }
    return n;
}
```

当被调函数与主调函数位于同一源文件,且被调函数的定义出现在主调函数之前时,不必对被调函数进行声明,其原因是编译系统此时已经知道了被调函数的所有特征。

［**例** 3.2］ 对被调函数不必进行声明的示例。

```
/ * Name: ex0302.cpp * /
```

```
#include <stdio.h>
int fac(int n)      //fac 函数定义
{
    in ti,fact=1;
    for(i=1;i<=n;i++)
        fact * =i;
    return fact;
}
int main()      //主函数中对函数 fac 没有进行声明
{
    int a,c;
    scanf("%d",&a);
    c=fac(a);
    printf("%d! is: %d\n",a,c);
    return 0;
}
```

3.1.2 函数调用中的数值参数传递

程序的执行过程中,一个函数调用另外一个函数以完成某一特定的功能称为函数调用。调用者称为主调函数,被调者称为被调函数。C 程序中,函数调用可以是表达式中的一部分,也可以由函数调用构成一条单独的 C 语句。函数调用的一般形式为:

函数名(实际参数表)

其中,函数名指定了被调用的对象;实际参数表(简称为:实参表)确定了主调函数传递给被调函数的数据信息。

C 程序中对函数的调用方式有 3 种:

①函数语句方式。函数调用作为一个单独的 C 语句出现,此种方式主要对应于返回值为空类型(void)函数的调用。对返回值类型为非 void 的函数,采用函数语句方式调用表示程序中对函数的返回值不予使用(放弃)。例如常用的 printf 和 scanf 函数调用。

②函数表达式方式。如果函数调用出现在一个表达式中,该表达式亦称为函数表达式。此时要求函数调用结束后必须返回一个确定的值到函数调用点以参加表达式的下一步运算。显然,返回值类型为 void 的函数不能使用该方式调用。

③函数参数方式。函数调用作为另外一个函数调用的实际参数出现,此时要求函数被调用后必须返回一个确定的值以作为其外层函数调用的实际参数。同样,返回值类型为 void 的函数不能使用该方式调用。

C 程序执行过程中,函数调用主要由下面 4 个步骤组成:

①创建形式参数和局部变量。被调函数有形式参数时,系统首先为这些形式参数变量分配存储(创建它们),同时创建函数内部用到的局部变量。

②参数传递。如果是有参函数调用,主调函数将实际参数传递给被调函数的形式参

数，传递时要求实参和形参一一对应，即参数的个数、类型、次序都要正确。

③执行被调函数。参数传递完成后，程序执行的控制权转移到被调函数内部的第一条执行语句，执行被调函数的函数体。

④返回主调函数。当执行到被调函数中的 return 语句或者被调函数体的右花括号“}”时，将被调函数的执行结果（返回值）以及程序执行流程返回到主调函数中的函数调用点。若被调函数没有返回值，则只将执行流程返回主调函数。

函数调用时，实参的值传递到形式参数中就实现了数据由主调函数到被调函数的传递。在函数间使用参数传递数据的方式有两种：传递数值方式和传递地址值方式。

函数的传数据值调用方式是一种数据复制方式。函数调用时，实际参数值复制给形式参数，传递方（主调函数）中的原始数据和接受方（被调函数）中的数据复制品各自占用内存中不同的存储单元，当数据传递过程结束后，它们是互不相干的。因此，在被调函数的执行过程中，无论形式参数变量值发生何种变化，都不会影响到该形参所对应主调函数中的实际参数值。下面参照例 3.3 程序讨论函数调用的执行过程，为了讨论方便，为程序加上了行号。

［**例** 3.3］ 传数据值方式函数调用示例。

```
1  /* Name:ex0305.cpp */
2  #include <stdio.h>
3  int main()
4  {
5      void swap(int x, int y);
6      int a=3,b=5;
7      printf("swap 调用前:a=%d,b=%d\n",a,b);
8      swap(a,b);
9      printf("swap 调用后:a=%d,b=%d\n",a,b);
10     return 0;
11 }
12 void swap(int x, int y)
13 {
14     int t;
15     t=x;
16     x=y;
17     y=t;
18     printf("swap 调用中:x=%d,y=%d\n",x,y);
19 }
```

程序执行时，函数在被调用之前其形式参数表中的形式参数变量和函数体中定义的普通变量在系统中都是不存在的，它们在系统中出现或消失与函数调用的过程有着密切的关系。例 3.3 程序执行到第 8 行之前，函数 swap 中的形参变量 x 和 y 以及函数体中定义的变量 t 在系统中均不存在，如图 3.2(a)所示。函数 swap 传数据值调用的过程如下：

①系统为被调函数中的局部变量分配存储。如在例3.3程序中,程序执行到第8行时系统才会创建swap函数中的变量x、y和t(即为这些变量分配存储),如图3.2(b)所示。

②参数传递。传递参数值实质上是将实参变量的内容复制给形式参数变量,一旦复制完成,则实际参数与形式参数就没有任何关系。在例3.3程序中,传递参数时将实参变量a的值复制给形参变量x,将使参变量b的值复制给形参变量y,复制完成后实参变量a、b与形参变量x、y就断开联系,如图3.2(c)所示。

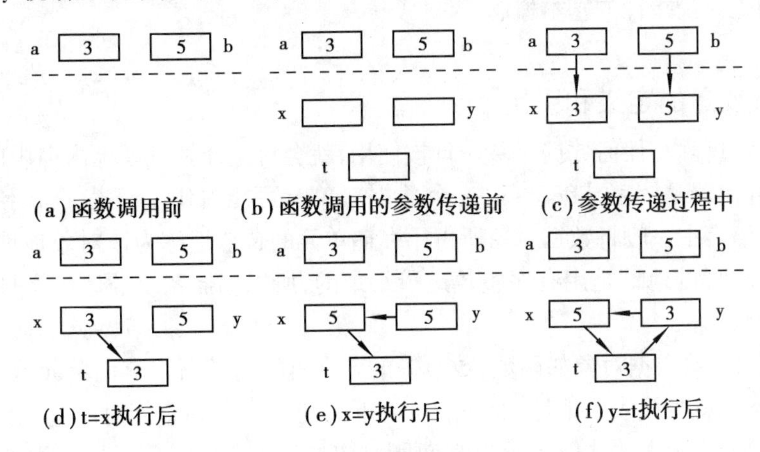

图3.2 swap函数值传递调用时参数的变化情况

③控制流程转移到被调函数执行。在例3.3程序中,参数传递完成后,程序的控制流程(执行顺序)就从第8行转移到第14行开始执行函数swap,如图3.2(d)、(e)、(f)所示。

④控制流程返回主调函数。程序控制流程执行到被调函数中的return语句或函数体的右花括号"}"时,将程序执行的控制流程以及被调函数的执行结果返回到主调函数中的调用点。若被调函数的返回值数据类型为void则没有返回值,只需要将控制流程返回到主调函数中的调用点即可。特别需要注意的是,随着程序控制流程的返回,系统会自动收回为被调函数形式参数和局部变量分配的存储单元,即在函数被调用时创建的形式参数和局部变量会自动撤销。在例3.3程序中,程序执行到第19行时将控制流程返回到第8行的函数调用点后。与此同时,调用swap函数时创建的变量x、y和t都自动被系统撤销。

从上面的分析可以得到,虽然在swap函数内部对变量x、y的值进行了交换,但这种交换对函数调用时的实际参数变量a和b没有任何影响。程序执行的结果如下所示:

swap调用前:a=3,b=5

swap调用中:x=5,y=3

swap调用后:a=3,b=5

传值方式调用时,函数只有一个数据入口,就是实参传值给形参,也最多允许一个数据出口,就是函数返回值。这种调用方式使得函数受外界影响减小到最小程度,从而保证了函数的独立性。在设计传值调用函数时,函数的形式参数是普通变量。调用时的实际参数可以是同类型的常量、一般变量、数组元素或表达式。

3.2 函数调用中的指针参数传递

传地址方式是函数调用中的另外一种参数传递数据方式,但此时作为参数传递的不是数据本身,而是某个数据对象在内存中的首地址。在传地址的方式中,数据在主调函数和被调函数中对应的实参和形参使用同一存储单元。函数的地址值传递调用涉及指针参数的使用,下面先讨论指针的基本概念。

3.2.1 指针变量的定义和引用

程序运行过程中,任何数据对象一旦被使用,就会对应计算机系统内存中的一个地址。由于系统内存储器是按字节编址的,一个数据对象有可能占用一至若干个字节的存储单元,程序设计语言中一般将数据对象所占用存储单元的首地址称为该对象地址。在计算机系统中,内存单元的地址是用有序整数进行编址的,所以存储系统的地址序号本质上就是无符号的整型数据。

C语言中,一些数据对象如函数、数组等的名字直接与其所占存储单元首地址对应,即它们的名字本身就直接表示地址;而一般意义下的变量名字则直接对应它们的内容(值),需要使用特定的表示方法才能表示出它们所对应的地址。C语言通过使用指针的概念来表示数据对象的首地址。在C语言中,数据对象的地址和数据对象的指针是一个相同的概念,即指针就是地址。

1)指针变量的定义

C语言中,为了能够操作地址类数据,就有必要构造一种变量来存储它们,这种变量称为"指针变量"。当把一个变量的地址赋给一个指针变量后,称这个指针变量指向这个变量。如图3.3所示。

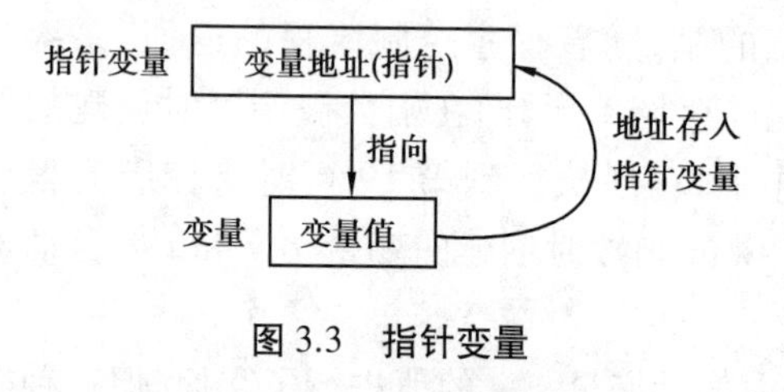

图3.3 指针变量

指针变量本身也是变量,所以指针变量在使用之前也需要定义。定义指针变量时,除了需要为其命名外,还必须指定能被指向数据对象的数据类型,定义指针变量的一般形式为:

数据类型名 ∗指针变量名1,∗指针变量名2,…;

其中,数据类型名是指针变量所指向目标数据对象的数据类型,可以是基本数据类型,也可以是以后要讨论到的构造数据类型;指针变量名由程序员命名,命名规则与普通变量相同;指针变量名之前的星号(∗)只是一个标志,表示其后紧跟的变量是一个指针变量而不是一个普通变量。

例如:int ∗p,∗y; /∗ 定义了两个整型的指针变量p和y,
注意指针变量是p和y,而不是∗p和∗y ∗/

如果有需要,指针变量也可以和同类型的普通变量混合定义。

例如:char ch1,ch2,∗p; /∗定义了两个字符变量ch1、ch2以及一个指针变量p∗/

2)指针变量的赋值

虽然地址量本质上是一个无符号整型常量,但C语言规定除了符号常量NULL外不能直接将任何其他无符号整型常量赋值给指针变量。为指针变量赋值的方法有两种:一种是定义后,使用赋值语句的方式;另外一种是定义的同时进行初始化。无论使用哪种方式为指针变量赋值,在获取被指向变量的地址值时,要使用C语言中提供的取地址运算符“&”。取出一个变量所对应的地址值的形式为:

<变量名>

例如,有变量x,则&x表示变量x所对应存储单元的地址。

指针变量在定义时进行初始化的一般形式为:

数据类型符　*指针变量名=初始化地址值;

定义后,指针变量赋值的一般形式为:

指针变量名=地址值;

无论对指针变量使用上面的哪一种赋值方式,当把一个数据对象(变量)的地址赋给一个指针变量后,都称这个指针变量指向该数据对象。例如有:

```
int x, *y=&x;        /*定义了变量x和指针变量y,并将x的首地址赋值给y*/
```

或
```
int x, *y;           /*定义变量x和指针变量y*/
y=&x;                /*将变量x的首地址赋值给指针变量y*/
```

两种形式都表示y指向x,若假设变量x的值为100,变量x对应的存储单元首地址为25000,则指针变量y和被它指向的变量x之间的关系如图3.4所示。

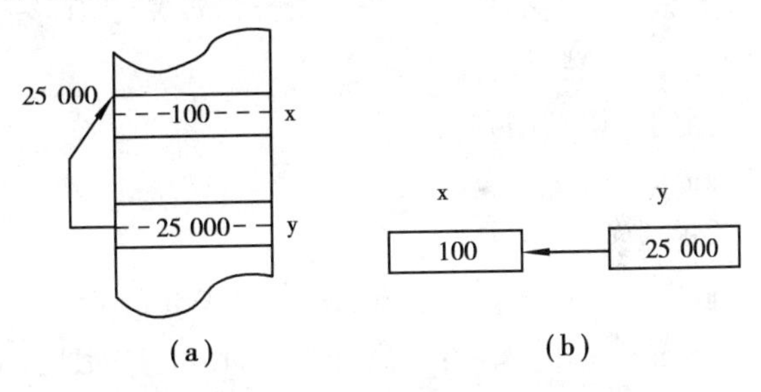

图3.4　提针变量y与变量x的存储关系图

另外,可以用C系统已经定义好的符号常量NULL(空)对任何数据类型的指针变量进行初始化或赋值,例如:

```
float *p=NULL;       /*定义实型指针变量p并将其初始化为常量NULL*/
float *p;            /*定义实型指针变量p*/
p=NULL;              /*将符号常量NULL赋值给指针变量p*/
```

在C程序设计中使用指针变量时,还应该特别注意以下几点:

①在指针变量的定义形式中,星号(*)只是一个标志,表示其后面的变量是指针变量。例如,在指针变量定义语句int x, *y;中,y是指针变量。

②一个指针变量只能指向与它同类型的普通变量,即只有数据类型相同时普通变量才能将自己存储单元的首地址赋值给指针变量,其原因是不同类型的变量所占存储单元的字节数是不同的;当指针变量从指向一个对象改变到指向另外一个对象时,会随它指向对象的数据类型不同而移动不同的距离。例如,下列用法是错误的:

```
int x;
float *ptr;
ptr=&x;          /*错误,指针变量没有指向合适的数据对象*/
```

指针变量赋值存在一个特例,可以将任何数据类型对象的存储首地址赋值给void类型(空类型)的指针变量,例如:

```
int x;
void *p=&x;    /*将整型变量x的存储首地址赋值给空类型指针变量p*/
```

③指针变量只能在有确定的指向后才能正常使用,也就是说,指针变量中必须要有确定的地址值内容。没有确定指向的指针称为“空指针”或“悬空指针”,使用这种指针变量有可能引起不可预知的错误。

④指针变量中只能存放地址值,不能把除NULL外的整型常数直接赋给指针变量。例如,下面的指针变量的赋值是错误的:

```
int *ptr;
ptr=100;     /*错误,整型常数值直接赋给指针变量*/
```

3)指针变量的引用

C程序中需要使用指针运算符(*)来表示对指针变量的引用。指针运算符(*)又称为间接运算符,它是一个单目运算符,只能作用于各种类型的指针变量上,其作用是表示被指针变量所指向的数据对象。指针运算符使用形式如下:

  *<指针变量名>

例如有语句序列为:

```
int x, *y;
y=&x;
```

此时&x等价于y,而*y则等价于变量x。例如:

```
scanf("%d",&x);       等价于 scanf("%d",y);
printf("%d\n",x);     等价于 printf("%d\n", *y);
```

上面y和x两个变量之间的关系,实际上也是任何类型指针变量与它所指向的对象之间的关系。可以记住如下结论:设有同类型的指针变量和普通变量,将普通变量的首地址值赋给指针变量后,指针变量就与对应普通变量的首地址建立了等价关系;当对指针变量施以指针运算时,表示的就是被指针变量指向的普通变量。

[例3.4] 取地址运算符(&)和指针运算符(*)的使用示例。

```
/* Name: ex0304.cpp */
#include <stdio.h>
int main()
{
    int x=200, *y;      //定义了整型变量x和整型指针变量y
    y=&x;               //将变量x的首地址赋值给y,即y指向x
    *y=300;             //表达式*y等价于变量x
```

```
    printf("%x: %d,%d\n",y,x,*y);
    return 0;
}
```

上面程序中,由于 y 是指向变量 x 的指针变量,所以执行语句 * y=300;等价于执行语句 x=300;。标准输出函数 printf 调用语句中的格式%x 指定用十六进制无符号整数的形式输出指针变量 y 的值;用%d 的格式输出变量 x 的值和表达式 * y 的值。程序执行的结果为:
13ff7c: 300,300(注意变量 y 的十六进制值在不同的机器上可能是不同的)

3.2.2 函数调用中的地址值参数传递

如果被调函数的形式参数是指针型参数(即某种数据类型的指针变量作为函数的形式参数),则主调函数中对应的实际参数就必须是同类型指针值(地址量),这种函数调用参数传递的方式称为传地址值方式。

在传地址值函数调用方式中,实参和形参对应同一个存储首地址(本质上是同一数据)。当被调函数通过形参修改了该存储区域的数据时,实际上也同时修改了实参数据。

[**例 3.5**] 地址值参数传递函数调用示例。

```
/* Name: ex0305.cpp */
#include <stdio.h>
int main()
{
    void swap(int *x,int *y);
    int a=3,b=5;
    printf("swap 函数调用前:a=%d,b=%d\n",a,b);
    swap(&a,&b);
    printf("swap 函数调用后:a=%d,b=%d\n",a,b);
    return 0;
}
void swap(int *x,int *y)
{
    int t;
    t=*x;
    *x=*y;
    *y=t;
}
```

在上面程序中,首先请读者注意与例 3.3 程序的不同之处,例 3.5 程序中函数 swap 的形式参数是指针型参数,函数内部对形式参数的操作使用的是指针变量指向的数据对象操作方式;在主函数中调用 swap 函数时使用的实际参数是变量 a 和 b 存储单元的首地址,即函数调用的实际参数是变量 a 和 b 的指针。上面程序执行过程中,实际参数和形式参数的关系及变化如图 3.5 所示(图中用虚线表示两个函数区域的分界线,为了便于描述假设变量 a 的存储首地址为 1000,变量 b 的存储首地址为 2000)。

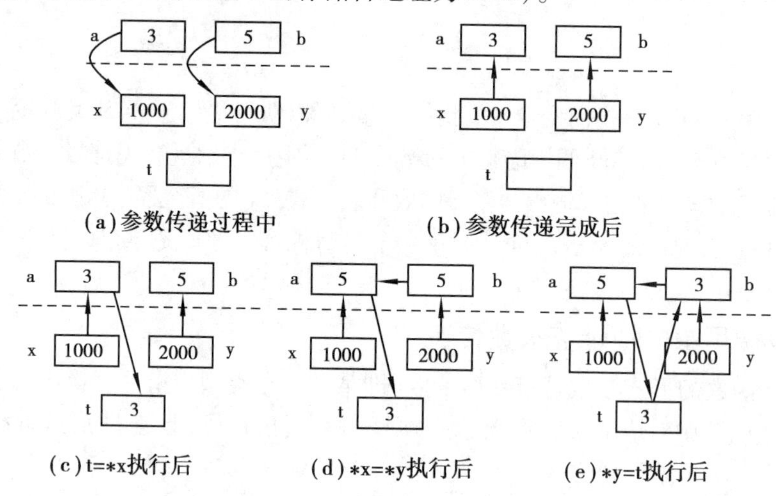

图 3.5　地址值传递函数调用时参数的变化情况

从程序执行过程可以看出,函数调用时,主调函数将变量 a 和 b 的存储单元首地址传递到被调函数 swap 指针型形式参数中,参数传递完成后仍然会断开参数的传递通道。但由于形式参数通过参数传递得到了主调函数中变量 a 和 b 的首地址,形成了指针变量 x 指向实际参数变量 a,指针变量 y 指向实际参数变量 b 的指针变量与数据对象之间的指向关系,即此时被调函数中的 * x 就是实参变量 a, * y 就是实参变量 b。程序在执行了被调函数中的语句序列 t= * x; * x= * y; * y=t;后达到了在被调函数 swap 中交换主调函数 main 中实际参数变量 a 和 b 值的目的。程序执行后的输出结果为:

```
swap 函数调用前:a=3,b=5
swap 函数调用后:a=5,b=3
```

从上面程序执行的过程可以得出使用地址传送方式在函数之间传递数据的特点是:形参和实参在主调函数和被调函数中均使用同一存储单元,所以在被调函数中对该存储单元内容任何的变动必然会反映到主调函数的实参中。

利用通过指针形参在被调函数中可以修改主调函数对应实参的特性,还可以实现从一个被调函数中获取多个返回数据的目的。

[例 3.6]　从函数中获取多个返回数据示例。

```
/ * Name: ex0306.cpp * /
#include <stdio.h>
int summul(int a,int b,int *v);
int main()
{
    int a,b,sum,mul;
    printf("请输入变量 a 和 b 的值:");
    scanf("%d,%d",&a,&b);
    sum=summul(a,b,&mul);
```

```
    printf("sum=%d,mul=%d\n",sum,mul);
    return 0;
}
int summul(int a,int b,int *v)
{
    *v=a*b;
    return a+b;
}
```

在上面程序中,函数调用时将实参 a 和 b 的值复制给函数 summul 的形式参数 x 和 y,实参变量 mul 将自己的地址传递给指针形式参数 v。在被调函数 summul 中,v 是指向实参 mul 的指针,*v 就是 mul,将 a*b 赋值给 *v 实质上就是赋值给变量 mul,这样就通过函数的指针参数获取了被调函数中的数据。程序一次执行的结果如下:

```
请输入变量 a 和 b 的值:10,20      //10,20 是从键盘上输入的数据
sum=30,mul=200                    //程序执行结果
```

虽然在被调用函数中使用指针型参数就提供了在被调函数中操作主调函数中实际参数的可能性。但并不是用了指针变量作函数的形式参数就一定可以在被调函数中操作或修改主调函数中的实参。在被调函数中是否能够操作或修改主调函数中实参值还取决于在被调函数中对指针形参的操作方式,操作指针形参变量指向的对象(即实参本身)则可以达到在被调函数中操作或修改主调函数实参的目的;但若操作的是指针形参变量本身,则不能实现在被调函数中操作或修改主调函数实际参数的目的。

[**例 3.7**] 地址值参数传递函数调用示例。

```
/* Name: ex0307.cpp */
#include <stdio.h>
int main()
{
    void swap(int *x,int *y);
    int a=3,b=5;
    printf("swap 函数调用前:a=%d,b=%d\n",a,b);
    swap(&a,&b);
    printf("swap 函数调用后:a=%d,b=%d\n",a,b);
    return 0;
}
void swap(int *x,int *y)
{
    int *t;
    t=x;
    x=y;
    y=t;
}
```

在上面程序中,首先请读者注意它与例3.5程序的不同之处。虽然两个程序中函数swap的形式参数都是指针型参数,但例3.5程序中swap函数内部对形式参数的操作使用的是指针变量指向的数据对象操作的方式;而上面程序中swap函数内部对形式参数的操作使用的则是指针变量本身。上面程序执行过程中,实际参数和形式参数的关系及变化如图3.6所示(图中用虚线表示两个函数区域的分界线,为了便于描述,假设变量a的存储首地址为1000,变量b的存储首地址为2000)。

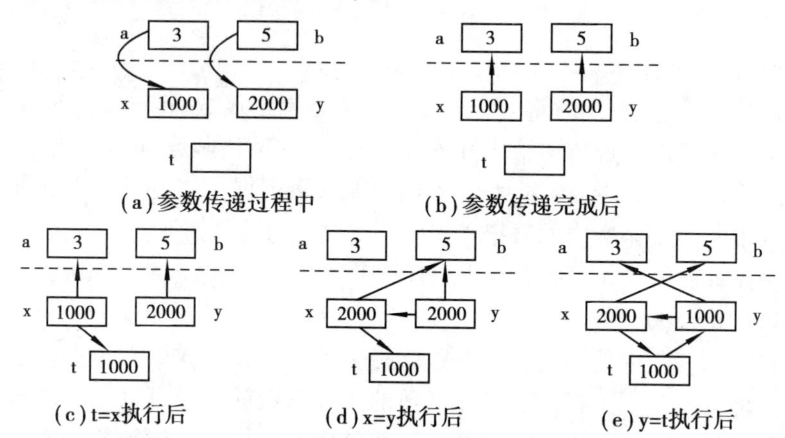

图3.6　地址值传递函数调用时参数的变化情况

从程序执行过程可以看出,函数调用时主调函数将变量a和b的存储单元首地址传递到被调函数swap指针型形式参数中,参数传递完成后仍然形成了指针变量x指向实际参数变量a,指针变量y指向实际参数变量b的指针变量与数据对象之间的指向关系。但在被调函数swap的执行过程中,通过辅助的指针变量t交换了指针变量x和y原来的指向,使得指针变量x指向实参变量b,而指针变量y指向实参变量a。但随着swap函数执行完成程序控制流程的返回,在函数swap中定义的所有自动变量x、y和t都被系统自动撤销。程序执行的结果并没使得主函数中的实参变量a和b交换内容。程序执行的结果为:

swap函数调用前:a=3,b=5
swap函数调用后:a=3,b=5

3.3　函数的嵌套调用和递归调用

3.3.1　函数的嵌套调用

C语言规定,程序中所有的函数都处于平行地位,即C程序中的函数不能嵌套定义。但C语言允许函数嵌套调用,即一个函数在被调用的过程中又调用另外一个函数。一个两层嵌套函数调用的执行过程如图3.7所示,程序在主函数main的执行过程中调用了函数fun1,此时主函数并未执行完成但程序的控制流程已经从主函数

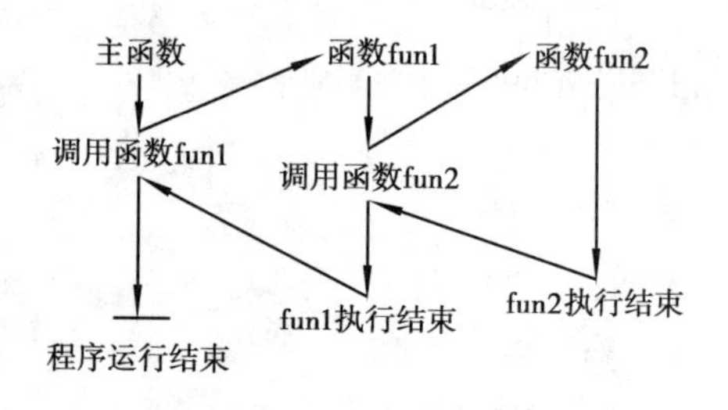

图3.7　两层函数嵌套调用示意图

转移到了函数 fun1 中；函数 fun1 在执行的过程中又调用了函数 fun2，此时函数 fun1 并未执行完成但程序的控制流程已经转移到了函数 fun2 中。函数 fun2 执行完成后程序的控制流程会返回到函数 fun1 中对 fun2 的调用点继续执行函数 fun1 中未完成部分；当函数 fun1 执行完成后，程序的控制流程返回主函数继续执行直至程序执行完成。

［**例 3.8**］ 编程序计算 e^x 的近似数（要求用下面的近似公式计算，精确到 10^{-6}）。

$$e^x \approx 1+x+\frac{x^2}{2!}+\frac{x^3}{3!}+\cdots+\frac{x^n}{n!}$$

解题思路：针对上面的近似公式，可以把问题分解为“求各项值模块”和“求和模块”，“求各项值模块”又可以分解为“求幂模块”和“求阶乘模块”。设计 3 个函数的功能及对应的函数原型如下所示：

①powers 函数，参数为 x，n，返回值为 x^n，函数原型为：

double powers(double x,int n);

②fac 函数，参数为 n，返回值为 $n!$，函数原型为：

double fac(int n);

③sum 函数，参数为 x，返回值为 e^x，函数原型为：

double sum(float x);

```
/ * Name: ex0308.cpp * /
#include <stdio.h>
#include <math.h>
int main()
{
    double sum(double x);
    double x;
    printf("?x: ");
    scanf("%lf",&x);
    printf("%.2lf powers of e=%lf\n",x,sum(x));
    return 0;
}
double sum(double x)
{
    double powers(double x,int n);
    double fac(int n);
    int i=0;
    double s=0;
    while(fabs(powers(x,i)/fac(i))>1e-6)
    {
        s=s+powers(x,i)/fac(i);
        i++;
```

```
    }
    return s;
}
double powers(double x,int n)
{
    double p=1.0;
    int i;
    for(i=1;i<=n;i++)
        p *=x;
    return p;
}
double fac(int n)
{
    int i;
    double f=1.0;
    for(i=1;i<=n;i++)
        f *=i;
    return f;
}
```

程序执行时,main 函数通过调用 sum 函数求各项之和,sum 函数在每一项的计算过程中又分别调用了 powers 函数和 fac 函数。函数 fac 和 powers 的返回值类型均被设计为 double 型,其主要目的是为了避免 n! 以及 x^n数值产生溢出错误。程序一次执行的过程和结果是:

```
?x: 0.5       //0.5 从键盘输入的数据
0.50 powers of e=1.648721       //程序执行结果
```

3.3.2 函数的递归调用

一个函数直接或间接地调用自己,称为函数的递归调用。函数的递归调用可以看成是一种特殊的函数嵌套调用。它与一般嵌套调用相比较,有两个不同的特点:一是递归调用中每次嵌套调用的函数都是该函数本身;二是递归调用不会无限制进行下去,即这种特殊的自己对自己的嵌套调用总会在某种条件下结束。

递归调用在执行时,每一次都意味着本次的函数体并没有执行完毕。所以函数递归调用的实现必须依靠系统提供一个特殊部件(堆栈)存放未完成的操作,以保证当递归调用结束回溯时不会丢失任何应该执行而没有执行的操作。计算机系统的堆栈是一段先进后出(FILO)的存储区域,系统在递归调用时将在递归过程中应该执行而未执行的操作依次从栈底开始存放,当递归结束回溯时,再依存放时相反的顺序将它们从堆栈中取出来执行。在压栈和出栈操作中,系统使用堆栈指针指示出应该存入和取出数据的位置。为了理解函数递归调用的特性,参照例 3.9 的程序讨论函数递归调用的执行过程,为了讨论方便为程序加上了行号。

［**例 3.9**］ 函数递归调用示例(使用递归调用的方法反向输出字符串)。

```
1  /* Name: ex0309.cpp */
2  #include <stdio.h>
3  int main()
4  {
5      void reverse();
6      printf("输入一个字符串,以'#'作为结束字符:");
7      reverse();
8      printf("\n");
9      return 0;
10 }
11 void reverse()
12 {
13     char ch;
14     ch=getchar();
15     if(ch=='#')
16         putchar(ch);
17     else
18     {
19         reverse();
20         putchar(ch);
21     }
22 }
```

上面程序执行时,若输入数据为字符串:abc#,则函数 reverse 在第一次调用时,在程序的第 14 行读入字符“a”到字符变量 ch 中,由于 ch=='#'的条件不满足,所以程序应该执行由 18~21 行构成的复合语句。但在执行由 18~21 行构成的复合语句时,第 19 行程序要执行递归调用语句 reverse();,因而第 20 行 C 语句 putchar(ch);就是在该次函数调用过程中应该执行而没有执行的语句,系统将该语句相关的代码压入堆栈保存起来,如图 3.8(b)所示,其中的 top 表示堆栈指针(下同)。

在函数 reverse 第二次被调用时(注意此时第一次函数调用并未结束),读入字符数据'b'到字符变量 ch 中,同样由于 ch=='#'的条件不满足,程序应该执行由 18~21 行构成的复合语句。在第 19 行要执行递归调用语句 reverse();,因而第 20 行 C 语句 putchar(ch);仍然是应该执行而没有执行的语句,系统将执行该语句的代码压入堆栈保存起来,如图 3.8(c)所示。同样在函数 reverse 第三次被调用时,由于 ch=='#'的条件不满足仍然会执行上面相似的过程,执行情况如图 3.8(d)所示。

当第四次调用函数 reverse 时,读入字符变量 ch 的字符为“#”,此时第 15 行中的条件 ch=='#'满足,程序执行第 16 行输出字符数据“#”。输入字符数据“#”后,如果静态地看待

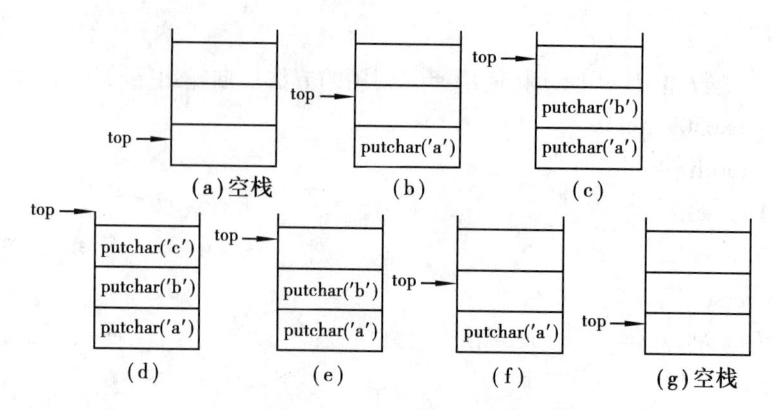

图 3.8　递归调用时系统堆栈数据的变化示意图

上面显示的例 3.9 程序源代码,程序执行应该结束了(注意此时最容易出现错误)。但注意函数 reverse 的第一次、第二次和第三次调用均未完成,所以程序应该将保存在堆栈中应该执行而未执行的程序代码取出执行。由于堆栈先进后出的特性,所以取出并执行堆栈中代码的顺序与其压入堆栈的顺序相反,在例 3.9 中首先取出并执行的是函数 reverse 第三次调用时压入的代码,然后是第二次的代码,最后是第一次的代码。这种回溯的过程一直到取出堆栈中压入的所有代码为止,回溯过程中堆栈的变化情况如图 3.8(e)至 3.8(g)所示。所以程序执行时输入数据为字符串:abc#,则输出数据为字符串:#cba。

在对例 3.9 程序的分析中,由于分析了系统堆栈的行为,过程显得比较复杂。但在对递归函数调用进行理解或者在阅读分析含有递归调用函数的 C 程序时,没有必要过分地追求系统堆栈变化的细节,只要掌握在函数递归的过程中需要将应该执行而未执行的程序代码依次保留下来,当递归结束程序回溯时,将保留下来的程序代码用相反的次序依次执行一遍即可。

[**例 3.10**]　编程序使用递归方式求 n!。

```
/ * Name: ex0310.cpp * /
#include <stdio.h>
int main( )
{
    long fac(long n);
    long n,result;
    printf("Input the n: ");
    scanf("%ld",&n);
    result=fac(n);
    printf("%ld 的阶乘等于:%ld\n",n,result);
    return 0;
}
long fac(long n)
{
    if(n<=1)
```

```
        return 1;
    else
        return fac(n-1) * n;
}
```

上面程序运行时,首先输入欲求阶乘的整数(本例中以整数5为例),如图3.9所示。程序在运行时将求fac(5)分解为求5＊fac(4),将求fac(4)分解为求4＊fac(3),将求fac(3)分解为求3＊fac(2),将求fac(2)分解为求2＊fac(1),得到fac(1)等于1。然后程序进入递归回溯过程,由fac(1)等于1求得fac(2)等于2,由fac(2)等于2求得fac(3)等于6,由fac(3)等于6求得fac(4)等于24,由fac(4)等于24求得fac(5)等于120,函数递归调用结束。

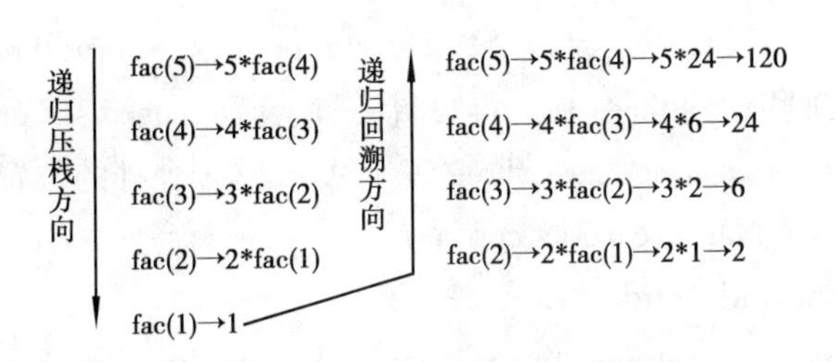

图3.9　函数递归调用过程示意图

递归函数的调用,使得程序的执行常常有非常复杂的流程,但在实际设计递归函数时可以忽略系统的具体执行过程,将重点放在分析递归公式和递归终止条件上面,只要算法和递推公式正确,结论一定是正确的,不必过多地陷入分析复杂执行的流程中。

递归的实质是一种简化复杂问题求解的方法,它将问题逐步简化直至趋于已知条件。在简化的过程中必须保证问题的性质不发生变化,即在简化的过程中必须保证两点:一是问题简化后具有同样的形式;二是问题简化后必须趋于比原问题简单一些。具体使用递归技术时,必须能够将问题简化分解为递归方程(问题的形式)和递归结束条件(最简单的解)两个部分。如例3.10求n的阶乘问题,分解出的递归方程为:n＊(n-1)!,递归结束条件为:当n<=1时,阶乘值为1。

在程序结构上,总是用分支结构来描述递归过程,递归函数的一般结构如下所示:

```
if 递归结束条件成立
    Return 已知结果
else
    将问题转化为同性质的较简单子问题
    以递归方式求解子问题(递归方程)
```

[**例3.11**]　汉诺塔(Tower of Hanoi)问题。有A、B、C 3根杆,最左边杆上自下而上、由大到小顺序呈塔形串有64个金盘。现要把左边A杆上的金盘全部移到中间B杆上,条件是一次只能移动一个盘,且任何时候都不允许大盘压在小盘的上面。求移动的次数。

问题分析:通过计算可以得出,64个盘的移动次数为:$2^{64}-1=18\ 466\ 744\ 073\ 709\ 511\ 615$次。采用递归方法求解该问题时,可以将问题movetower(n,one,three,two)分解为以下3个子任务:

①以C过渡,将上面的1到$n-1$号盘从A移动到B,记为movetower(n-1,one,two,three);

②将A杆的第n号盘移动到C杆;

③以A作为过渡,将1到$n-1$号盘从B移动到C,记为movetower(n-1,two,three,one)。

子任务②只需要移动一次就可以实现,子任务①和③与原问题相比,除三个杆位发生变化以外,对应的盘子数也减少了一个,这是向着问题解决的方面发展了一步。反复进行上述类似的分解过程,以同样的方式移动 $n-1$ 个圆盘,$n-2$ 个圆盘,……递归将终止于最后移动一个盘子。

设计一个递归函数 movetower(n,one,two,three)来实现把 n 个圆盘从 one 轴借助 two 轴移动到 three 轴。再设计一个函数 movedisk(one,three)即把一个盘子从 one 轴移动到 three 轴。one,two,three 表示 A、B、C 3 个杆的位置。

```
/ * Name:ex0311.cpp * /
#include <stdio.h>
void movetower(int n,char one,char three,char two);
int main()
{
    int n;
    printf("Input the number of disks:");
    scanf("%d",&n);
    printf("The step to moving %2d disks:\n",n);
    movetower(n,'A','C','B');
    return 0;
}
void movetower(int n,char one,char three,char two)
{
    if(n==1)
        printf("%c ------->  %c\n",one,three);
    else
    {
        movetower(n-1,one,two,three);
        printf("%c ------->  %c\n",one,three);
        movetower(n-1,two,three,one);
    }
}
```

程序执行时,输入需要移动的金盘个数,通过程序执行输出移动金盘的方案。

3.4 变量的作用域和生存期

C 程序一般应该由若干个函数组成。根据不同的需要,构成一个 C 程序的若干个函数可以存放在同一个 C 源程序文件中,也可以存放在几个不同的 C 源程序文件中。在一个完整的 C 程序中,函数将程序划分为若干个相对独立的区域。在一个函数的内部,复合语句也可以划分出更小的范围区间。C 语言规定,在函数外部、函数内部,甚至在复合语句中都

可以定义或声明变量。对于程序中所使用的变量,需要考虑以下几个方面的问题:

①各种区域内定义的变量作用范围如何界定。

②变量在程序运行期间内的存在时间如何确定。

③如何使用同一C程序内其他源程序文件中定义的变量。

④如何限制某一源程序文件中定义的变量在同一C程序的其他源程序文件中的使用。

在C语言中,对变量的性质可以从两方面进行分析,一是其能够起作用的空间范围,即变量的作用域;二是变量值存在的时间范围,即变量的存在时间(生存期)。

变量的作用域和生存期是两个相互联系而又有本质区别的不同概念,它们的基本意义如下:

①一个变量在某个复合语句、某个函数、某个源程序文件或某几个源程序文件范围内是有效的,则称其有效的范围为该变量的作用域,在此范围内可以访问或引用该变量。变量的作用域与变量的定义位置有关。

②一个变量的存储空间在程序运行的某一时间段是存在的,则认为这一时间段是该变量的"生存期",或称其在这一时间段"存在",变量的生存期与变量的存储类别和定义位置有关。

为了能够有效地确定变量的上述两项属性,C语言中用存储类别和定义位置来对变量进行限定。在之前的讨论中都只考虑了变量的数据类型,事实上,C语言中变量定义的完整形式为:

```
[存储类别符] <数据类型符> 变量表;
```

其中,数据类型符说明变量的取值范围以及变量可以参加的操作(即可以进行的运算);存储类别符用于指定变量在系统内存储器中的存放方法。变量的存储类别有四种:自动型(auto)、寄存器型(register)、静态型(static)和外部参照型(extern)。变量的作用范围和存在时间都与变量的存储类别有关,下面从变量的作用域和生存期两方面来讨论这些存储类别符的意义和用法。

3.4.1 变量的作用域

变量作用域与变量的定义位置有关,根据定义位置上将变量分为"全局变量"和"局部变量"两类。

1)全局变量

所谓全局变量,是指定义在C程序中所有函数之外的变量,也称为外部变量。C程序中全局变量的作用域(作用范围)从其在源程序文件中定义处开始到其所在的源程序文件结束为止。C语言中全局变量定义的一般形式如下:

```
[extern] <数据类型符> 变量表;
```

在全局变量的定义形式中,关键字extern类型符是C语言中全局变量默认的存储类型,在定义全局变量时一般将其省略。如果对于全局变量使用了关键字extern,目的是对程序中定义的全局变量进行重新声明,这种声明方法的意义和使用方法牵涉到多源程序文件C程序,将在后面予以讨论。

在定义全局变量时,也可以对其进行初始化工作。如果在定义全局变量时没有显式初始化,编译系统会自动将其初始化为0(若是字符类数据,则初始化为'\0')。

[**例**3.12] 全局变量的作用域示例(为了讨论方便加上行号)。

```
1  /* Name: ex0312.cpp */
2  #include <stdio.h>
3  void increa();
4  void increb();
5  int x; -----------------------------------------
6  int main()                                     |
7  {                                              |
8      x++;                                       |
9      increa();                                  全
10     increb();                                  局
11     printf("x=%d\n",x);                        变
12     return 0;                                  量
13 }                                              x
14 void increa()                                  的
15 {                                              作
16     x+=5;                                      用
17 }                                              范
18 void increb()                                  围
19 {                                              |
20     x-=2;                                      |
21 }      -----------------------------------------
```

程序在第5行定义了整型变量x。由于变量x定义在所有函数的外面,所以变量x是全局变量,其作用范围(作用域)从第5行开始至第21行结束。同时由于定义全局变量x时没有对其显式初始化,故全局变量x的初始值为0。程序执行时,在主函数(第8行)对全局变量x实施了增一的操作,使得变量x的值为1;然后在第9行调用函数increa,在函数increa中对全局变量x实施了x+=5的操作,使得变量x的值为6;其后又调用了函数increb,在函数increb中对全局变量x实施了x-=2的操作,使得变量x的值为4。所以该程序运行的结果为:x=4。

2)局部变量

所谓局部变量,是指定义在函数内部的变量,也称为自动变量。局部变量的作用域被限定在它们所定义的范围之内。在C程序中定义局部变量的地方有3个,它们是:①函数形式参数表部分;②函数体内部;③复合语句内部。C语言中局部变量定义的一般形式如下:

[auto] <数据类型符> 变量表;

局部变量的存储类别符是auto。由于auto类型符是局部变量默认的存储类型,所以在变量的定义中一般将该关键字省略。同样,在C程序中定义局部变量的同时也可对其进行

初始化工作,如果定义局部变量时没有对其进行显式的初始化,则局部变量的初始值是随机的数值。

局部变量的建立和撤销都是系统自动进行的,如在某个函数中定义了自动变量,只有当这个函数被调用时,系统才会为这些局部变量分配存储单元;当函数执行完毕,程序控制流程离开这个函数时,自动变量被系统自动撤销,其所占据的存储单元被系统自动收回。由此可以得出关于局部变量的两个非常重要的结论:

①C 函数中同一组局部变量(自动变量)的值在该函数的任意两次调用之间不会保留,即函数的每次调用都是使用的不同局部变量组。

[**例** 3.13] 局部变量在函数调用时的特征示例。

```
/ * Name: ex0313.cpp * /
#include <stdio.h>
int main( )
{
    int incre( ) ;
    printf( " x=%d\n" ,incre( ) ) ;
    printf( " x=%d\n" ,incre( ) ) ;
    return 0;
}
int incre( )
{
    int x=20;
    x+=5;
    return x;
}
```

例 3.13 程序的函数 incre 在第一次被调用时,会创建局部变量 x 并赋初值为 20,然后对其进行加 5 的操作并将结果 25 返回到主函数中输出(注意:随着函数执行完成后控制流程的返回,函数中定义的局部变量 x 被系统自动撤销)。当函数 incre 第二次被调用时,会重新创建局部变量 x 并赋初值为 20,然后对其进行加 5 的操作并将结果 25 返回到主函数中输出,所以程序执行的结果为:

```
x=25
x=25
```

②C 程序中,定义在不同局部范围内的局部变量之间是毫无关系的,即使它们的名字相同亦是如此。

[**例** 3.14] 编制程序输出如图 3.10 所示的字符图形(每行 15 个星号,共输出 5 行)。

```
/ * Name: e0314.cpp * /
#include <stdio.h>
int main( )
{
```

```
    void myprint( );
    int i;
    for(i =0;i<5;i++)
        myprint( );
    return 0;
}
void myprint( )
{
    int i;
    for(i=0;i<15;i++)
        putchar('*');
    printf("\n");
}
```

```
***************

***************

***************

***************

***************
```

图 3.10　字符图形

上面程序中,虽然在两个函数中都定义了名字为 i 的变量,但由于它们是定义在各自函数内部的,所以它们都是局部变量。这些局部变量的作用范围(作用域)被限制在它们定义所处的函数内部,即两个在不同函数中定义的局部变量 i 的作用域是互不相交的,因而在两个不同函数中定义的同名变量之间是毫无关系的。在上面程序中,两个用于控制循环的循环变量 i 都能够按照自己的规律变化,所以程序能够得到正确的结果。

3)全局变量与局部变量作用域重叠问题

C 程序中,全局变量与局部变量的作用域有可能出现重叠的情况。即在某些特定的情况下,可能会出现全局变量、在函数内部定义的局部变量乃至于在复合语句中定义的局部变量名字相同的现象。这样,在程序中的某些区域内势必会出现若干个同名变量都起作用的情况,如图 3.11 所示。

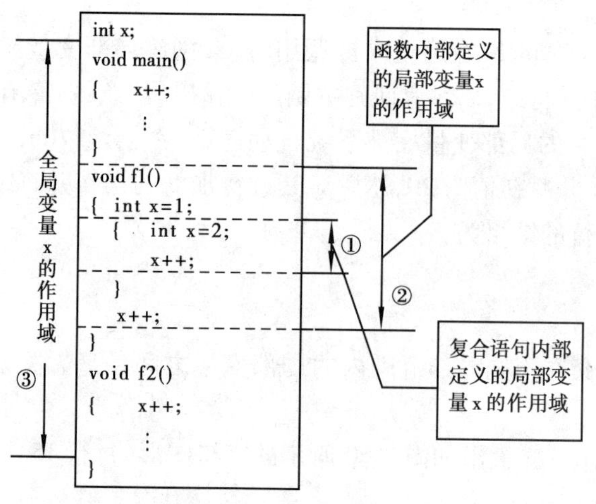

图 3.11　全局变量与局部变量作用域重叠示意图

在这种全局变量与局部变量作用域重叠的情况下,当程序的控制流程进入这个作用域重叠区域时,必须要确定应该使用哪一个同名的变量。C 语言中规定按"定义就近原则"来

确定使用的变量,具体说就是如下两条原则:

①在函数中,如果定义有与全局变量同名的局部变量,则当程序的控制流程进入函数作用范围时,程序使用在函数内部(包括形式参数表和函数体)定义的局部同名变量。

②在程序的一个更小局部范围(复合语句)中,如果定义有与较大范围(函数局部或全局)变量同名的变量,则当程序的控制流程进入到这个小的(复合语句)局部范围时,使用在该小局部范围内所定义的局部同名变量;

在图 3.11 所示情况中,在标注为①的程序区域内,全局变量 x、函数中定义的变量 x 以及复合语句中定义的变量 x 都起作用,当程序的控制流程进入该区域时,使用的是在复合语句中定义的变量 x;在标注为②区域中除去标注为①区域的剩余部分中,全局变量 x、函数中定义的变量 x 都起作用,当程序的控制流程进入该区域时,使用的是在函数中定义的变量 x;在标注为③的源程序文件其余地方(除去②所占据区域),程序使用的是全局变量 x。

[**例 3.15**] 全局变量与局部变量作用域重叠时使用变量示例。

```
/ * Name: ex0315.cpp * /
#include <stdio.h>
void f1();
int x; ---------------------------------------------------┐
int main()                                                 │
{                                                          │
    int x=10; ------------------------------------┐        │
    {                                             │        │
        int x=20; ---------------------┐          │        │
        printf("复合语句中:x=%d\n",x);  │①        │②       │③
    } ---------------------------------┘          │        │
    printf("主函数中:x=%d\n",x);                   │        │
    f1();                                         │        │
    return 0;                                     │        │
}-------------------------------------------------┘        │
void f1()                                                  │
{                                                          │
    printf("函数 f1 中:x=%d\n",x);                          │
}----------------------------------------------------------┘
```

上面程序在主函数之前、主函数中以及在主函数内部的复合语句中都定义了整型变量 x。在程序的执行过程中,首先执行了复合语句中的 printf("复合语句中:x=%d\n",x);语句。虽然在此区域中,全局变量 x、主函数开始部分定义的局部变量 x 以及复合语句中定义的变量 x 都能够起作用,但按 C 语言的规定,应该使用在复合语句中定义的变量 x。所以程序在此输出结果:"复合语句中:x=20"。当程序执行到语句 printf("主函数中:x=%d\n",x);时,由于在主函数中定义有与全局变量同名的变量 x,按 C 语言规定,应该使用在函数体开始处定义的变量 x,所以程序在此输出结果:"主函数中:x=10"。程序在调用函数 f1

时执行语句 printf("函数 f1 中:x=%d\n",x);,由于在函数 f1 中没有定义变量 x,按 C 语言规定,应该使用全局变量 x,所以程序在此输出结果:"函数 f1 中:x=0"。注意函数输出 x=0 的原因是全局变量并没有初始化,编译系统将全局变量自动初始化为 0 值。综上所述,例 3.15 程序的执行结果为(注意输出顺序):

```
复合语句中:x=20
主函数中:x=10
函数 f1 中:x=0          /*全局变量 x 没有显式初始化,默认的初始化值为 0*/
```

3.4.2 变量的生存期

程序运行过程中,变量存在的时间(生存期)与其在系统存储器中占据的存储位置相关。C 语言中使用关键字 auto、register、static 和 extern 规定程序中变量的存储类别,不同存储类别的变量,不但占用的存储区域不同,而且 C 系统为它分配存储的时间也不同。

C 程序运行过程中,计算机系统将其使用到的存储器分为两个区域:静态存储区域和动态存储区域。在 C 程序执行的整个过程中,全局变量和稍后要讨论到的静态变量(全局或局部)是存放在系统存储器静态存储区域中的,而且系统在对 C 程序进行编译时就已经为这类变量分配好了存储空间,故这类变量的存在时间(生存期)是 C 程序的整个运行期间;而自动类型的变量(局部变量)在程序执行过程中被使用时系统才会为它们分配存储空间,而且自动变量是存放在系统存储器动态存储区域中的,所以自动变量的存在时间(生存期)只是在程序运行过程中使用到该变量的时间段。

为了达到在 C 程序设计中合理选择使用变量的目的,从使用目的出发,对 C 语言中提供的存储类别关键字以及它们在程序设计中对变量的作用上分为以下 3 个方面讨论:

①寄存器型存储类别关键字 register 的作用。

②外部存储类型关键字 extern、静态存储类别关键字 static 与全局变量之间的关系。

③自动存储类别关键字 auto、静态存储类别关键字 static 与局部变量的关系。

1) register 关键字

用关键字 register 限定的变量称为寄存器变量。所谓寄存器变量,指的是将其值存放在 CPU 寄存器中的变量。由于对寄存器的使用不经过系统内存,故寄存器变量是在程序执行过程中存取速度最快的变量类型。在 C 程序设计中,可以考虑将使用频率较高的变量定义为 register 型变量,以提高程序执行的速度。但在 C 程序设计中使用 register 存储类型的变量必须理解以下两点:

①C 程序中并不是所有的变量都可以使用寄存器存储类别关键字 register 来限定,register 存储类型只能作用于整型(或字符型)的非函数形式参数局部变量,不能作用于全局变量,也不能作用于实型变量或者其他构造类型变量。

②寄存器类型的变量是否起作用取决于 C 程序运行所处的软硬件环境。在 C 程序设计中,使用关键字 register 限定变量只是表达了使用者的一种愿望,该愿望是否能实现取决于使用的系统硬件环境和编译系统。在能够识别并处理 register 存储类型变量的编译系统环境中,如果 CPU 中没有足够的寄存器供寄存器变量使用,则编译系统自动将超过限制数量

的寄存器变量作为自动变量(auto)处理;还有一些编译系统虽然能够识别 register 存储类型变量,但对 register 存储类别并不进行处理,而是将寄存器类型变量一律作为自动变量处理。

2)extern 和 static 关键字与全局变量的关系

对于 C 程序中的全局变量,编译系统将其存储区域分配在系统的静态存储区,而且编译系统在对 C 程序进行编译的时候就对全局变量进行存储分配和初始化处理,因而全局变量的存在时间(生存期)是整个程序的运行周期。对于全局变量而言,能够起作用的关键字为 extern 和 static 两个。

使用关键字 extern 对全局变量重新声明,可以将全局变量的作用域在本源程序文件内扩充或者扩充到其定义所在的源程序文件之外。

从图 3.12 中可以看出,在 C 源程序文件中较后部分定义了一个全局变量 x,根据其定义位置得到的原作用域如图所示,可以看出该全局变量 x 在其所处的源程序文件上半部分不能起作用。在源程序文件的较前位置对全局变量 x 用 C 语句 extern int x;进行了重新声明,通过这种对全局变量的重新声明,使得全局变量 x 的作用域从原来所定义的区域扩充(大)到了对其重新声明处。

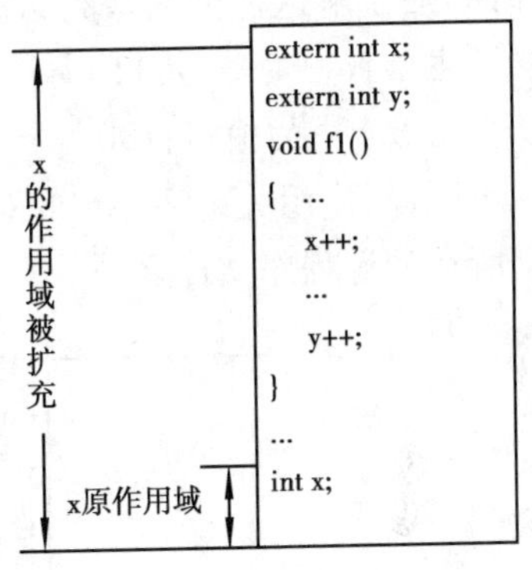

图 3.12 extern 关键字对全局变量的作用

[例 3.16] 全局变量作用域在一个源程序文件 C 程序中的扩充示例(为了讨论方便加上行号)。

```
1  /* Name: ex0316.cpp */
2  #include <stdio.h>
3  extern int x; -------------------------------------   ┐
4  int main()                                              │
5  {                                                       │
6      void f();                                           │
7      x+=10;                                              │ x
8      printf("主函数中的输出:%d\n",x);                    │ 被
9      f();                                                │ 扩
10     return 0;                                           │ 充
11 }                                                       │ 后
12 int x=100; -----------------------------┐               │ 的
13 void f()                                │               │ 作
14 {                                       │ x原作用域     │ 用
15     x+=20;                              │               │ 域
16     printf("函数 f 中的输出:%d\n",x);   │               │
17 } --------------------------------------┘---------------┘
```

例 3.16 程序在第 12 行定义了全局变量 x 并赋初值为 100,根据定义其作用域为第 12~17 行所构成的区间。在程序中的第 7 行、第 8 行都要使用到全局变量 x,但在默认的情况下,全局变量 x 在这些范围内无定义,即默认情况下这些对全局变量 x 的操作是非法的。程序在第 3 行对全局变量 x 用 C 语句 extern int x;进行了重新声明,使得全局变量的作用范围扩充到了从第 3 行开始至第 17 行为止,从而使得在第 7、第 8 行中对全局变量 x 的操作可以顺利进行。如果不在第 3 行对全局变量 x 的作用域进行扩充,则该程序在编译时会出现编译错误: error C2065: 'x' : undeclared identifier,读者可将上面程序的第 3 行去掉(注释掉)后了解这种情况。例 3.16 程序执行的结果为:

主函数中的输出:110

函数 f 中的输出:130

同样,使用关键字 extern 对全局变量重新声明,可以将全局变量的作用域扩充到其定义所在的源程序文件之外。

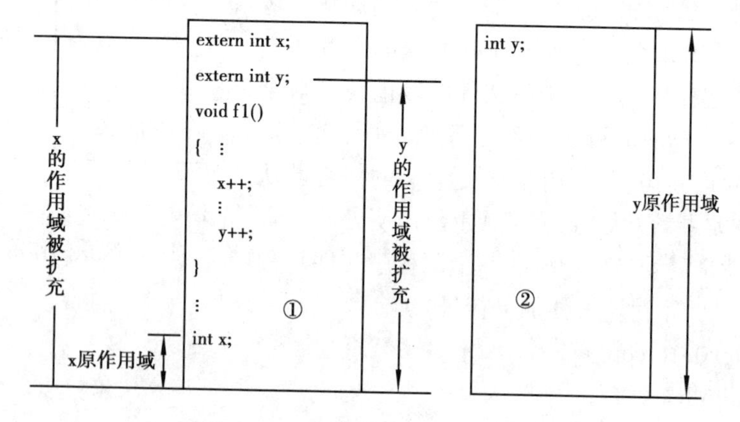

图 3.13 extern 关键字对全局变量的作用

在图 3.13 中标注为②的源程序文件中定义了全局变量 y,该全局变量默认的作用域范围为其定义所在的整个源程序文件。全局变量 y 在没有进行重新声明的情况下在标注为①的源程序文件中是没有定义的。为了将全局变量 y 的作用域扩充到标注为①的源程序文件中,在标注为①的源程序文件中使用 C 语句 extern int y;对全局变量 y 进行了重新声明。

如果不允许将全局变量的作用范围扩充同一程序的其他源程序文件,可以使用关键字 static 在定义全局变量时予以限定,即定义静态的全局变量。

全局变量作用域在两个以上源程序文件构成的 C 程序中进行扩充的问题涉及如何处理多源程序文件 C 程序的问题,请读者参考其他教学资料。

3)auto 和 static 关键字与局部变量的关系

对局部变量能够起作用的关键字为 auto 和 static 两个。如前所述,用 auto 说明的局部变量称为自动变量,系统在调用函数时才对函数中所定义的自动变量在动态存储区域中分配存储空间并按要求进行初始化,一个自动变量如果没有被初始化则其初始值是随机的。自动变量的生存期与其所在函数被调用运行的时间相同,并且自动变量的值在函数的多次调用中都不会保留。

如果希望(要求)某些局部变量不随着函数调用过程的结束或复合语句执行结束而消失,即期望当程序执行的控制流程再次进入这些局部变量所存在的函数或复合语句时,这些变量仍能在保持原值基础上继续被使用,C 程序中可以使用静态局部变量满足这种需求。静态局部变量定义的一般形式是:

static <数据类型符> 变量表;

C 程序中的静态局部变量具有如下特点:

①静态局部变量的存储位置。编译系统在编译时就为静态局部变量在系统静态存储区域中分配存储空间,静态局部变量的存储空间在程序的整个运行期间是固定的,因而静态局部变量的生存期是整个程序的运行周期。

②静态局部变量的初始化。静态局部变量的初始化是在源程序被编译时进行的,如果在定义静态局部变量时没有对它进行显式的初始化,编译系统会自动将其初始化为 0(若是字符类数据则初始化为'\0')。

③静态局部变量的作用域(作用范围)。静态局部变量也是局部变量,它的值也只能在定义它的局部范围内使用,即静态局部变量作用域界定方法与自动局部变量作用域的界定方法是相同的。离开静态局部变量的作用域后,该静态局部变量虽然存在,但不能对它进行访问(操作)。

④静态局部变量具有继承性。在某个函数中定义的静态局部变量值在函数的多次调用中具有可继承性,即对于某函数中的静态局部变量而言,在函数被多次调用时是同一变量。

[**例 3.17**] 静态局部变量与自动变量的比较示例(为了讨论方便加上行号)。

```
1  /* Name: ex0317.cpp */
2  #include <stdio.h>
3  int main()
4  {
5      void f1();
6      f1();
7      f1();
8      return 0;
9  }
10 void f1()
11 {
12     int a=10;
13     static int b=10;
14     a+=100;
15     b+=100;
16     printf("a=%d,b=%d\n",a,b);
17 }
```

上面程序的 f1 函数中,在第 12 行定义了自动变量 a,初始值为 10;在第 13 行定义了静态局部变量 b,初始值为 10。程序在执行时,第 6 行第一次调用函数 f1,此时系统会为自动变量 a 分配存储(即创建该变量)并初始化为 10;对于静态局部变量 b 而言,在程序编译时就分配了存储空间,即此时该变量已经是存在的;第 14 行和第 15 行分别对变量 a 和变量 b 增加值 100,使得变量 a 和 b 的值都为 110,程序输出:a=110,b=110;输出结果后,函数 f1 执行完成,程序的控制流程返回到主函数中的第 6 行。此时,在函数 f1 中定义的变量 a 被系统自动撤销;根据静态局部变量的特点,变量 b 仍然存在,但由于此时控制流程在主函数中,已经离开了静态局部变量 b 的作用域,所以静态局部变量 b 虽然存在但在主函数中不能使用。程序在第 7 行第二次调用了函数 f1,对于自动变量 a,系统重新为其分配存储(即重新创建该变量)并初始化为 10;但对于静态局部变量 b,则不会重新创建,使用的就是上一次调用时使用的变量 b(此时变量 b 的值为上一次操作后的结果 110)。所以,在第二次 f1 函数的调用中,程序输出的结果为:a=110,b=210。

上面从使用的角度出发,分析了 C 语言中 4 个存储类别符的使用方法。表 3.1 对变量存储位置与变量作用域以及生存期的关系进行了小结。

表 3.1　变量存储位置与作用域和生存期的关系

	类别	在计算机中的存储位置	作用域(可见性)		存在性(生存期)	
			本函数内	本函数外	函数执行期	程序执行期
局部变量	自动变量	内存动态存储区	√	×	√	×
	静态局部变量	内存静态存储区	√	×	√	√
	寄存器变量	CPU 寄存器	√	×	√	×
全局变量	静态全局变量	内存静态存储区	√	√ (本源文件内)	√	√
	全局变量	内存静态存储区	√	√	√	√

习题 3

一、单项选择题

1.一个 C 程序的执行是从(　　)。

A.本程序的 main 函数开始,到 main 函数结束

B.本程序文件的第一个函数开始,到本程序文件的最后一个函数结束

C.本程序的 main 函数开始,到本程序文件的最后一个函数结束

D.本程序文件的第一个函数开始,到本程序 main 函数结束

2.以下对 C 语言函数的描述中,正确的是(　　)。

A.在 C 中调用函数时,只能把实参的值传递给形参,形参的值不能传送给实参

B.C 函数不可嵌套定义,但可以递归调用

C.函数必须有返回值,否则就无法使用

D.C 程序中有调用关系的所有函数必须放在同一个源程序文件中

3.C 语言中,局部变量的隐含储存类型是(　　)。

A.auto　　B.static　　C.extern　　D.无存储类别

4.在传值调用中,要求(　　)。

A.形参和实参类型任意,个数相等

B.所有形参和实参的类型都必须一致,个数相等

C.相对应的形参和实参类型一致,个数相等

D.相对应的形参和实参类型一致,个数任意

5.下面关于变量的可见性和存在性的描述,正确的是(　　)。

A.一个变量是可见的,那么它一定是存在的

B.一个变量是存在的,那么它一定是可见的

C.主函数中定义的变量比子函数中定义的变量作用域大

D.函数内定义的静态变量比函数内定义的动态变量作用域大

6.指向某变量的指针,其含义是指该变量的(　　)。

A.值　　B.地址　　C.名称　　D.数据类型

7.若有说明 int *ptr1, *ptr2, m=5,n;,下面正确的语句组是(　　)。

A.ptr1=&m; ptr2=&ptr1;　　B.ptr1=&m; ptr2=&n; *ptr2=*ptr1;

C.ptr1=&m; *ptr2=ptr1;　　D.ptr1=&m; *ptr2=*ptr1;

8.以下叙述中,正确的是(　　)。

A.全局变量的作用域一定比局部变量的作用域大

B.静态(static)类型变量的生存期贯穿于整个程序的运行期间

C.函数的形参都属于全局变量

D.未在定义语句中赋初值的 auto 变量和 static 变量的初值都是随机值

9.有函数调用语句:x=fun(fun(a,b,c),(a+b,a+c),a+b+c); 则 fun 函数的形参个数为(　　)。

A.3　　B.4　　C.5　　D.6

10.非静态的全局变量和静态全局变量的区别正确的是(　　)。

A.非静态的全局变量的存储空间是内存的动态存储区,而静态全局变量是静态存储区

B.非静态的全局变量可以用关键字 extern 进行作用域扩充,而静态全局变量不能

C.静态全局变量可以用关键字 extern 进行作用域扩充, 而非静态全局变量不能

D.静态全局变量只能在本文件中进行扩充,非静态全局变量可以在其他源文件中扩充

二、填空题

1.在 C 语言中,一个完整的程序必须有一个 (1) 函数,可以有多个其他函数,程序运行时总是从 (2) 开始,结束时也是从 (3) 。

2.函数调用时,要求实参与形参 __(4)__ 相同, __(5)__ 相同, __(6)__ 一致,如果 return 语句后面表达式类型与函数类型不一致,应按 __(7)__ 强制转换。

3.对于函数的定义、函数声明、函数的调用而言, __(8)__ 是编写实现该函数功能的一段程序, __(9)__ 是告诉编译系统该函数的特征, __(10)__ 是使用其完成该函数功能的语句。

4.下面程序是利用递归函数完成求 x 的 n 次方($n \geqslant 0$),请补充完整。

```
#include <stdio.h>
int main( )
{
    __(11)__;
    int n;
    float result,x;
    scanf("%d,%f",&n,&x);
    result= __(12)__;
    printf("result=%f\n",result);
    return 0;
}
float f(float x,int n)
{
    if(n==0)
    return 1.0;
    else
    return __(13)__;
}
```

三、阅读程序题

1.写出下列程序运行的结果。

```
#include <stdio.h>
int x=0,y=0,a=15,b=10;
void fun( )
{
    x=a-b;
    y=a+b;
}
int main( )
{
    int a=7,b=5;
    x=x+a;
    y=y-b;
```

```c
    fun();
    printf("x=%d,y=%d\n",x,y);
    return 0;
}
```

2.写出下列程序运行的结果。

```c
#include    <stdio.h>
float f(int n)
{
    float x;
    if(n<0)
        printf("n<0,data error!  \n");
    else if(n==0||n==1)
        x=1;
    else
        x=f(n-1) * n;
    return x;
}
int main()
{
    int i,n;
    float y=0;
    n=5;
    for(i=n;i>=1;i--)
        y=y+f(i);
    printf("y=%5.1f\n",y);
    return 0;
}
```

3.写出下列程序运行的结果。

```c
#include <stdio.h>
int main()
{
    void printd(int n);
    int num;
    num=2015;
    printd(num);
    printf("\n");
    return 0;
}
void printd(int n)
```

```
{
    if(n<0)
    {
        putchar('-');
        n=-n;
    }
    if(n/10)
        printd(n/10);
    putchar(n%10+'0');
}
```

4.写出下列程序运行的结果。

```
#include <stdio.h>
long sum(int n)
{
    static int s=0;
    s=s+n;
    return s;
}
int main()
{
    int k,t;
    for(k=1;k<=100;k++)
        t=sum(k);
    printf("sum(%d)=%ld\n",k-1,t);
    return 0;
}
```

5.写出下面程序运行的结果。

```
#include <stdio.h>
void p(int a,int b);
int a,b,c,d;
int main()
{
    a=b=c=d=1;
    printf("%d%d%d%d\n",a,b,c,d);
    p(a,b);
    printf("%d%d%d%d\n",a,b,c,d);
    return 0;
}
void p(int a,int b)
```

```
{
    int c;
    a++,b++,c=2,d++;
    printf("%d%d%d%d\n",a,b,c,d);
    if(a<3)
        p(a,b);
    printf("%d%d%d%d\n",a,b,c,d);
}
```

四、程序设计题

1.编写一个函数将任意一个正整数 n 的立方分解成 n 个连续的奇数之和，并编写主函数进行测试。例如：输入 4，输出 13,15,17,19，即 $4^3=13+15+17+19$。

2.编写一个递归函数计算 Hermite 多项式，并编写主函数进行测试，Hn(x,n)定义为：

$H(x,n)=1 \quad n=0$

$H(x,n)=2x \quad n=1$

$H(x,n)=2xH(x,n-1)-2(n-1)H(x,n-2) \quad n>1$

3.编写函数判断守形数(若某数的平方，其低位与该数本身相同，则称该数为守形数，并编写主函数在 2~1 000 进行测试。例如 25，$25^2=625$，625 的低位 25 与原数相同，则 25 是守形数)。

4.编写函数 fnk 计算 kkkkk…kk(共 n 个 k，n 和 k 都由键盘输入)，并编写主函数通过调用 fnk 计算：Sn=a + aa + aaa + … + aaaa…aa(最后一个为 n 个 a)。例如，n=4，k=3时，计算：Sn=3+33+333+3333。

5.编写一个判断素数的函数，并编写主函数用它进行验证歌德巴赫猜想。

6.数列 $a(x,n)=\dfrac{x^n}{n!}(n>0)$，采用递归方法编程求 $a(x,n)$，并编写主函数进行测试。要求 x、n 在主函数中由键盘输入。

7.编写函数求 x 的 n 次方，要求利用静态变量实现 x^n，并编写主函数进行测试。

8.编写一个函数将一个正整数的各位数字从低位到高位分解开，如 123，分解为 3 2 1，并编写主函数进行测试。

9.编写判断一个正整数是否“完数”的函数 fn，“完数”指的是该数的各因子之和是它自身的整数，如 6 的因子是 1、2、3，而 6=1+2+3，故 6 是完数。编写主函数用 fn 求出 2~1 000 的所有“完数”。

10.编程求出所有的两位“绝对素数”，所谓“绝对素数”是指一个素数，当它的数字位置对换后仍然是素数，例如：13 和 31。

第4章

数组和字符串

在计算机应用的许多范畴内,应用问题所涉及数据之间是有关联的。针对种类数据处理的程序设计,不仅要考虑数据对象的取值问题,而且还需要考虑数据对象与数据对象之间的内在联系。计算机程序设计语言中提供数组的概念和处理方法来实现这些应用要求。

C 语言中没有字符串数据类型,字符串的存储和处理都是通过一维字符数组的方式实现的。由于字符串数据是 C 程序中常用的一种重要数据,所以在 C 系统的标准库中提供了一系列用于字符串处理的标准函数。

4.1 数组的定义及数组元素的引用

根据所处理的问题不同,在一组同类型数据对象构成的数组中确定一个数组元素所需要的位置序号个数也不同,这就使得数组具有不同的构成方法,即数组具有不同的维数。数组的维数取决于在数组中确定一个数组元素时需要多少个下标,需要一个下标的称为一维数组,需要两个下标的称为二维数组,以此类推,需要 n 个下标的称为 n 维数组。

4.1.1 一维数组的定义和元素引用方法

一维数组是指只用一个下标量就可以引用其元素的数组,数组中的元素都具有相同的数据类型。

1)一维数组的定义

定义一维数组的一般形式:

　　数据类型符 数组名[常量表达式];

其中,数据类型指定数组元素的数据类型,可以是基本数据类型,也可以是构造数据类型;方括号是定义数组的标志,其中的常量表达式用于指定数组的长度,即数组中数组元素的个数。例如,int score[10];定义了由 10 个数据类型为整型的数组元素组成的一维数组 score。

一维数组在存储时需要占用连续的内存空间,数组名代表数组存储区的首地址,数组在系统内存中按其下标的顺序连续存储元素值。数组的下标值规定为从 0 开始到指定长度的数减 1 为止。score 数组在存储器中的映像如图 4.1 所示，其每一个数据元素所占用的字节长度与它们的数据类型相关。

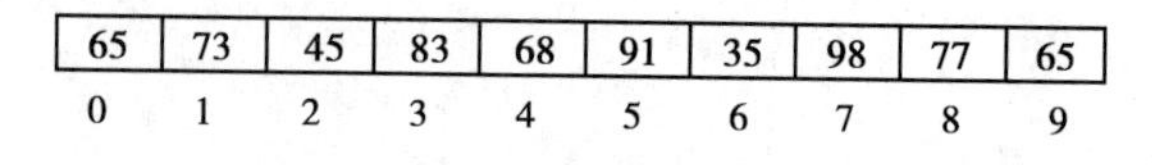

65	73	45	83	68	91	35	98	77	65
0	1	2	3	4	5	6	7	8	9

图 4.1　一维数组的存储映象

定义数组必须注意以下几点：

①数组名的命名必须符合 C 语言关于标识符的书写规定，同时数组名也是变量，因此定义数组时数组的名字不能与同一范围内已经定义的其他变量名字相同。

②定义数组时，不能用变量来表示数组的长度（注：在 C99 标准中可以用变量表示数组长度），但是可以用符号常数或常量表达式。下面是一组用于比较的定义形式：

合法的数组定义方法：

```
#define FD 50
void main( )
{
    int a[FD+5],b[FD];
    ⋮
}
```

（C99 标准前）非法的数组定义方法：

```
void main( )
{
    int n=5;
    int a[n];
    ⋮
}
```

③可以在一个语句中定义若干个相同数据类型（维数可以不同）的数组，也可以在定义数组的同时定义同数据类型的其他变量。例如，int a1[10],a2[40],x,y;同时定义了整型数组 a1、a2 以及整型变量 x 和 y。

④若有需要，可以定义全局（外部）数组或静态数组。若定义了全局或者静态数组，在没有显示初始化的情况下，数组全部元素的初始值为 0。例如：

```
static double score[50];      //定义长度为 50 的双精度实型静态数组
```

2）一维数组的初始化

C 语言允许在定义数组的同时进行初始化，一维数组初始化的一般形式如下：

数据类型符 数组名[常量表达式]={常量表达式表}；

其中，常量表达式表中的两个数值之间用逗号分隔。例如：

```
int a1[5]={1,2,3,4,5};
```

数组初始化时，既可以给出全部数组元素的初始值，也可以只给出部分数组元素的初始值，此时未初始化元素值为 0（字符类为'\0'）。例如：

```
int a2[10]={1,2,3,4,5};      // a2 的后 5 个数组元素的值均为 0
int a3[10]={0};      //a3 中所有数组元素的值均为 0
```

如果数组在定义时长度没有指定，则以初始化数值的个数作为数组的长度，或者说如果在初始化时给出了全部的数组元素初始值，可以不指定数组的长度。例如：

```
int a4[ ]={1,2,3,4,5,6,7,8,9,10};      //a4 的长度为 10
```

3）一维数组元素的引用方法

C 语言规定，一般情况下数组不能作为一个整体参加数据处理，而只能通过处理每一

个数组元素(下标变量)达到处理数组的目的。数组元素的表示形式为:

    数组名[下标]

其中,下标就是数组元素在数组中的位置序号,可以是整型常数或表达式。若下标是实型数据,系统会自动将其取整。

数组元素与其同类型的一般变量(简单变量)的用法相同,凡是一般变量可以出现的地方,数组元素也可以出现。对于一维数组,可以通过赋值语句为数组元素提供值。如果需要为数组的所有元素提供值,一般使用一重循环的形式加以处理。

设有定义语句为:int a[10], i;,则数组 a 的输入输出基本形式如下:

```
//a 数组元素循环输入
for(i=0; i<10; i++)
    scanf("%d",&a[i]);
```

```
//a 数组元素循环输出
for(i=0; i<10; i++)
    printf("%d ",a[i]);
```

[**例 4.1**] 将一个整型数组中所有元素值在同一个数组中按逆序重新存放并输出。

```
/ * Name:ex0401.cpp * /
#include <stdio.h>
int main()
{
    int arr[10],i,j,temp;
    printf("请输入 10 个整数:\n");
    for(i=0;i<10;i++)       //用循环控制输入数组元素
        scanf("%d",&arr[i]);
    for(i=0,j=9;i<j;i++,j--)
        temp=arr[i],arr[i]=arr[j],arr[j]=temp;
    for(i=0;i<10;i++)       //用循环控制输出数组元素
        printf("%4d",arr[i]);
    printf("\n");
    return 0;
}
```

程序中用整型变量 i 和 j 分别表示要交换元素的位置,实现一次交换后,用 i++将 i 指向下一个欲交换的元素,用 j--将 j 指向前一个欲交换的元素,只要满足条件 i<j 就进行对应元素值的交换;反复进行上述操作直至条件 i>=j 中止循环。程序一次运行情况如下所示:

```
Input  ten value of Array:
21 23 25 27 29 30 32 34 36 38
  38  36  34  32  30  29  27  25  23  21
```

[**例 4.2**] 编程序使用一维数组打印如图 4.2 所示的杨辉三角形前 10 行。

```
1
1  1
1  2  1
1  3  3  1
1  4  6  4  1
1  5  10  10  5  1
1  6  15  20  15  6  1
1  7  21  35  35  21  7  1
1  8  28  56  70  56  28  8  1
1  9  36  84  126  126  84  36  9  1
```

图 4.2 杨辉三角形前 10 行

```
/ * Name: ex0402.cpp * /
#include <stdio.h>
```

```
int main( )
{
    int yh[11],row,col;
    yh[1]=1;                //单独处理第一行
    printf("%4d\n",yh[1]);
    for(row=2;row<=10;row++)
    {
        yh[row]=1;          //每行的最后一个元素值为1
        for(col=row-1;col>=2;col--)     //生成一行
            yh[col]=yh[col]+yh[col-1];
        for(col=1;col<=row;col++)       //输出一行
            printf("%4d",yh[col]);
        printf("\n");
        }
    return 0;
}
```

例4.2程序中,为了简化对应关系(避免使用0号元素对应第一个数据),使用了一个11个元素的数组进行处理。程序中反复利用同一个一维数组处理杨辉三角形,所以每生成一行杨辉三角形的元素值后立即将该行值输出。对每一行杨辉三角形值的具体处理方法为:首先用表达式yh[row]=1将该行数据的最后一个置1,然后从后向前依次在循环条件满足的情况下执行表达式:yh[col]=yh[col]+yh[col-1],该表达式的意思是将一维数组yh上一次当前位置元素值与其前面一个位置上一次的元素值相加作为本次当前位置上的元素值。图4.3展示了通过第5行数据生成第6行数据的情况。

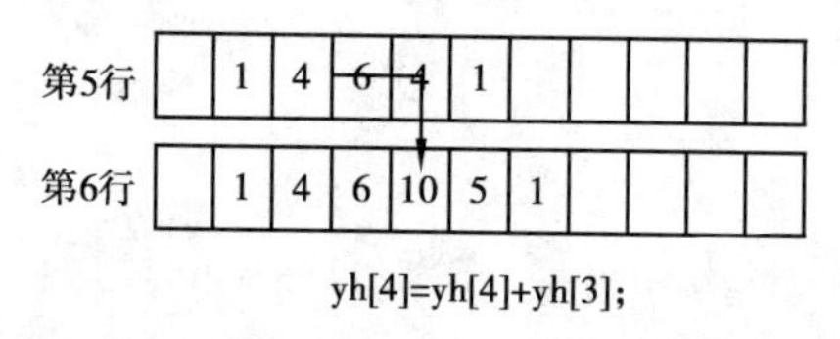

图4.3　使用一维数组杨辉三角形一行的生成方法

4.1.2　二维数组和多维数组

在程序设计中如果需要处理诸如矩阵、平面或立体的图形等数据信息,使用一维数组显然不方便,此时可使用二维、三维以至更多维的数组。一维数组存储线性关系的数据,二维数组可以存储平面关系的数据,三维数组可以存储立体信息,依次类推可以合理地使用更高维数的数组。

1)二维数组和多维数组的定义

C语言中对多维数组概念的解释是:n维数组是每个元素均为$n-1$维数组的一维数组。由此可以推论出二维数组是由若干个一维数组作为数组元素的一维数组,三维数组则是由若干个二维数组作为元素的一维数组等。多维数组的这种概念对理解多维数组的存储、处理都有很大的帮助。

二维数组定义的一般形式为：

数据类型符　数组名[常量表达式][常量表达式]；

多维数组定义的一般形式为：

数据类型符　数组名[常量表达式][常量表达式]…；

例如，int a[3][4]，matrix[10][10][10]；就定义了整型二维数组 a 和三维数组 matrix，其中 a 由 3 行 4 列共 12 个元素构成；matrix 由 10×10×10 共 1 000 个元素组成。

C 语言规定数组按"行"存储。由于计算机系统内存是一个线性排列的存储单元集合，所以当需要将二维或多维数组存放到系统存储器中时，必须进行二维空间或多维空间向一维空间的投影。例如有定义语句：int a1[2][2]，a2[2][2][2]；，则数组 a1 和 a2 在内存中存放的形式如图 4.4 和 4.5 所示。

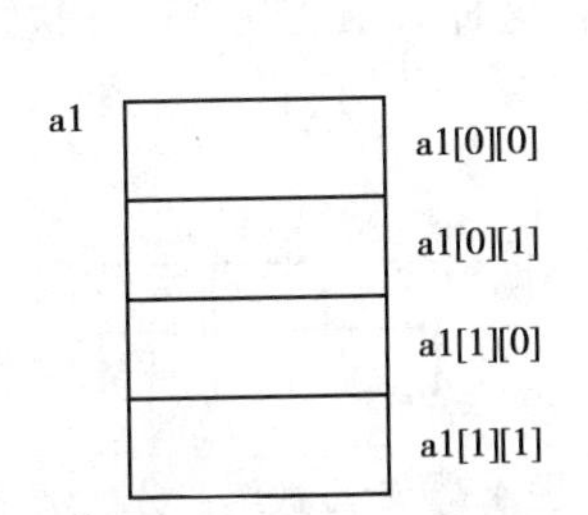

图 4.4　二维数组存储示意图

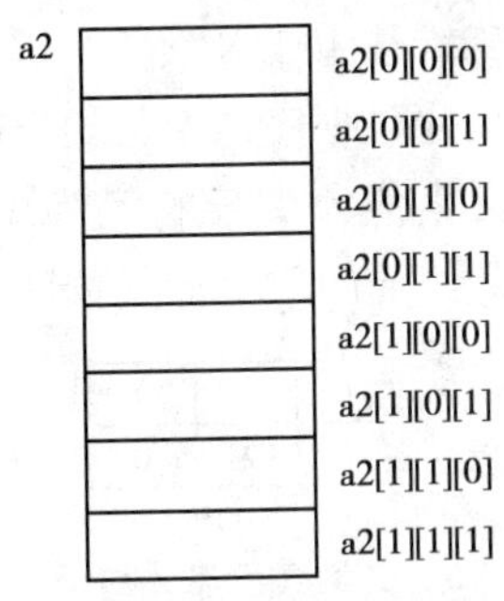

图 4.5　三维数组存储示意图

根据多维数组在存储器中按行存储的规则和多维数组的行列顺序可以计算出多维数组元素存储时在线性连续存储单元中的排列序号。

设有 m×n（m 行 n 列）二维数组 a，用 i、j 表示行列下标，则二维数组元素 a[i][j]在数组的连续存储区域中的单元序号计算公式为：

i×n+j；　　//行号×列数+列号

例如有二维数组定义语句 int a[5][5]；，则数组中的元素 a[2][3]在线性存储区域中的序号为：2×5+3=13，即将二维数组投影为一维序列存储后，二维空间中的 2 行 3 列元素是一维空间中的 13 号元素。

设有 p×m×n（p 页 m 行 n 列）三维数组 a，则三维数组元素 a[i][j][k]在数组的连续存储区域中的单元序号计算公式为：

i×m×n+j×n+k；　　//页号×行数×列数+行号×列数+列号

例如有三维数组定义语句 int a2[2][2][2]；，则数组中元素 a2[0][1][1]在线性存储区域中的序号为：0×2×2+1×2+1=3，即将三维数组投影为一维序列存储后，三维空间中的 0 页 1 行 1 列元素是一维空间中的 3 号元素。

2）二维数组和多维数组的初始化

多维数组也可以进行初始化，以二维数组和三维数组为例，初始化的方式有两种：

(1)分行赋值初始化方式

二维(多维)数组分行初始化方式是将二维(多维)数组分解为若干个一维数组,然后依次向这些一维数组赋初值,赋值时使用大括号(花括号)嵌套的方法区分每一个一维数组,例如:

```
int a[2][3]={{1,1,1},{2,2,2}};
int a1[2][3][3]={{{1,1,1},{2,2,2},{3,3,3}},{{4,4,4},{5,5,5},{6,6,6}}};
```

(2)单行赋值初始化方式

二维(多维)数组单行初始化方式是使用一个数据序列为多维数组赋初值。使用这种方式时,将所有的初始化数据依次写在一个大括号中,书写时要注意数据的排列顺序。例如:

```
int a[2][3]={1,1,1,2,2,2};
int a1[2][3][4]={1,1,1,1,2,2,2,2,3,3,3,3,4,4,4,4,5,5,5,5,6,6,6,6};
```

在对二维数组或多维数组进行初始化时,还需要注意以下几点:

①初始化数据序列中只给出部分数组元素的初始值。这种方法称为部分初始化,此时未初始化元素值为0(字符类为'\0')。例如语句 int a[2][3]={{1,1},{2,2}};,则初始化后二维数组 a 的取值形式如图 4.6 所示。

a

1	1	0
2	2	0

图 4.6　二维数组部分初始化

a

1	1	2
2	0	0

图 4.7　二维数组部分初始化

例如语句 int arr[2][3]={1,1,2,2};,则初始化后二维数组 a 的取值形式如图 4.7 所示。读者应该特别注意上面两个初始化示例以及图 4.5 与图 4.6 的区别。同样,如果需要将二维数组或多维数组的所有元素值初始化为 0,可按如下所示的部分初始化形式:

```
int b[10][20]={0};            /*将b数组的200个元素初始化为0值*/
int c[100][100][50]={0};      /*将数组c的50万个元素初始化为0值*/
```

②由初始化元素值的个数确定数组最高维的长度。初始化时,如果多维数组最高维的长度没有指定,则系统通过对初始化序列中数值的个数的统计计算来确定多维数组最高维的长度。或者说,如果在初始化时给出了全部的数组元素初始值,可以不指定多维数组最高维的长度。例如:

```
int a[][3]={{1,1,1},{2,2,2}};     /*初始化时给出了所有元素值*/
int a1[][3]={1,1,1,2,2,2};        /*初始化时给出了所有元素值*/
```

③多维数组初始化数值的个数必须在各维规定的范围内。例如下面多维数组初始化形式是错误的:

```
int a1[2][3]={1,1,1,2,2,2,3,3,3}; /*初始化表中的数值个数太多*/
```

3)二维数组和多维数组元素引用方法

二维数组和多维数组元素的下标表示分别为:

数组名[下标][下标];

数组名[下标][下标]…;

其中,下标值应该是整型常数、变量或表达式,该值表示了数组元素在多维数组中的位置,如果下标值是实型数据,系统会自动将其取整。

对于二维数组的输入、输出,一般使用二重循环,同理可以使用多重循环处理多维数组的输入输出问题,设有定义语句:

```
int a[5][10],i,j;
```

则数组 a 的输入输出基本形式如图 4.8 所示。

```
//二维数组输入方法
for(i=0;i<5;i++)
    for(j=0;j<10;j++)
        scanf("%d",&a[i][j]);
```

```
//二维数组输出方法
for(i=0;i<5;i++)
{
    for(j=0;j<10;j++)
        printf("%d",a[i][j]);
    printf("\n");
}
```

图 4.8　二维数组的输入/输出方式

习惯上,采用先行后列的形式处理多维数组中的各个元素。在多重循环结构中,也可以改变下标变量的取值范围,按列优先、倒序等方式输入、输出、处理二维或多维数组。

[**例 4.3**]　在二维数组 a[3][4]中依次选出各行最大元素值存入一维数组 b[3]对应元素中。

```
/* Name: ex0403.cpp */
#include <stdio.h>
int main()
{
    int a[][4]={3,16,87,65,4,32,11,108,10,25,12,27};
    int b[3],i,j,max;
    for(i=0;i<=2;i++)
    {
        max=a[i][0];            //求 i 行元素中的最大值
        for(j=1;j<4;j++)
            if(a[i][j]>max)
                max=a[i][j];
        b[i]=max;               //i 行元素最大值存入 b 数组 i 号元素
    }
    printf("narray a:\n");
    for(i=0;i<=2;i++)           //按照矩阵的形式输出数组 a 的元素值
    {
        for(j=0;j<=3;j++)
            printf("%5d",a[i][j]);
        printf("\n");
```

```
    }
    printf("array b:\n");
    for(i=0;i<=2;i++)          //输出b数组,即a数组各行最大元素值
    printf("%5d",b[i]);
      printf("\n");
    return 0;
}
```

程序运行结果:

```
array a:
    3   16   87   65
    4   32   11  108
   10   25   12   27
array b:
   87  108   27
```

[例4.4] 编程序输出魔方阵。魔方阵是一个由整数构成的奇数矩阵,它的任意一行、任意一列以及对角线的所有数之和均相等。图4.9展示的是一个三阶魔方阵。

8	1	6
3	5	7
4	9	2

图4.9 3阶魔方矩阵

*N*阶魔方阵是一个奇数阶矩阵,数据的排列规律如下:

①将1放在魔方阵的第一行中间一列;

②从2开始直到N＊N的各数依次按下列规则存放:每一个数存放的位置比前一个数的行数减1、列数加1;

③如果上一个数的行数为1,下一个数的行数为N;如果上一个数的列数为N,下一个数的列数为1;

④如果按上面规则寻找的位置上已经放过数,则将下一个数放在上一个数的下面。

```
/* Name: ex0404.cpp */
#include <stdio.h>
#define N 5
int main()
{
    int  magic[N][N]={0};
    int i,j,ii,jj,n;
    i=0,j=N/2;      //第一个数放在第一行的中间位置
    magic[i][j]=1;
    for(n=2;n<=N*N;n++)
    {
        ii=i,jj=j;      //保存当前数位置
        i=i-1,j=j+1;      //寻找下一个数位置
        if(i<0)
            i=N-1;
```

```
        if(j>N-1)
            j=0;
        if(magic[i][j]!=0)      //若该位置已放数则调整位置
            i=ii+1,j=jj;
        magic[i][j]=n;      //放置数据
    }
    for(i=0;i<N;i++)      //输出魔方矩阵
    {
        for(j=0;j<N;j++)
            printf("%4d",magic[i][j]);
        printf("\n");
    }
    return 0;
}
```

上面程序实现了一个5阶的魔方矩阵,请参照注释理解。程序运行结果如下所示:

```
17  24   1   8  15
23   5   7  14  16
 4   6  13  20  22
10  12  19  21   3
11  18  25   2   9
```

4.2 字符数组和字符串

C语言中没有字符串数据类型,字符串的存储和处理都通过一维字符数组的方式实现。由于字符串数据是C程序中常用的一种重要数据,所以C系统的标准库中提供了一系列用于字符串处理的标准函数。

4.2.1 字符数组的定义和初始化

1)字符数组的定义

一维字符数组的定义方法与其他数据类型的一维数组定义方法类似,字符数组定义的一般形式如下:

[存储类别符] char 数组名[长度];

定义字符数组后,将字符串数据的每一个字符依次存放到字符数组中,此后的程序代码中可以使用该字符数组的名字表示其所存放的字符串数据。

2)字符数组的初始化

字符数组初始化的方法主要有两种:使用单个字符常量序列和使用字符串常量数据。

(1)使用单个字符常量初始化字符数组

单个字符初始化时,将常量表中的字符依次赋值给对应的字符数组元素。在初始化时应注意以下几点:

①常量表中的最后一个字符应该是字符串结尾符号" \0"字符;

②部分初始化时未赋值部分仍然是" \0"字符;

③如果常量表中提供了所有的字符(包含" \0"),可以省略数组的长度。

下面是几个单个字符常量初始化字符数组的示例:

```
char s1[9]={'N', 'e', 'w', ' ', 'Y', 'e', 'a', 'r', '\0'};
char s2[9]={'H', 'e', 'a', 'd','\0'};
char s3[ ]={'N', 'e', 'w', ' ', 'Y', 'e', 'a', 'r', '\0'};
```

(2) 使用字符串常量初始化字符数组

使用字符串常量对字符数组进行初始化时,系统会自动在末尾加上字符串结尾符号" \0",但定义的字符数组必须提供足够的长度。在初始化时应该注意以下几点:

①字符串常量只需要提供有效字符数据;

②字符串常量不足以填满整个字符数组空间时,系统会自动用'\0 '字符填充;

③字符串常量数据可以使用花括号括住,也可以不使用花括号;

④如果没有指定字符数组的长度,系统自动指定为字符串常量中有效字符的个数+1。

下面是几个字符串常量初始化字符数组的示例:

```
char s1[80]={ "New Year"};
char s2[80]="New Year";
char s3[ ]="New Year";      //此时字符数组的长度为9
```

与其他类型数组类似,字符数组名也是地址常量,字符数组在一般情况相同时不能整体操作。程序中任何试图修改数组名值的操作或者试图为数组整体赋值的操作都是错误的,例如:

```
/*错误的程序代码段*/
char str[7]="abcd";
    ⋮
str="123456";     /*错误赋值操作,试图将数组作为整体操作*/
```

使用字符数组表示字符串时,字符串是字符数组中存放的内容(可以认为是数组变量的值),只能对数组元素(即单个字符)进行操作。最常见的字符数组操作,就是使用循环结构依次处理字符数组中的所有字符。在处理字符数组时,还需要注意留出足够的数组长度,以便操作中不会有溢出数组边界的情况。

3)二维字符数组的定义

程序中如果需要处理多个相关的字符串,可以通过二维字符数组进行数据组织。二维字符数组的定义形式如下:

char 数组名[常量表达式1][常量表达式2];

式中,常量表达式1的值表示了行数(即字符串的个数),常量表达式2的值表示了所处理的相关字符串中最长字符串所需要的存储长度。

二维字符数组也可以进行初始化,最常用的初始化方式是将初始化值用字符串常量形式书写在初始化值列表中。例如有二维字符数组定义语句:

char a[5][10]={"C++","English","Computer","Physics","Maths."};

定义了5个相关的字符数组,二维字符数组中的每一行都表示一个字符串,字符串的名字用数组名和行号的形式(例如a[i])来表示,例如a[2]表示的字符串是"Computer"。

4.2.2 字符数组的输入输出

前面已经讨论了数组的输入输出,采用循环结构同样可以实现字符数组的输入输出。程序设计中,常常希望将字符串作为整体进行输入输出处理,C标准库中提供了专门用于字符串输入输出的函数。

1)字符串数据的输入

C程序设计中,字符串数据的输入通过调用标准库函数scanf或者gets来实现。在使用标准库函数scanf时,既可以用一般处理数组的方式循环为字符数组的每一个数组元素赋值(此时需要使用格式控制项%c),也可以将字符串数据作为整体一次性地送入字符数组(此时需要格式控制项%s)。例如,下面两个程序段都可以实现将字符串数据"123456789"送入字符数组str的目的。

```
/*使用格式控制项%c*/
char str[100];
int j;
 ⋮
for(j=0;j<9;j++)
  scanf("%c",&str[j]);      //使用函数getchar也可达到同样目的
str[j]='\0';      /*为了保证字符串数据的完整性,自行处理字符串结尾符号*/
 ⋮
/*使用格式控制项%s*/
char str[100];
 ⋮
scanf("%s",str);      /*字符串数据作为整体处理,系统会自动处理结尾符号*/
 ⋮
```

使用标准库函数gets时,将字符串数据作为一个整体来看待,用于输入字符串数据的程序段如下所示:

```
/*使用标准库函数gets*/
char str[100];
 ⋮
gets(str);      /*字符串数据作为整体处理,系统会自动处理结尾符号*/
 ⋮
```

C 程序中通过调用标准库函数 scanf 或 gets,都可以在程序的运行过程中从程序外界获得所需要的字符串数据。两个标准库函数在使用时有以下不同之处:

(1)一次函数调用可以输入的字符串数据个数不同

使用标准库函数 scanf 一次可以输入两个以上的字符串数据,每两个字符串数据之间用空格分隔;使用标准库函数 gets 一次只能输入一个字符串数据。试比较下面两个程序段:

```
/*使用标准库函数 scanf*/
char str1[80], str2[80];
⋮
scanf("%s%s",str1, str2);    /*输入字符串 str1 和 str2*/
⋮
/*使用标准库函数 gets*/
char str1[80], str2[80];
⋮
gets(str1);        /*输入字符串 str1*/
gets( str2);       /*输入字符串 str2*/
```

(2)字符串输入结束方式不同

使用标准库函数 scanf 时,用空格字符、制表字符(Tab 键)以及换行符(Enter 键)都可以表示结束字符串输入,所以在输入的字符串数据中不能含有空格字符或者制表字符。在实际使用中,常常用空格字符作为两个字符串数据的分隔符。例如,对于下面程序段:

```
char str1[80], str2[80];
scanf("%s%s",str1, str2);
```

若输入数据是字符串"abcdefg 1234567",则字符数组 str1 的内容是"abcdefg",str2 的内容是"1234567"。

使用标准库函数 gets 时,用换行符(Enter 键)表示结束字符串输入,系统会自动去掉该换行符"\n"然后加上"\0"构成输入的字符串,所以输入的字符串数据中可以含有空格字符和制表字符。

2)字符串数据的输出

C 程序中字符串数据的输出通过调用标准库函数 printf 或 puts 来完成。在使用标准库函数 printf 输出字符串数据时,同样既可以使用格式控制项%c 将其按一个一个的字符对待,也可以使用格式控制项%s 将字符串数据作为整体对待。试比较下面两个程序段:

```
/*使用格式控制项%c*/
int j=0;
⋮
while(str[j]!='\0')      //注意,处理字符串数据时不要用数组长度作为控制
{
        printf("%c",str[j]);      //使用函数 putchar 也可达到同样目的
        j++;
```

```
}
⋮
/ * 使用格式控制项%s * /
⋮
printf("%s",str);      / * 将字符串数据作为整体看待 * /
⋮
```

在使用标准库函数 puts 时，将字符串数据作为一个整体来看待，用于输出字符串数据的程序段如下所示：

```
/ * 使用标准库函数 puts * /
⋮
puts(str);      / * 将字符串数据作为整体看待 * /
⋮
```

C 程序中使用标准函数 printf 或 puts 都可以在程序的运行过程中输出字符串数据，两个标准库函数在使用时有下面不同之处：

(1)一次调用能够输出的字符串个数不同

使用标准库函数 printf 一次可以输出两个以上的字符串数据；使用标准库函数 puts 一次只能输出一个字符串数据。试比较下面两个程序段：

```
/ * 使用标准库函数 printf * /
⋮
printf("%s\n%s",str1, str2);          / * 一次调用可输出两个以上的字符串数
据 * /
⋮
/ * 使用标准库函数 puts * /
⋮
puts(str1)                            / * 一次调用只能输出一个字符串数据 * /
puts(str2);
⋮
```

(2)输出数据换行处理方式不同

使用标准库函数 puts 输出字符串数据时，输出完成后会自动进行换行；而使用标准库函数 printf 时，一个字符串数据输出完成后不会自动换行，若需实现换行功能，需要在格式控制字符串中的适当位置插入换行字符“\n”。

［**例** 4.5］ 字符串输入输出示例。

```
/ * Name: ex0405.cpp * /
#include <stdio.h>
#define N 100
int main()
{
    char s1[N],s2[N],s3[N],s4[N];
```

```
    int i;
    printf("单个字符输入方式1:\n");
    for(i=0;i<N;i++)      /*用字符方式输入字符串*/
    {
        scanf("%c",&s1[i]);
        if(s1[i]=='\n')
        break;
    }
    s1[i]='\0';     /*作字符串结尾符号并覆盖不需要的换行符*/
    printf("单个字符输入方式2:\n");
    for(i=0;i<N;i++)     /*用字符方式输入字符串*/
       if((s2[i]=getchar())=='\n')
           break;
    s2[i]='\0';     /*作字符串结尾符号并覆盖不需要的换行符*/
    printf("字符串整体输入方式1:\n");
    gets(s3);     /*字符串作为整体输入,系统会自动添加结尾符号*/
    printf("字符串整体输入方式2:\n");
    scanf("%s",s4);     /*字符串作为整体输入,系统会自动添加结尾符号*/
    printf("\n");
    for(i=0;s4[i]!='\0';i++)      /*用单个字符处理形式输出字符串*/
        putchar(s4[i]);
    printf("\n");     /*上面的输出处理没有换行*/
    printf("%s\n%s\n",s3,s2);     /*输出两个字符串,自行处理换行*/
    puts(s1);     /*输出一个字符串,系统自动换行*/
    return 0;
}
```

上面程序展示了字符串数据输入输出的常用方法,程序一次执行的过程如下所示,请读者对照输入数据和输出结果进行分析理解:

```
单个字符输入方式1:
123456789
单个字符输入方式2:
987654321
字符串整体输入方式1:
Abcdefghi
字符串整体输入方式2:
ABCDEFGHI
ABCDEFGHI
abcdefghi
```

```
987654321
123456789
```

4.2.3 常用字符类数据处理标准库函数

字符和字符串都是C程序设计中经常处理的数据对象之一,而且字符串处理具有特殊性,往往需要在程序设计中将字符串作为整体操作。C标准库中包含了许多用于字符或者字符串处理的标准库函数,本小节讨论其中最常用的字符分类函数和字符串处理函数的使用方法。

1)字符分类函数

C程序设计中常用的字符分类函数如表4.1所示,它们的原型在ctype.h中声明。使用这些函数时,要用编译预处理语句#include <ctype.h>将头文件ctype.h包含到源程序文件中来。

表4.1 常用字符分类标准函数(ctype.h)

函数原型	功能解释
int isalpha(int ch);	若ch是字母("A"-"Z","a"-"z")返回非0值,否则返回0
int isdigit(int ch);	若ch是数字("0"-"9")返回非0值,否则返回0
int isspace(int ch);	若ch是空格(" "),水平制表符("\t"),回车符("\r"),走纸换行("\f"),垂直制表符("\v"),换行符("\n")返回非0值,否则返回0
int isupper(int ch);	若ch是大写字母("A"-"Z")返回非0值,否则返回0
int islower(int ch);	若ch是小写字母("a"-"z")返回非0值,否则返回0
int toupper(int ch);	若ch是小写字母("a"-"z")返回相应的大写字母("A"-"Z")
int tolower(int ch);	若ch是大写字母("A"-"Z")返回相应的小写字母("a"-"z")

[**例4.6**] 字符分类函数应用。输入一个字符串,统计其中字母和数字的个数,并将其中的数字依次提取出来构成一个对应的十进制整数。

```
/ * Name: ex0406.cpp * /
#include<stdio.h>
#include<ctype.h>
int main()
{
    char ch;
    int count1 = 0, count2 = 0, n = 0;
    while((ch = getchar())! = '\n')
    {
        if(isalpha(ch))
```

```
            count1++;
        else if(isdigit(ch))
        {
            count2++;
            n=n*10+ch-'0';
        }
    }
    printf("字母个数:%d,数字个数:%d\n",count1,count2);
    printf("依次提取数字构成的整数是:%d\n",n);
    return 0;
}
```

程序一次运行的结果是:

```
Abc123<>,.90ascii     //输入数据
字母个数:8,数字个数:5
依次提取数字构成的整数是:12390
```

［**例** 4.7］ 输入一个字符串,将其中的英语字母大小写对换,其余字符保持不变。

```
/* Name: ex0407.cpp */
#include<stdio.h>
#include<ctype.h>
int main()
{
    char s[100];
    int i;
    printf("请输入字符串:");
    gets(s);
    for(i=0;s[i]!='\0';i++)       //依次读取字符串中的所有字符进行处理
        if(isupper(s[i]))
            s[i]=tolower(s[i]);      //s[i]+=32;
        else if(islower(s[i]))
             s[i]=toupper(s[i]);      //s[i]-=32;
    printf("转换后的结果是:");
    puts(s);
    return 0;
}
```

程序在对字符串进行处理时,用循环表达依次取出字符串中所有字符进行处理的控制过程,请读者理解对于字符数组(字符串)为什么不用数组本身的长度进行循环控制。程序一次运行的结果是:

```
请输入字符串:abcdefg12345ABCDEFG(*)&^%^&$ABCD
```

转换后的结果是:ABCDEFG12345abcdefg(*)&^%^& $ abcd

2)字符串处理函数

C 程序设计中常用的字符串处理函数如表 4.2 所示,它们的原型在 string.h 中声明。使用这些函数时,要用编译预处理语句#include <string.h>将头文件 string.h 包含到源程序文件中来。

许多字符串处理标准函数的被处理字符串数据、返回值类型使用的都是字符指针形式,用指针形式可以表达出字符串的起始或任意位置。字符串的起始位置对应于字符数组名字,本小节仅讨论使用字符数组名进行字符串处理的应用。关于使用指针方式处理字符串的问题,将在第 6 章进行讨论。

表 4.2　常用字符串处理标准函数(string.h)

函数原型	功能解释
double atof(char *s);	将字符串 s 转换成双精度浮点数并返回。错误则返回 0
int atoi(char *s);	将字符串 s 转换成整数并返回。错误则返回 0
long atol(char *s);	将字符串 s 转换成长整数并返回。错误则返回 0
size_t strlen(const char *s);	返回字符串 s 的长度,即字符数
char *strcpy(char *st,char *sr);	将字符串 sr 复制到字符串 st。失败则返回 NULL
char *strcat(char *st,char *sr);	将字符串 sr 连接到字符串 st 末尾。失败则返回 NULL
char *strchr(char *str,int ch);	找出在字符串 str 中第一次出现字符 ch 的位置,找到就返回该字符位置的指针(也就是返回该字符在字符串中的地址的位置),找不到就返回空指针(就是 null)
int strcmp(char *s1,char *s2);	比较字符串 s1 与 s2 的大小,并返回结束部分串 s1-串 s2 对应字符值。相等则返回 0
char *strncat(char *st, const char *sr,size_t len);	将字符串 sr 中最多 len 个字符连接到字符串 st 尾部
int strncmp(const char *s1, const char *s2,size_t len);	比较字符串 s1 与 s2 中的前 len 个字符。如果配对,返回 0
char *strncpy(char *st, const char *sr,size_t len);	复制 sr 中的前 len 个字符到 st 中
char *strrev(char *s);	将字符串 s 中的字符全部颠倒顺序重新排列,并返回排列后的字符串
char *strstr(const char *s1, const char *s2);	找出在字符串 s1 中第一次出现字符串 s2 的位置(也就是说字符串 s1 中要包含字符串 s2),找到就返回该字符串位置的指针(也就是返回字符串 s2 在字符串 s1 中的地址的位置),找不到就返回空指针(就是 null)

(1)字符串长度计算

字符串长度计算的基本思想是:统计每个字符数,直到字符串结束符“\0”为止。字符串长度不包括结束符。

[例 4.8] 字符串长度计算的实现。

```
/ * Name: ex0408.cpp * /
#include <stdio.h>
int main( )
{
    char s[100];
    int i;
    printf("?s: ");
    gets(s);
    for(i=0;s[i]!='\0';i++)       //字符串长度统计功能
        ;
    printf("字符串的长度是:%d\n",i);
    return 0;
}
```

字符串长度测试标准库函数 strlen 的原型为:

size_t strlen(const char * s);

函数原型中的 size_t 是系统定义好的用于统计存储单元个数和重复次数的数据类型,实质上就是整型(int)数据类型。

函数的功能是:返回(获取)由 s 表示的字符串数据中的字符个数,统计在遇到字符串数据中的第一个“\0”字符时结束。

使用标准函数,例 4.8 程序可重写如下:

```
/ * Name: ex0408a.cpp * /
#include <stdio.h>
#include <string.h>
int main( )
{
    char s[100];
    int len1;
    printf("?s: ");
    gets(s);
    len1=strlen(s);     //调用标准函数测试字符串长度
    printf("字符串的长度是:%d\n",len1);
    return 0;
}
```

(2)字符串复制

字符串复制的基本思想是:从源字符串的第一个字符开始依次取出每一个字符,赋值到目标串对应元素,直到字符串结尾符号为止。注意,符号"\0"要照样赋值。

[**例 4.9**] 字符串复制方法的实现。

```
/ * Name: ex0409.cpp * /
#include <stdio.h>
int main()
{
    char s1[100],s2[100];
    int i;
    printf("?s1:");
    gets(s1);
    for(i=0;s1[i];i++)        //字符串复制功能
        s2[i]=s1[i];
    s2[i]='\0';
    puts(s2);
    return 0;
}
```

字符串复制标准库函数 strcpy 的原型为:

```
char * strcpy(char * st,char * sr);
```

函数的功能是:将由 sr 表示的源字符串复制到由 st 指定的目标地址中,st 所代表目标字符串的字节长度必须满足 sr 所代表字符串的长度要求。使用该函数时,由 sr 表示的字符串可以是字符串常量。

使用标准函数,例 4.9 程序可重写如下:

```
/ * Name: ex0409a.cpp * /
#include <stdio.h>
#include <string.h>
int main()
{
    char s1[100],s2[100];
    printf("?s1:");
    gets(s1);
    strcpy(s2,s1);        //调用标准函数实现字符串复制
    puts(s2);
    return 0;
}
```

(3)字符串连接

字符串连接的基本思想是:将源串 sr 的每个字符(含结束符)依次赋值到从目标串 st 结束符开始的后续元素中。

[例 4.10] 字符串连接方法实现。

```
/ * Name: ex0410.cpp * /
#include <stdio.h>
int main( )
{
    char s1[100]="连接结果:",s2[100];
    int i,j;
    printf("?s2: ");
    gets(s2);
    for(i=0;s1[i];i++)      //字符串连接功能
        ⋮
    for(j=0;s2[j];j++,i++)
        s1[i]=s2[j];
    s1[i]='\0';
    puts(s1);
    return 0;
}
```

字符串连接标准库函数 strcat 的原型为:

char * strcat(char * st,char * sr);

函数的功能是:将由 sr 表示的源字符串复制到由 st 表示的目标字符串的末尾(即连接到 st 所表示的字符串后),st 所代表目标字符串的字节长度必须满足两个字符串连接后的长度要求。使用该函数时,由 sr 表示的字符串可以是字符串常量。

使用标准函数,例 4.10 程序可重写如下:

```
/ * Name: ex0410a.cpp * /
#include <stdio.h>
#include <string.h>
int main( )
{
    char s1[100]="连接结果:",s2[100];
    printf("?s2: ");
    gets(s2);
    strcat(s1,s2);      //调用标准函数实现字符串连接
    puts(s1);
    return 0;
}
```

(4)字符串比较

比较两个字符串的基本思想是:从参与比较操作的两个字符串的第一个字符开始依次比较相同位置的两个对应字符。在下列两种情况下比较过程结束:

①两个字符串中对应位置字符的 ASCII 码值不相同;

②遇到两字符串中任何一个字符串的串结尾字符“\0”。

比较结束时,用该时刻两个字符串中对应位置字符的 ASCII 码差值来确定两个字符串之间的关系。设参加比较操作的两个字符串分别用 s1 和 s2 表示(其中 s1 表示前串,s2 表示后串),则字符串比较结果的判断规则为:

$$s1[i]-s2[i]=\begin{cases}>0 & (s1>s2)\\ =0 & (s1=s2)\\ <0 & (s1<s2)\end{cases}$$

[**例 4.11**] 字符串比较方法实现。

```
/ * Name: ex0411.cpp * /
#include <stdio.h>
int main()
{
    char s1[100],s2[100];
    int result,i;
    printf("?s1:");
    gets(s1);
    printf("?s2:");
    gets(s2);
    for(i=0;s1[i]==s2[i];i++)        //字符串比较功能
        if(s1[i]=='\0')
        {
            result=0;
            break;
        }
    if(s1[i]!=s2[i])
        result=s1[i]-s2[i];
    if(result==0)
        printf("两字字符串相同\n");
    else if(result>0)
        printf("第1个字符串大于第2个字符串\n");
    else
        printf("第1个字符串小于第2个字符串\n");
    return 0;
}
```

字符串比较标准库函数 strcmp 的原型为：

```
int strcmp(char *s1,char *s2);
```

函数的功能是：比较两个字符串 s1 和 s2 的关系。返回值确定规则为：如果 s1 大于 s2，则返回值大于 0；如果 s1 等于 s2，则返回值等于 0；如果 s1 小于 s2，则返回值小于 0。

使用标准函数，例 4.11 程序可重写如下：

```
/* Name: ex0411a.cpp */
#include <stdio.h>
#include <string.h>
int main()
{
    char s1[100],s2[100];
    int result;
    printf("?s1: ");
    gets(s1);
    printf("?s2: ");
    gets(s2);
    result=strcmp(s1,s2);      //调用标准函数实现字符串复制
    if(result==0)
        printf("两字字符串相同\n");
    else if(result>0)
        printf("第 1 个字符串大于第 2 个字符串\n");
    else
        printf("第 1 个字符串小于第 2 个字符串\n");
    return 0;
}
```

［**例** 4.12］ 字符串处理函数综合使用示例。反复从键盘上输入若干字符串（直到输入空串为止），判断输入的字符串是否为回文字符串。是回文字符串，输出提示信息“Yes”，否则输出提示信息“No”。

```
/* Name: ex0412.cpp */
#include <stdio.h>
#include <string.h>
int main()
{
    char s[200],t[200];
    while(1)
    {
        printf("请输入字符串进行判断，直接按回车键退出！\n");
        gets(s);
```

```
        if(strlen(s)==0)        //若输入时直接按回车键
            break;
        strcpy(t,s);            //复制获取字符串副本 t
        strrev(t);              //将副本字符串 t 颠倒
        if(strcmp(s,t)==0)
            printf("\"%s\"是回文字符串\n",s);
        else
            printf("\"%s\"不是回文字符串\n",s);
    }
    return 0;
}
```

4.3 函数调用中的数组参数传递

使用数组作函数参数,可以理解为两层含义:其一是将一个数组元素传递给函数,等同于简单变量作为函数参数(请读者参考本书第 3 章相关内容);其二是将数组看成一个整体作为函数的参数。用数组名作为函数的形式参数,用数组名或数组元素的地址作为实际参数,实现的是函数间的传地址值调用。下面分别讨论一维数组和二维数组作为函数参数的问题。

4.3.1 一维数组作函数的参数

将一维数组(包括字符数组)看成一个整体作为函数参数时,用数组名作为函数的形式参数或实际参数。如前所述,数组在存储时有序地占用一片连续的内存区域,数组的名字表示这段存储区域的首地址。用数组名作为函数参数实现的是"传地址值调用",其本质是在函数调用期间,实际参数数组将它的全部存储区域或者部分存储区域提供给形式参数数组共享,即形参数组与实参数组是同一存储区域或者形参数组是实参数组存储区域的一部分。直观地说,就是同一个数组在主调函数和被调函数中有两个不同(甚至相同)的名字。

如果需要把整个实参数组传递给被调函数中的形参数组,可以使用实参数组的名字或者实参数组第一个元素(0 号元素)的地址,如图 4.10 所示。

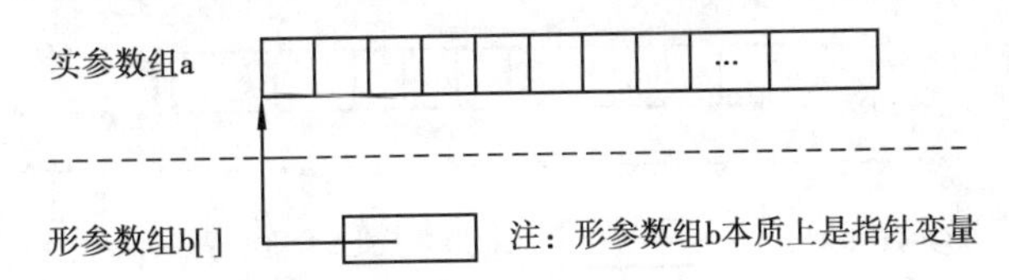

图 4.10 数组存储区域全部共享时形参数组与实参数组的关系

一维数组作为函数的形式参数本质上是一个指针变量,所以在描述上不需要指定形参数组的长度。

［例 4.13］ 编制求和函数并通过该函数求数组的元素值和。

```
/ * Name: ex0413.cpp * /
#include <stdio.h>
#define N 10
int main( )
{
    int sum( int v[ ],int n);
    int a[N] = {1,2,3,4,5,6,7,8,9,10},total;
    total=sum(a,N);
    printf("total=%ld\n",total);
    return 0;
}
int sum( int v[ ],int n)
{
    int i,s=0;
    for(i=0;i<n;i++)
        s+=v[i];
    return s;
}
```

上面程序中,函数 sum 的原型为:int sum(int v[ ],int n);表示了该函数在被调用时应该传递一个整型的数组给一维数组形式参数 v[ ],数组的长度由整型变量 n 表示,函数 sum 的功能是将用形式参数 v 表示的长度为 n 的数组元素求和。主函数通过函数调用表达式 sum(a,N)调用函数 sum,调用时将数组名作为实际参数(也可以用 &a[0]作为实际参数)传递给函数 sum 的形参数组 v。数组 v 本质上是一个指针变量,通过参数传递获取了主调函数中数组 a 的首地址,从而可以操作 a 数组,可以认为形式参数 v 就是实际参数 a 数组在函数 sum 中的另外一个名字。在 sum 函数中,操作 v 数组实质上就是操作主调函数中的 a 数组。程序执行的结果为:total=55。

函数调用时用数组的某一个元素地址值作为实际参数传递给形式参数数组,可以实现将实参数组自某一元素开始后面所有的区域提供给形参数组共享的目的,如图 4.11 所示。下面的例 4.14 程序展示了这种用法。

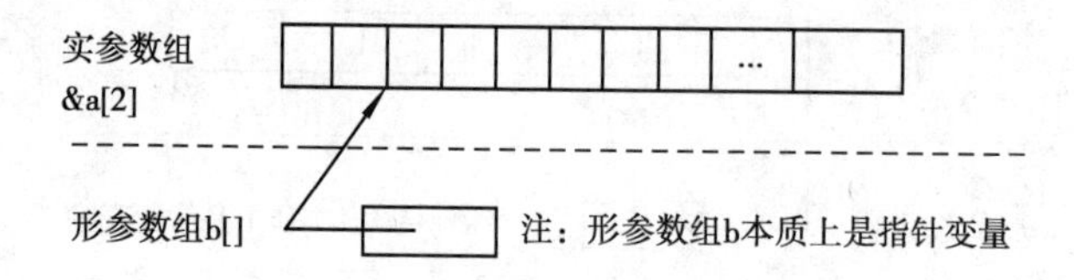

图 4.11　数组存储区域部分共享时形参数组与实参数组的关系

［例 4.14］ 编制求和函数并通过该函数求数组自某一元素后的所有元素值之和。起始点元素序号从键盘上输入。

```
/ * Name: ex0414.cpp * /
```

```
#include <stdio.h>
#define N 10
int main()
{
    int sum(int v[],int n);
    int a[N]={1,2,3,4,5,6,7,8,9,10},total,pos;
    printf("请输入求和起始元素序号:");
    scanf("%d",&pos);
    total=sum(&a[pos],N-pos);
    printf("total=%ld\n",total);
    return 0;
}
int sum(int v[],int n)
{
    int i,s=0;
    for(i=0;i<n;i++)
    s+=v[i];
    return s;
}
```

比较例 4.14 和例 4.13 的程序,可以发现函数 sum 没有任何改变,程序中有所改变的是主调函数中的调用表达式:sum(&a[pos],N-pos)。其中,参数 &a[pos]表示将数组 a 自 a[pos]元素以后的元素全部提供给形参数组共享,N-pos 是传递到函数 add 中共享的数组元素个数,请读者结合图 4.10 自行分析程序运行方式。

由第 3 章关于函数的讨论中可知,一个函数通过其返回机制仅能返回一个值。如果期望通过一个函数的执行能够获取多个数据,就需要使用指针参数来达到目的。如果需要通过函数执行获取的数据非常多,势必造成函数的参数表十分臃肿。在这种情况下,通过数组参数可以大大简化程序的设计。下面的例 4.15 展示了通过函数数组参数获取多个值的用法。

[**例 4.15**] 反复从键盘上输入若干字符串(直到输入空串为止),统计所输入的字符串中每一个小写英文字母出现的次数。

```
/* Name: ex0415.cpp */
#include <stdio.h>
void count(char s[],int c[]);
int main()
{
    char s1[200];
    int i,counter[26]={0};      //counter 是 26 个计数器构成的计数器组
    printf("请输入字符串 s1:");
```

```
    gets(s1);
    count(s1,counter);
    for(i=0;i<26;i++)        //输出结果表头
        printf("%3c",'a'+i);
    printf("\n");
    for(i=0;i<26;i++)        //输出 26 个计数器值
        printf("%3d",counter[i]);
    printf("\n");
    return 0;
}
void count(char s[],int c[])
{
    int i;
    for(i=0;s[i];i++)
        if(s[i]>='a'&&s[i]<='z')
            c[s[i]-'a']++;
}
```

在上面程序中,函数 count 使用了两个数组参数。其中,s 参数用于接收传递到函数中处理的字符串,c 参数对应用于统计的实参数组 counter。函数中判断一个字符 s[i]是小写英文字母时,通过 s[i]-'a'计算出对应的计数器(计数器数组元素)位置,将该计数器值增加 1。

4.3.2 二维数组作函数的参数

二维数组在存储时也是有序地占用一片连续的内存区域,数组的名字表示这段存储区域的首地址。需要特别注意的是,二维数组起始地址有多种表示方法,而且这些表示方法在物理含义上还有表示平面起始地址和表示线性起始地址之分。所以,在使用二维数组的起始地址时,必须注意区分需要用哪一种起始地址。以二维数组 a 为例,二维数组起始地址的表示方法以及各种表示方法的级别(包含的物理含义)有:

①数组名:a,表示二维数组的起始地址,二级地址;

②数组首元素地址:&a[0][0],表示二维数组的线性起始地址,一级地址;

③数组 0 号行名字:a[0],表示二维数组的线性起始地址,一级地址;

④数组名指针运算后的地址:*a,表示二维数组的线性起始地址,一级地址。

由于二维数组的起始地址有一级地址和二级地址之分,所以二维数组作为函数调用实际参数时可以分为二级地址参数和一级地址参数两种。

1)用二维数组名作为实际参数

用二维数组名作为函数参数实现的是“传地址值调用”,其本质仍然是在函数调用期间实际参数数组将它的全部存储区域提供给形式参数数组共享,即形参数组与实参数组是同一存储区域。直观地说，就是同一个数组在主调函数和被调函数中有两个不同(甚至相同)的名字。由于此时函数调用的实际参数是二维数组名，被调函数中的形式参数需要使用二维数组样式，数组存储区域全部共享时形参数组与实参数组的关系如图 4.12 所示。

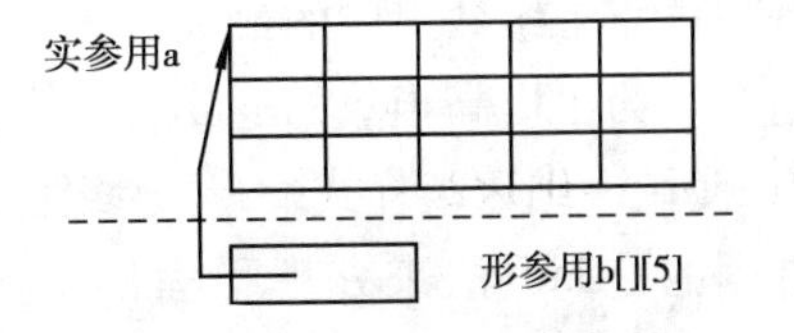

图 4.12　实际参数为二维数组名字

［例 4.16］　编制求二维矩阵最大元素的函数(假定矩阵为 3 行 4 列)，用相应主函数进行测试。

```
/ * Name: ex0416.cpp * /
#include <stdio.h>
#define M 3
#define N 4
int main( )
{
    int max(int v[ ][N]);
    int maxv,a[M][N]={38,23,56,9,56,2,789,45,76,7,45,34};
    maxv=max(a);
    printf("Max value is:%d\n",maxv);
    return 0;
}
int max(int v[ ][N])      //注意数组参数只能省略最高维的长度指定
{
    int i,j,mv;
    mv=v[0][0];
    for(i=0;i<M;i++)
        for(j=0;j<N;j++)
            if(v[i][j]>mv)
                mv=v[i][j];
    return mv;
}
```

上述程序的函数 max 中使用了二维数组样式的形式参数接收从主调函数中传递过来的二维数组首地址，使得形参数组 v 共享实参数组 a 的存储区域；然后通过对形参数组 v 的操作达到操作是参数 a 的目的，即在形参数数组 v 中寻找最大值，实质上是在实参数组 a 中寻找最大值，程序执行的结果为：Max value is:789。

2) 用二维数组起始地址的一级地址形式作为实际参数

例 4.16 程序的致命弱点是只能求列数是 N 列矩阵的最大元素。在实际应用程序设计中，有时需要能够处理任意行列大小的二维数组的函数(例如，要求上例中的函数 max 能够查找任意二维数组中的最大元素)，此时直接用二维数组作为形式参数的设计形式就不太适合。为了提高函数的通用性，可以借助一维数组作为形式参数时可以不指定长度的特点，使用一维数组样式的形式参数接收二维数组实参。这种参数传递实质上就是要用线性数据的处理方法来处理平面形式的数据(读者可以在此基础上考虑更高维数组的的处理)。实现这种参数传递须注意以下两点：

①函数调用时的实际参数必须是二维数组起始地址的一级地址形式，同时还应将二维数组的行数和列数传递到被调函数中。

②被调函数中只知道被处理二维数组的起始地址，所以在处理过程中，二维数组每一行的长度由程序员根据参数表中传递过来的信息自行控制。

［**例**4.17］　重新设计例4.16中的函数max，使其能够处理任意行列的二维数组，并用相应的主函数进行测试。

```
/ * Name: ex0417.cpp * /
#include <stdio.h>
#define M 3
#define N 4
int main( )
{
    int max(int v[ ],int m,int n);
    int maxv,a[M][N]={38,23,56,9,56,2,789,45,76,7,45,34};
    maxv=max(a[0],M,N);
    printf("Max value is:%d\n",maxv);
    return 0;
}
int max(int v[ ],int m,int n)
{
    int i,j,mv;
    mv=v[0];
    for(i =0;i<m;i++)
        for(j=0;j<n;j++)
            if(v[i * n+j]>mv)
                mv=v[i * n+j];
    return mv;
}
```

程序中函数max用一维数组样式的形式参数v来接收从主调函数中传递过来的二维数组首地址。注意到二维数组的名字表示的是二级地址，所以被传递的二维数组首地址要使用3种一级地址形式之一。本示例中使用的是a[0]，还可以使用&a[0][0]和 * a形式。在被调函数中将传递过来的二维数组当作一维数组处理，其元素对应关系应该是：a[i][j]→v[i * n+j]。程序执行的结果为：Max value is：789。

4.4 数组的简单应用

数组在计算机程序设计中是一种十分重要的数据组织方法。用数组组织数据可以实现许许多多的数据处理,排序和查找就是其中最常见的数据处理方法。

4.4.1 数组元素值的随机生成

为了能够在学习程序设计的过程中深刻体会被处理数据的多样性和不可见性,有必要用某种方法来模拟所处理的数据,在程序中随机生成所处理的数据就是一种比较好的模拟数据方法。为了能够在程序中随机生成数据,需要使用 C 语言提供的 srand、rand 和 time 3 个标准库函数。

srand 函数的功能是初始化随机数发生器,函数原型在头文件 stdlib.h 中声明,其原型为:

```
void srand( unsigned int seed );
```

rand 函数的功能是随机产生一个在 0 到 RAND_MAX(0x7fff)之间的一个正整数,函数在头文件 stdlib.h 中声明,其原型如下所示:

```
int rand( void );
```

time 函数的功能是获取系统时间,函数原型在头文件 time.h 中声明,其原型为:

```
time_t time( time_t *timer );
```

其中,数据类型 time_t 是一个系统定义好的一个长整型数据类型,其变量用于存放从系统中取出的以秒为单位的整型数据。参数 time_t *timer 表示用 timer 数据对象保存取出的时间值,调用时用空(NULL)作为参数(即调用形式为:time(NULL))则表示只需要用其返回的长整数值而不需要保存该值。

下面通过两个示例讨论随机生成一维数组和二维数组元素值的问题。

[**例 4.18**] 随机生成 20 个 3 位以内的整数序列存放在数组中,然后用每行 10 个数据的形式输出所有数组元素。

```
/*Name: ex0418.cpp */
#include <stdlib.h>
#include <stdio.h>
#include <time.h>
#define N 20
int main()
{
    int i,arr[N];
    srand((unsigned) time(NULL));       //初始化随机数发生器
    for(i=0;i<N;i++)        //按要求生成随机数放入数组
        arr[i]=rand()%1000;
    for(i=0;i<N;i++)        //按要求输出所有随机产生的数组元素值
```

```
    {
        if(i%10==0)
            printf("\n");
        printf("%4d", arr[i]);
    }
    printf("\n");
    return 0;
}
```

程序一次运行结果为:

```
   6  73 796 864 999  12 881 293 634 453
 110 636 127 541 896 731 615 841 533 796
```

在上面程序中,用表达式 rand()%1000 获取 3 位以内的随机整数。在实际的程序设计实践中,可以通过下面所列的表达式形式获取所需要的各种类别随机数据:

```
100+rand()%900      //获取 3 位随机整数,通式:100+rand()%(1000-100)
'A'+rand()%26      //获取随机的大写英语字母
'a'+rand()%26      //获取随机的小写英语字母
(10000+rand()%90000)*1e-2      //获取 3 位以内整数部分,2 位小数的随机实数
100+rand()%900+rand()%100*1e-2      //获取 3 位整数部分,2 位小数的随机实数
```

4.4.2 基于数组的常用排序方法

排序是计算机处理数据的一种常见重要操作,其作用是将数列中的数据按照特定顺序,如升序或降序重新排列组织。排序分为内部排序和外部排序。在进行内部排序时,要求被处理的数据全部进入计算机系统的内(主)存储器,整个排序过程都在计算机系统的内存储器中完成。针对不同的实际应用,数据排序方法有很多种。本节介绍两种常用排序方法的基本思想和实现方法,帮助读者初步理解排序方法的计算机解决思路。

1)冒泡排序(Bubble sorting)

冒泡排序算法的基本思想是两两比较待排序数据序列中的相邻数据,根据比较结果来对换这两个数据在序列中的位置。其算法基本概念可描述如下:

①从待排序列中第一个位置开始,依次比较相邻两个位置上的数据。若是逆序则交换位置。一趟扫描后,最大(或最小)的数据被交换到了最后,这个过程称为一趟排序。

②不考虑已排好序的数据,将剩下的数据作为待排序列。

③重复①、②两步直到排序完成,n 个数据的排序过程最多进行 $n-1$ 趟。

[例 4.19] 编程序实现冒泡排序算法,对随机生成的 10 个三位整数按升序进行排序并输出。

```
/* Name: ex0419.cpp */
#include <stdlib.h>
#include <stdio.h>
```

```
#include <time.h>
#define N 10
void bubble(int a[],int n);      //声明冒泡排序函数
int main()
{
    int i,a[N];
    srand((unsigned) time(NULL));
    printf("数据排序前...\n");
    for(i=0;i<N;i++)      //随机产生并输出未排序数组元素
        printf("%4d", a[i]=100+rand()%900);
    bubble(a,N);      //调用冒泡排序函数
    printf("\n数据排序后...\n");
    for(i=0; i<N; i++)      //输出排序后的所有数组元素值
        printf("%4d", a[i]);
    printf("\n");
    return 0;
}
void bubble(int a[],int n)      //定义冒泡排序函数
{
    int i,j,t;
    for(i=0;i<n-1;i++)
        for(j=1;j<n-i;j++)
            if(a[j]<a[j-1])
            {
                t=a[j];
                a[j]=a[j-1];
                a[j-1]=t;
            }
}
```

程序的一次执行结果为:

```
数据排序前...
169 999 306 717 383 243 702 652 249 612
数据排序后...
169 243 249 306 383 612 652 702 717 999
```

2)选择排序(Select sorting)

选择排序算法的基本思想是对于待排的 N 个数据,在其中寻找最大(或最小)的数值,并将其移动到最前面作为其第一个数据;在剩下的 $N-1$ 个数据中用相同的方法寻找最大

(或最小)的数值,并将其作为第二个数据;以此类推,直到将整个待排数据集合处理完为止(只剩下一个待处理数据)。选择排序的基本方法是:

①在所有的数据中选取最大(或最小)的一个,并将其与第一个数据交换位置。

②将上次操作完成后剩下的数据构成一个新数据集合。

③在新数据集的所有数据中选取最大(或最小)的一个,并将其与新数据集中第一个数据交换位置。

④如果还有待处理数据,转到步骤②。

[**例 4.20**] 编程序实现选择排序算法。随机生成长度为 50 的英语字母字符串,将字符串中数据按升序进行排序并输出。

```
/ * Name: ex0420.cpp * /
#include <stdlib.h>
#include <stdio.h>
#include <time.h>
#include <string.h>
#define N 51
void selectsort(char s[ ]);      //声明选择法排序函数
int main( )
{
    int i,select;
    char str[N];
    srand((unsigned) time(NULL));
    for(i=0;i<N;i++)      //随机产生字符串
    {
        select=rand( )%100;     //获取生成大小写字母判断因子
        if(select%2)      //select 是奇数则随机产生大写英语字母
            str[i]='A'+rand( )%26;
        else
            str[i]='a'+rand( )%26;
    }
    str[i]='\0';
    printf("数据排序前:");
    puts(str);     //输出未排序字符串
    selectsort(str);  //调用选择法排序函数
    printf("数据排序后:");
    puts(str);            //输出排序后的字符串
    return 0;
}
void selectsort(char s[ ])      //定义选择法排序函数
```

```
{
    int i,j,k,t,len;
    len=strlen(s);
    for(i=0;i<len-1;i++)
    {
        k=i;
        for(j=i+1;j<len;j++)
            if(s[j]<s[k])
                k=j;
        if(k!=i)
            t=s[i],s[i]=s[k],s[k]=t;
    }
}
```

程序的一次运行结果为:

数据排序前:jDwnuxpVULEUYrgcDjUSEqCavvWfGtdeCoDSZKkSiHpZoIdrmpS

数据排序后:CCDDDEEGHIKLSSSSUUUVWYZZacddefgijjkmnoopppqrrtuvvwx

4.4.3 基于数组的常用查找方法

查找也称为检索,是在一个数据集合中找出符合某种条件的数据。查找的结果有两种:在数据集合中找到了与给定条件相符合的数据,称为成功的查找,根据需要可以处理所查找的数据信息或给出数据的位置信息。若在表中找不到与给定条件相符合的数据,则称为不成功的查找,此时,给出提示信息或空位置信息。本节介绍两种最常用的查找方法:顺序查找和折半查找。

1)顺序查找(Linear search)

顺序查找又称为线性查找。其基本过程是:从待查集合中的第一个数据开始,将给定的关键字值与查找集合中每一个数据逐个进行比较。如果找到相符合的数据,查找成功;如果在数据集合中找不到与关键字相符合的数据,则查找失败。顺序查找方法适用于被查找集合无序的场合。

［**例 4.21**］ 编程序实现顺序查找算法,在随机生成的 50 个整数中查找指定值,要求程序能够显示出查找是否成功的信息。

```
/* Name: ex0421.cpp */
#include <stdio.h>
#include <stdlib.h>
#include <time.h>
#define N   50
int linearsearch(int a[],int n,int key);      //声明顺序查找函数
void ptarray(int v[],int n);
```

```
int main()
{
    int i,key,a[N],loc;
    srand((unsigned) time(NULL));
    for(i=0;i<N;i++)      //随机产生被查找的数据集合
        a[i]=100+rand()%900;
    printf("被查找数据集合如下... \n");
    ptarray(a,N);
    printf("请输入被查找的值: ");
    scanf("%d",&key);
    loc=linearsearch(a,N,key);      //调用函数在a中查找key
    if(loc>=0)
        printf("查找成功! 值%4d在集合中序号是:%d\n",key,loc);
    else
        printf("查找不成功! 值%d不在数据集合中\n",key);
    return 0;
}
int linearsearch(int a[],int n,int key)        //线性查找函数定义
{
    int i;
    for(i=0;i<n;i++)      //在数据集合中寻找与key相同的第一个数
        if(a[i]==key)      //如果找到则返回key在数据集合的位序
            return i;
    return -1;      //如果没找到返回-1无效值
}
void ptarray(int v[],int n)
{
    int i;
    for(i=0;i<n;i++)
        printf("%4d",v[i]);
    printf("\n");
}
```

2)折半查找(Binary search)

折半查找法又称为二分查找法。该算法要求在一个对查找关键字而言有序的数据序列上进行,其基本思想是:逐步缩小查找目标可能存在的范围。具体描述如下:

①以查找集合中间位置的数据作为基准将查找集合划分为两个子集。

②基准位置数据值与查找的关键字值相符合时,返回基准数据的位置,算法结束。

③基准位置数据值与查找的关键字值不相符时，在两个子集合中选取一个，重复执行步骤①、②，直到被处理的查找集合中没有数据为止。

在一有序序列中实现对 key=21 进行折半查找的过程如图 4.13 所示。

```
       1 2 3 4 5 6 7 8 9 10 11 12 13 14 15 16 17 18 19 20 21 22 23
1次                             ↑<key
2次                                               ↑<key
3次                                                      ↑=key
```

图 4.13　折半查找算法示意图

［**例 4.22**］　编程序实现折半查找算法，在随机生成的 50 个整数中查找指定值，要求程序能够显示出查找是否成功的信息。

```
/ * Name: ex0422.cpp * /
#include <stdlib.h>
#include <stdio.h>
#include <time.h>
#define N 50
int Binarysearch(int v[],int n,int key);       //声明折半查找函数
void selectsort(int v[],int n);                //声明选择排序函数
void ptarray(int v[],int n);
int main()
{
    int i,a[N],key,flag;
    srand((unsigned) time(NULL));
    for(i=0;i<N;i++)
        a[i]=100+rand()%900;
    printf("下面是未排序的数据集合...\n");
    ptarray(a,N);
    printf("请输入被查找的关键值:");
    scanf("%d",&key);
    selectsort(a,N);      //调用排序函数对数据集合 a 排序
    printf("下面是已排序的数据集合...\n");
    ptarray(a,N);
    flag=Binarysearch(a,N,key);      //调用折半查找函数
    if(flag>=0)
        printf("查找成功! 值%4d 在已排序数据集合中的序号是:%d\n",key,flag);
    else
        printf("查找不成功! 数据集合中不存在被查找数据! \n");
    return 0;
```

```
}
int Binarysearch(int v[ ],int n,int key)      //定义折半查找函数
{
    int low=0,high=n-1,middle;
    while(low<=high)
    {
        middle=(low+high)/2;
        if(key==v[middle])
            return middle;
        else if(key> v[middle])
            low=middle+1;
        else
            high=middle-1;
    }
    return -1;
}
void selectsort(int v[ ],int n)
{
    int i,j,k,t;
    for(i=0; i<n-1; i++)      //本循环实现选择排序算法
    {
        k=i;
        for(j=i+1;j<n;j++)      //在剩余的待排序数据中寻找最小数的位置
            if(v[j]<v[k])
                k=j;
        if(k! =i)      //将找到的最小数交换到指定的位置
            t=v[i],v[i]=v[k],v[k]=t;
    }
}
void ptarray(int v[ ],int n)
{
    int i;
    for(i=0;i<n;i++)
        printf("%4d",v[i]);
    printf("\n");
}
```

习题 4

一、单项选择题

1.以下对数组的初始化方法中,正确的是(   )。

A.int x[5]={0,1,2,3,4,5};　　B.int x[]={0,1,2,3,4,5};

C.int x[5]={5*A};　　D.int x[]=(0,1,2,3,4,5);

2.设有 C 语句:int x[3][3]={9,8,7};,则数组元素 x[0][1]和 x[2][2]的值是(   )。

A.9 和 7　　B.8 和 0　　C.7 和 0　　D.8 和 随机数

3.设有下面的程序段,则该程序段的输出结果是(   )。

```
int arr[]={6,7,8,9,10},x=4;
arr[x-2]+=2;
printf ("%d,%d\n",arr[x]-6,arr[x-2]);
```

A.4,6　　B.4,8　　C.4,10　　D.8,6

4.下面程序段执行后的输出结果是(   )。

```
char a[2][10]={"1234","5432"};
int i,j,s=0;
for (i=0;i < 2;i++ )
    for (j=0;a[i][j]>'0' && a[i][j]<='9';j+=2)
        s=10*s+a[i][j]-'0';
printf("%d\n",s);
```

A.1234　　B.3531　　C.5432　　D.1353

5.设有下面的程序段,则数值为 4 的表达式是(   )。

```
int a[12]={1,2,3,4,5,6,7,8,9,10,11,12};
char c='a',d,g;
```

A.a[g-c]　　B.a[4]　　C.a['d'-'c']　　D.a['d'-c]

6.设有 C 语句:char arr[5][5];,那么数组元素 arr[4][3]存放的起始位置距该数组首元素起始地址的字节数是(   )。

A.23　　B.24　　C.44　　D.46

7.下列不能正确为字符数组输入数据的是(   )。

A.char s[100]; scanf("%s",&s);　　B.char s[100]; scanf("%s",s);

C.char s[100]; scanf("%s",&s[0]);　　D.char s[100]; gets(s);

8.下面程序段执行后的输出结果是(   )。

```
char sp[100]="\t\v\\\0will\n";
printf("%d",strlen(sp));
```

A.14　　B.3　　C.9　　D.10

9.若有以下说明语句,使用strcpy函数进行无效操作的是(　　)。

char str1[ ]="good",str2[10],str3[10]="how";

A.strcpy(str2,str1)　　B.strcpy(str3,str2)

C.strcpy(str2,&str1[2])　　D.strcpy(str3,str1)

10.下面程序段执行后的输出结果是(　　)。

```
char b[30],a[ ]="HelloGood" ;
strcpy (b,"VeryVery");
strcpy(&b[4],"will");
strcat (b,&a[5]);
puts(b);
```

A.VeryVery　　B.VeryVerywillGood

C.Good　　D.VerywillGood

二、填空题

1.设有C语句:int x[10];,那么数组x的最大下标为__(1)__、最小下标为__(2)__、数组元素的个数是__(3)__、数组名是__(4)__。

2.字符串的结束标志符是__(5)__,"a"是一个__(6)__,'a'是一个__(7)__。

3.下面程序的功能是:从键盘上输入若干个学生的成绩,统计计算出平均成绩,并输出低于平均分的学生成绩,输入负数结束程序执行;请填空完成程序。

```
#include <stdio.h>
int main()
{
    double x[1000],sum=0.0,a;
    int n=0,i;
    printf("Enter mark:\n");
    scanf("%lf",&a);
    while(a>=0.0&& n<1000)
    {
        sum=__(8)__;
        x[n]=a;
        n++;
        scanf("%lf",&a);
    }
    for(i=0;i<n;i++)
        if( x[i]<__(9)__)
            printf("%lf\t",x[i]);
    return 0;
}
```

三、阅读程序题

1.写出下列程序运行的结果。

```
#include <stdio.h>
int main( )
{
    int a[ ]={1,2,3,4,5,6,7,8,9,10}, s=0, i;
    for(i=0; i<10; i++)
        if(a[i]%2 )
            s=s+a[i];
    printf("s=%d\n",s);
    return 0;
}
```

2.写出下列程序运行的结果。

```
#include <stdio.h>
#include <string.h>
int fun(char s1[ ],int n)
{
    static k=3;
    s1[n]+=k++;
    return k;
}
int main( )
{
    int p,x;
    char ss[10]="ABCD";
    strcat(ss,"abc");
    x=0;
    for(p=0;p<3;p++)
        x=fun(ss,x);
    printf("%s\n",ss);
    return 0;
}
```

3.写出下列程序运行的结果。

```
#include <stdio.h>
#include <string.h>
#define N 4
int main( )
```

```
{
    char p[N][20]={"aaaa","54321","123456","xyzt"};
    int n,k;
    for(n=1,k=0;n<N;n++)
        if(strcmp(p[n],p[k])<0)
            k=n;
    puts(p[k]);
    return 0;
}
```

4.写出下列程序运行的结果。

```
#include <stdio.h>
char str[]="SSSWILTCH2\2\223WALL";
int main()
{
    char c;
    int k;
    for(k=2;(c=str[k])!='\0';k++)
    {
        switch(c)
        {
        case 'A':  putchar('a');
                   continue;
        case '2':  break;
        case  2 :  while((c=str[k++])!='\2'&&c!='\0');
        case 'T':  putchar('*');
        case 'L':  continue;
        default:putchar(c);
                continue;
        }
        putchar('#');
    }
    printf("\n");
    return 0;
}
```

5.写出下列程序运行的结果。

```
#include <stdio.h>
#define N 10
int main()
```

```
{
    int yh[N][N]={{1},{1,1}},i,j;
    for(i=2;i<N;i++)
    {
        yh[i][0]=yh[i][i]=1;
        for(j=1;j<i;j++)
            yh[i][j]=yh[i-1][j]+yh[i-1][j-1];
    }
    for(i=0;i<N;i++)
    {
        for(j=0;j<=i;j++)
            printf("%4d",yh[i][j]);
        printf("\n");
    }
    return 0;
}
```

四、程序设计题

1.编程序实现简易猜奖功能:定义长度为10的整型数组,通过随机函数产生10个2位随机数存入该数组。程序运行过程中,通过键盘输入一个整数,如该数在数组内,则打印出该数及其所在的数组下标(有几个打几个);最后将这10个随机数输出到屏幕上。

2.编程序实现功能:定义一个长度为100的整型数组,按升序的方式初始化部分数据,例如 int a[100]={23,45,60,67,88}。程序运行时,反复输入一个正整数,在数组中查找是否有这个数,如有,则将该数从数组中删除并保持数组有序;如没有,则将该数插入到数组并保持数组有序;当数组中的数据达到100个时提出警告,不再添加新数;输入负数结束程序运行。

3.函数的原型是:int mychcount(char s[],char ch);,其功能是统计某个字符 ch 在一个字符串 s 中出现的次数。请编制函数 mychcount,并用相应的主函数进行测试。

4.函数的原型是:void Myitoa(int n,char p[]);,其功能是将一个整数 n 转换成对应的字符串存放在 p 数组中。例如,整数123转换成字符串"123"。请编制函数 Myitoa,并用相应的主函数进行测试。

5.设计递归函数实现功能:将字符串中字符按逆序存放;编写相应的主函数进行测试。

6.编程序求解 Josephus 问题:设有 n 个数(比如:$n=26$)构成一个环链,现从第 s 个数开始数数,数到 m 个数的那个数被弹出;然后从该数的下一个数重新开始数数,数到 m 个数的那个数又被弹出;如此重复,直到所有的数均被弹出为止。输出这些数弹出的序列。

7.一个学习小组有5个人,每个人有三门课的考试成绩。求全组分科的平均成绩和各科总平均成绩。

姓名	课程 Math	C	DBASE
张	80	75	92
王	61	65	71
李	59	63	70
赵	85	87	90
周	76	77	85

提示:可设一个二维数组 a[5][3]存放 5 个人 3 门课的成绩。再设一个一维数组 v[3]存放所求得各分科平均成绩,设变量 ave 为全组各科总平均成绩。

8.已知 R1,R2,…,R10,试编制一个形成 10 阶对称矩阵的程序。(设 R1 到 R10 的值分别是 1 至 10)。对称矩阵的定义:

R1 R2 R3 … R10
R2 R1 R2 … R9
R3 R2 R1 … R8
… …
R10 R9 R8 … R1

9.函数原型是:int IsPalindrome(int x);,其功能是判定输入的正整数是否为“回文数”,所谓“回文数”是指正读反读都相同的数,如:123454321。请编制函数 IsPalindrome,并用相应的主函数进行测试。

10.函数原型是:int myfindsubstring(char s1[],char s2[]);,其功能是统计字符串 s1 中子串 s2 的个数,统计时不区分字母的大小写。例如,字符串"abc234xAbck8798ABC1234"中存在子串"abc"3 个,它们是"abc"、"Abc"和"ABC"。请编制函数 myfindsubstring,并用相应的主函数进行测试。

第5章

C 程序文件处理基础

文件是指存放在外部存储设备上的一组信息，它是程序设计中处理的重要数据对象之一。文件处理是程序实现从外部存储设备输入数据或将程序处理的结果输出到外部存储设备的基本技术，本章主要讨论缓冲文件系统中常用的文件数据处理方法。

5.1 文件处理的基本概念

5.1.1 C 语言的文件数据类型

1) 文件概念和作用

文件以二进制代码形式存在，可能是一组数据、一个程序，一张照片、一段声音等。在计算机应用中，文件概念具有更广泛的意义，它甚至包含所有的计算机外部设备，这样的文件称为“设备文件”。对于结构化程序设计语言而言，文件是其处理的最重要的外部数据。通过在程序设计中使用文件可以达到以下两个目的：

①将数据永久地保存在计算机外部存储介质上，使之成为可以共享的信息，即通过文件系统与其他信息处理系统联系；

②可以进行大量原始数据的输入和保存，以适应计算机系统在各方面的应用。

2) 文件的分类

在程序设计语言中，文件按照不同的分类原则可以有不同的分类方法，主要有以下几种文件的分类方法：

①按文件的结构形式分类，可以分为文本文件和二进制文件。

文本文件是全部由字符组成的文件，即文件的每个元素都是字符或换行符。即使是整数或者实数，在文本文件中也是按其对应的字符存放的。由于文件每个元素都是用 ASCII 码字符来表示的，所以文本文件又称为 ASCII 码文件。例如 1234567 作为整型常量看待时仅需 4 个字节即可表示，但存放到文本文件中去时，由于一个 ASCII 码字符占用一个字节的存储空间，那么就需占用 7 个字节空间来存放。文本文件的特点是存储效率较低，但便于程序中对数据的逐字节(字符)处理。

二进制文件是把数据按其在内存中的存储形式原样存放到计算机外部存储设备中,这类文件可以节省计算机外存空间。例如在32位系统中,存放整数1234567时,按文本方式需要7个字节,按二进制方式仅需4个字节。二进制文件的特点是存储效率较高,但不便于程序中直观地进行数据处理。

②按文件的读写方式分类,可以分为顺序存取文件和随机存取文件。

文件的顺序存取是指:读/写文件数据只能从第一个数据位置开始,依次处理所有数据直至文件中数据处理完成。

文件的随机存取是指:可以直接对文件的某一元素进行访问(读或者写)。C程序中随机访问文件包括寻找读写位置和读写数据两个步骤,C编译系统中都提供了实现随机读取文件中任意数据元素所需要的函数。

③按文件存储的外部设备分类可以分为磁盘文件和设备文件。

磁盘文件的作用是既可以将程序运行过程中产生的数据信息输出到磁盘上保存,也可以从磁盘中将数据读取到程序中(内存中)进行处理。

程序设计中,将所有计算机系统外部设备也作为文件对待,这样的文件称为设备文件。C中常用的标准设备文件有:

KYBD:(键盘)

SCRN:(显示器)

PRN或LPT1:(打印机)

还有3个特殊设备文件,它们由系统分配和控制,进入系统时自动打开,退出系统时自动关闭,不需要程序设计人员控制。这三个标准设备文件是:

stdin:(标准输入文件)　　由系统指定为键盘

stdout:(标准输出文件)　　由系统指定为显示器

stderr:(标准错误输出文件)　　由系统指定为显示器

C语言中,将磁盘文件和设备文件都作为相同的逻辑文件对待,对这些文件的操作(输入和输出等)都采用相同方法进行。这种逻辑上的统一为C程序设计提供了极大的便利,从而使得C标准函数库中的输入输出函数既可以用来处理通常的磁盘文件,又可以用来对计算机系统的外部设备进行控制。

④按系统对文件的处理方法分类,可以分为缓冲文件系统和非缓冲文件系统。

缓冲文件系统是指系统自动地在内存中为每一个正在使用的文件开辟一个缓冲区。从内存向磁盘输出数据必须先送到内存中的缓冲区,待缓冲区装满后才将整个缓冲区的数据一起送到磁盘文件中保存。如果从磁盘文件向系统内存读入数据,则从磁盘文件中一次读入一批数据到系统缓冲区,然后再从数据缓冲区中将数据送到对应程序的变量数据存储区。

非缓冲文件系统是指不由系统开辟文件缓冲区,而是由程序员为用到的每个文件设置数据缓冲区,并自行对文件缓冲区进行管理。

1983年,ANSI C标准决定放弃采用非缓冲文件系统而只使用缓冲文件系统,无论是文本文件还是二进制文件都使用缓冲文件系统进行处理。

3）文件数据类型和文件类型指针变量

在缓冲文件系统中，对文件的处理都是通过在内存中开辟一个缓冲区来存取文件的相关信息，比如说文件的名字、文件的状态、文件读写指针的当前位置等，这些关于文件处理的信息在整个文件处理的过程中必须妥善保存。C语言中，用一个系统已经构造好的文件类型（FILE）变量来保存这些信息。

C程序在处理文件时，对任何一个正在处理的文件都会自动定义一个FILE类型的变量，将对文件的各种描述信息和控制信息存放在该变量中，程序中对这个FILE类型变量的操作需要通过指向它的指针来进行。文件处理的程序中，需要定义一个FILE数据类型的指针变量（称为文件指针）。当建立或者打开文件时，系统就自动建立一个FILE类型变量并将文件的有关信息存放到该变量中，然后将变量的地址赋给文件类型（FILE类型）指针变量，使得文件指针与被打开文件建立起关联。文件指针和特定文件的关联建立起来后，此后的代码中既可通过文件指针对该文件中的数据进行各种各样的操作。在应用程序中如果需要同时处理若干个文件，则需要定义若干个文件类型指针。定义文件类型指针变量的方法与定义其他类型变量的方法类似，其一般形式如下：

```
FILE *fpt, *fp;
```

5.1.2 文件的打开/创建和关闭方法

C程序中，处理文件数据的过程可以分为3个主要步骤：打开（或者建立）要处理的文件、按某种方式处理文件、关闭文件。

1）打开文件

打开文件的目的是建立被处理文件与文件类型（FILE）指针变量的关联，C程序中使用标准库函数fopen来实现打开（或建立）文件的操作。fopen函数的原型如下所示：

```
FILE *fopen(const char *filename, const char *mode);
```

fopen函数的功能是：按照指定的文件操作模式（操作方式）打开（或创建）指定的文件，打开（或创建）成功时返回与文件相对应的FILE类型变量的指针，否则返回空（NULL）。

其中，filename是将要处理文件的名字，可以使用变量形式（字符数组名，有确定指向的字符指针变量）或者字符串常量；mode为文件模式，用以规定文件可以操作的方式，其意义如表5.1所示。

表5.1 文件模式及意义

r	以只读方式打开一个已有的文本文件
w	以只写方式打开一个文本文件。若指定文件不存在，则先建立一个新文件
a	以添加（写）方式打开一个文本文件，将文件读写位置指针移到文件末尾，在文件末尾进行添加。若指定文件不存在，则先建立一个新文件再进行添加
rb	以只读方式打开一个二进制文件

续表

wb	以只写方式打开一个二进制文件。若指定文件不存在,则先建立一个新文件
ab	以添加方式打开一个二进制文件,将文件读写位置指针移到文件末尾,在文件末尾进行添加。若指定文件不存在,则先建立一个新文件再进行添加
r+	以读写方式打开一个已有的文本文件
w+	以读写方式打开一个文本文件。若指定文件不存在,则先建立一个新文件
a+	以读写方式打开一个文本文件,将文件读写位置指针移到文件末尾,在文件末尾进行添加。若指定文件不存在,则先建立一个新文件再进行添加
rb+	以读写方式打开一个已有的二进制文件
wb+	以读写方式打开一个二进制文件。若指定文件不存在,则先建立一个新文件
ab+	以读写方式打开一个二进制文件,将文件读写位置指针移到文件末尾,在文件末尾进行添加。若指定文件不存在,则先建立一个新文件再进行添加

打开或建立指定文件成功时,fopen 函数将返回一个文件类型变量的地址,该地址应赋值给 FILE 类型指针变量;若打开或建立文件失败,fopen 函数返回一个空指针值(NULL)。为了在程序设计中正确地了解文件是否打开的状态,一般使用如下两种之一的 C 代码形式去打开或建立文件:

```
//文件打开代码形式 1
FILE *fpt;                              //定义一个指向文件类型的指针变量 fpt
fpt=fopen(file_name,file_mode)          //fopen 返回值赋值给指针变量 fpt
if(fpt==NULL)                           //fpt 值为 NULL 表示文件打开/创建不成功
{
    printf("Can't open/create this file! \n");
    return 1;                           //void 类型函数中,可以使用 return;语句
}
//文件打开代码形式 2
FILE *fpt;
if((fpt=fopen(file_name,file_mode))==NULL)
{
    printf("Can't open/create this file! \n");
    return 1;                           //void 类型函数中,可以使用 return;语句
}
```

2)文件的关闭

打开(或创建)一个文件就在内存中分配一段区域作为文件缓冲区,文件在使用过程中将一直占据着缓冲区内存空间,文件使用完后应及时地关闭文件以释放文件所占用的存储区域。C 程序使用标准库函数 fclose 实现文件的关闭。fclose 函数的原型为:

```
int fclose( FILE *stream );
```

该函数的功能是:将与指定文件指针 stream 相关联的文件关闭。系统在关闭文件时首先将对应文件缓冲区中还没有处理完的数据写回相对应的文件,然后将处理文件使用的所有资源归还系统。fclose 函数若正常关闭了文件,返回值为 0,否则返回 EOF(-1)。

例如,若已使用文件类型指针变量 fpt 打开了一个指定文件,则可以使用下面的函数调用语句关闭该文件:

```
fclose(fpt);
```

5.1.3 文件内部读写位置指针和文件尾的检测方法

1)文件内部读写位置指针

记录是文件内部的组织单位,不同类型文件之间的记录大小也不尽相同。例如文本文件的记录是一个字节,而 32 位系统的二进制整型数据文件的记录则是 4 个字节。当打开(或创建)一个文件时,系统自动为打开的文件建立一个文件内部读写位置指针(也称为文件内部记录指针)。该指针在对文件的读写过程中用于指示文件的当前读写位置,每次对文件进行了读或写之后,文件位置指针自动更新指向下一个新的读写位置。

在程序设计中,需要区别文件指针和文件内部读写位置指针两个不同的操作对象。文件指针(FILE 类型)用于关联程序中被操作文件,在程序中必须进行定义。打开一个文件并与文件指针关联后,只要不重新赋值,文件指针的值是不变的。文件内部读写位置指针用以指示文件内部的当前读写位置,每读写一次,根据读写记录的个数,该指针均自动向后移动与读写方式相适应的距离。文件内部记录指针不需在程序中定义说明,由系统在创建或者打开文件时自动设置。

2)文件尾的检测

文件处理程序中,需要判断所处理的文件是否处理完成,即文件的读写位置指针是否已经移动到了文件尾标志处。

对于文本文件,由于任何一个字符的 ASCII 值均不可能是-1,所以用-1 表示文本文件的文件尾标志,系统中用符号常量 EOF 来表示。除了可以表示文本文件的结尾外,EOF 还常常用于判断键盘上的输入字符流是否结束。

在二进制文件中,因为数据中有可能出现-1,所以使用 EOF 符号常量并不能正确地表示出二进制文件的结尾。C 标准函数库中提供了一个用于测试文件状态的函数 feof,以判断文件内部读写指针位置是否到了文件尾标志处(即文件数据处理是否结束),它既适用于文本文件又适用于二进制文件。feof 函数的原型为:

```
int feof( FILE *stream );
```

feof 函数的功能是:测试由 stream 所对应文件的内部读写位置指针是否移动到了文件结尾。读写位置指针未到文件尾时,函数返回 0 值;读写位置指针到达文件尾时,函数返回非 0 值。

例如,有文件指针变量 ftp 已经正确地关联了被处理文件,则程序中常用 feof(ftp)函数调用的结果(0 或非 0)作为判断文件数据处理是否完成的条件。

需要特别指出的是,无论是文件操作模式的选取还是文件尾的判断,凡是能够处理二进制文件的选择都可以处理文本文件。所以,当文件处理问题中没有明显指定是文本文件处理时,都可以考虑使用二进制文件方式进行处理。

5.2 文件数据的读写方法

程序中进行文件处理的主要操作有两个:一是将文件中的数据读入到程序中进行处理;二是将程序处理的结果数据写入到文件中去。C 标准库中提供了一系列关于文件数据读写的函数,下面讨论最常用的单个字符数据读写、字符串数据读写、格式化数据读写以及数据块读写标准库函数使用方法和简单应用。

5.2.1 单个字符数据的读写

C 程序中,可以通过标准库函数 fgetc 和 fputc 实现在文件中单个字符(字节)数据的读写。这两个函数的原型分别为:

```
int fgetc(FILE *stream);
int fputc(int c, FILE *stream);
```

函数 fgetc 的功能是从与文件指针 stream 相关联的文件中读取一个字符(字节)数据,文件中的读取位置由文件的内部读写位置指针指定。fgetc 函数执行成功时返回其读取的字符,当执行 fgetc 函数遇到文件结束符或者在执行中出错时返回 EOF(-1)。

函数 fputc 的功能是将用变量 c 表示的字符数据写到与文件指针 stream 相关联的文件中去,写入位置由文件的读写位置指针指定。fputc 函数执行成功时返回被输出的字符值,当函数执行发生错误时则返回 EOF(-1)。

[**例** 5.1] 将从键盘上输入的若干字符数据写入文本文件 mydata.txt。(提示:需要结束键盘输入时,输入 ctrl+z(EOF)后按回车键。)

```
/* Name: ex0501.cpp */
#include <stdio.h>
int main()
{
    FILE  *fp;
    char  ch;
    fp=fopen("mydata.txt","w");
    if(fp==NULL)
    {
        printf("Can't create file mydata.txt! \n");
        return -1;
    }
    printf("请输入字符串,用 Ctrl+Z<CR>结束输入:\n");
    while((ch=getchar())!=EOF)      //从键盘上输入字符写入文件 mydata.txt
```

```
        fputc(ch,fp);
    fclose(fp);
    return 0;
}
```

上面程序运行时,首先建立/打开了名为 mydata.txt 的文本文件(注意到文件模式用的是“w”,所以当指定的文件不存在时会创建一个新文件。如指定的文件已经存在,则会将其打开,然后删除文件中原有的全部数据内容),然后将键盘上提供的字符序列依次写入文件中。

[**例** 5.2]　从文件 mydata.txt(程序 ex0501.cpp 创建)中读出所有字符数据,并在系统标准输出设备显示器上输出。

```
/ * Name: ex0502.cpp * /
#include <stdio.h>
int main()
{
    FILE  * fp;
    char  ch;
    fp=fopen("mydata.txt","r");
    if(fp==NULL)
    {
        printf("Can't open file mydata.txt! \n");
        return -1;
    }
    printf("文件中读出的数据如下:\n");
    while((ch=fgetc(fp))! =EOF)
        putchar(ch);
    fclose(fp);
    return 0;
}
```

上面程序运行时,首先打开了名为 mydata.txt 的文本文件(注意文件模式用的是“r”,所以当指定的文件不存在或指定的路径不对时,都不能正确打开文件),然后用字符(字节)的方式依次读出文件中的所有字符并在显示器上显示。

[**例** 5.3]　编制能够实现文件复制功能的程序。文件名在程序运行时从键盘提供,要求:

①文件数据复制部分使用单独的函数实现。

②程序既能实现文本文件的复制,又能够实现二进制文件的复制。

```
/ * Name: ex0503.cpp * /
#include <stdio.h>
void filecopy(FILE  * fin,FILE  * fout);      //文件复制函数的声明
```

```
int main()
{
    FILE *in, *out;
    char sfn[50],tfn[50];     //两个字符数组用于存放被处理的文件名(字符串)
    printf("请输入源文件名:");
    gets(sfn);
    printf("请输入目标文件名:");
    gets(tfn);
    if((in=fopen(sfn,"rb"))==NULL)     //注意用变量方式表示的文件名
    {
        printf("Cannot open file %s.\n",sfn);
        return -1;
    }
    if((out=fopen(tfn,"wb"))==NULL)
    {
        printf("Cannot open file %s.\n",tfn);
        return -1;
    }
    filecopy(in,out);
    fclose(in);
    fclose(out);
    return 0;
}
void filecopy(FILE *fin,FILE *fout)     //文件复制函数的定义
{
    char ch;
    while(1)
    {
        ch=fgetc(fin);
        if(! feof(fin))
            fputc(ch,fout);
        else
            break;
    }
}
```

上面程序运行时,首先使用两个字符数组接收键盘上提供的文件名,然后使用它们打开两个被操作的文件(注意打开文件时用变量形式表示的文件名),再调用函数 filecopy 实现文件复制工作。具体实现复制功能时,调用函数 fgetc(in)从源文件读出一个字节的数据

到变量 ch 中,然后调用函数 feof(in)判断读出的是文件中的有效数据还是文件结尾符,如果是有效数据则调用函数 fputc(ch,out)将 ch 中的内容写入目标文件,然后再读出下一个文件数据;如果读出的不是有效数据(此时 feof(in)调用的值为非 0),则表示已经读到了文件尾,通过 break 语句退出循环,结束复制过程。返回主函数后关闭两个文件,当关闭目标文件(写的文件)时,系统会在文件数据末尾为文件做一个结尾符号。

函数 filecopy 中实现文件内容复制部分的代码段切忌写成下面表示的形式:

```
while(! feof(in))
    fputc(fgetc(in),out);
```

使用这种表示形式,看似比较简洁,也没有语法错误,而且也可以进行文件内容的复制工作。但被复制生成的文件内容会比源文件多出一个字节来,究其原因是在这段代码的操作过程中违反了计算机程序设计中"写类"操作应该先判断是否能够写,然后再执行写操作的原则。它将源文件中的文件结尾符号写入目标文件后才判断是否遇到了源文件中的文件结束标志,在最后执行文件关闭函数调用时又写了一个文件结束标志,因而在复制生成的目标文件中会多出一个字节来。

[例 5.4] 统计文本文件中单词的个数。

```
/* Name: ex0504.cpp */
#include <stdio.h>
#include <ctype.h>
int main()
{
    FILE *fpt;
    int count=0;              /*单词计数器*/
    int compart=1;            /*单词分隔符号标志*/
    char ch,fn[50];
    printf("请输入处理的文件名:");
    gets(fn);
    if((fpt=fopen(fn,"r"))==NULL)
    {
        printf("Can't open file.\n");
        return -1;
    }
    while((ch=fgetc(fpt))!=EOF)
        if(isalpha(ch)==0)        //标准库函数 isalpha 用于判断 ch 是否是英文字母
            compart=1;            //isalpha 函数返回值为 0 时表示不是英文字母
        else if(compart)          //如果前一个字符不是英语字母则执行下面操作
        {
            compart=0;
            count++;
```

```
    }
    fclose(fpt);
    printf("%s 文件中有英语单词 %d 个。\n",fn,count);
    return 0;
}
```

上面程序中，标准库函数 isalpha 的功能是判断其参数 ch 是否为英文字母，ch 是英文字母时返回非 0 值，否则返回 0 值。程序中使用变量 compart 作为单词分隔符标志，当读到单词分隔符（非英文字母）时置 1（compart = 1），代表上一个单词的结束（或者还没进入下一个单词）；当遇到单词的首字符时统计单词数，同时将标志变量 compart 置 0 以保证每个单词只统计一次。

5.2.2 字符串数据的读写

C 程序中，可以通过标准库函数 fgets 和 fputs 对文件中的字符串数据进行读写。fgets 和 fputs 的原型如下所示：

```
char *fgets(char *s, int n, FILE *stream);
int fputs(const char *s, FILE *stream);
```

函数 fgets 的功能是从与文件指针 stream 相关联的文件中最多读取 $n-1$ 个字符，添加上字符“\0”构成字符串后存放到 s 所代表的字符串对象中去。如果在读入 $n-1$ 个字符前遇到换行符“\n”或文件结束符 EOF 时，操作也将结束，将遇到的换行符作为一个有效字符处理，然后在读入的字符串末尾自动加上一个字符串结尾符“\0”后存放到 s 所代表的字符串对象中。函数 fgets 的返回值为 s 对象的首地址，若直接读到文件结尾标志或操作出错则返回 NULL。

函数 fputs 的功能是将 s 所代表的字符串写入文件指针 stream 相关联的文件。函数 fputs 正常执行时返回写入文件中的字符个数，函数执行出错时返回值为 EOF(-1)。

［**例 5.5**］ 从键盘上读入若干行字符串并将它们存放到指定文件中，仅输入一个回车结束输入过程。

```
/* Name: ex0505.cpp */
#include <stdio.h>
#include <string.h>
#define SIZE 256
int main()
{
    FILE *fpt;
    char str[SIZE],fn[50];
    printf("请输入文件名:");
    gets(fn);
    if((fpt=fopen(fn,"w"))==NULL)
    {
```

```
        printf("Can't create file.! \n");
        return -1;
    }
    printf("请输入文件内容,直接回车结束输入\n");
    while(strlen(gets(str))>0)
    {
        fputs(str,fpt);
        fputc('\n',fpt);    //每个字符串数据后写入一个换行符以分隔写入的字符串数据
    }
    fclose(fpt);
    return 0;
}
```

由于 fputs 函数将字符串写入文件时会去掉串结尾符号“\0”,这样会使得连续输入的字符串连接在一起。为了将输入的字符串分隔开,结合 fgets 函数在读到“\n”时会结束一次函数调用的特点,在每个字符串写入文件后再用 fputc 函数在字符串后写入一个换行符“\n”,用以分隔写入的字符串数据。

［例 5.6］ 编程序实现功能:打开例 5.5 创建的数据文件,将文件中的字符串数据读出并显示在屏幕上。

```
/* Name: ex0506.cpp */
#include <stdio.h>
#define SIZE 256
int main()
{
    FILE *fpt;
    char str[SIZE],fn[50];
    printf("请输入文件名:");
    gets(fn);
    if((fpt=fopen(fn,"r"))==NULL)
    {
        printf("Can't open file.! \n");
        return -1;
    }
    while(fgets(str,SIZE,fpt)!=NULL)
        printf("%s",str);
    fclose(fpt);
    return 0;
}
```

5.2.3 格式化数据的读写

为了满足在文件操作中处理格式化数据的需求,C 标准函数库提供了 fscanf 和 fprintf 两个函数,它们的原型如下所示:

int fscanf (FILE * stream, const char * format [, address, ...]);

int fprintf (FILE * stream, const char * format [, argument, ...]);

从以上两个函数的原型可以看出,函数 fscanf 与格式化输入函数 scanf 的功能基本相同,不同的是 scanf 函数的数据来源于标准输入设备(键盘),而 fscanf 函数的数据来源于与 stream 相关联的文件;函数 fprintf 与格式化输出函数 printf 的功能基本相同,不同的是 printf 函数输出数据的目的地是标准输出设备(显示器),而 fprintf 函数输出数据的目的地是由 stream 指定的文件。

[例 5.7] 编程序实现功能:随机产生 100 个具有 3 位整数、2 位小数的双精度实数,将它们依次写入指定文件,两个数据之间用空格分隔,文件名在程序运行时从键盘提供。

```
/ * Name: ex0507.cpp * /
#include <stdio.h>
#include <stdlib.h>
#include <time.h>
int main()
{
    FILE * f;
    double x;
    int i;
    char fn[50];
    printf("请输入文件名:");
    gets(fn);
    if((f=fopen(fn,"wb"))==NULL)
    {
        printf("创建文件失败! \n");
        return -1;
    }
    srand(time(NULL));
    for(i=0;i<100;i++)
    {
        x=100+rand()%900+rand()%100 * 1e-2;
        fprintf(f,"%.2lf ",x);      //注意控制格式,写入数据用空格分隔
    }
    fclose(f);
    return 0;
}
```

程序运行时，通过 100 次循环处理，每次用表达式 100+rand( )%900+rand( )%100 * 1e-2 产生一个具有 3 位整数、2 位小数的随机实数，然后用格式化写入函数将其写入文件中。

［**例 5.8**］ 读出例 5.7 创建的文件数据中的所有数据，然后将它们降序排序后输出。

```
/ * Name：ex0508.cpp * /
#include <stdio.h>
#define N 100
void sort(double v[ ],int n);
void printarray(double v[ ],int n);
int main( )
{
    FILE * fp;
    double a[N];
    int i;
    char fn[50];
    printf("请输入文件名:");
    gets(fn);
    if((fp=fopen(fn,"rb"))==NULL)
    {
        printf("打开文件失败! \n");
        return -1;
    }
    for(i=0;i<N;i++)
        fscanf(fp,"%lf",&a[i]);
    fclose(fp);
    sort(a,N);      //调用排序函数进行排序
    printarray(a,N);      //调用输出函数进行显示
    return 0;
}
void sort(double v[ ],int n)
{
    int i,j,k;
    double t;
    for(i=0;i<n-1;i++)
    {
        k=i;
        for(j=i+1;j<n;j++)
            if(v[j]>v[k])
```

```
            k=j;
        if(k!=i)
            t=v[i],v[i]=v[k],v[k]=t;
    }
}
void printarray(double v[],int n)
{
    int i;
    for(i=0;i<n;i++)
    {
        printf("%7.2lf",v[i]);
        if((i+1)%10==0)
            printf("\n");
    }
}
```

上面的程序代码中，首先按照指定文件中数据的类型和个数定义了一个长度为100的双精度实型数组，通过循环控制将文件中的数据依次读入数组中，然后依次调用排序函数sort和输出函数printarray实现题目所要求的功能。

［例5.9］ 在文件in.txt中有两个用逗号分开的整数，请编写程序求出这两个整数之间的所有素数，并将求出的素数依次写到文件out.txt中。程序设计要求：

①使用独立的函数实现判断素数的功能；

②写入文件out.txt中的数据用空格分隔。

```
/* Name: ex0509.cpp */
#include <stdio.h>
int main()
{
    int isprime(int n);
    FILE *fp;
    int a,b,num;
    if((fp=fopen("in.txt","rb"))==NULL)
    {
        printf("Can't open file %s.\n","in.txt");
        return -1;
    }
    fscanf(fp,"%d,%d",&a,&b);      //读出in.txt中用逗号分隔的数据区间上下限值
    fclose(fp);    //输出读出后立即关闭文件
    if((fp=fopen("out.txt","wb"))==NULL)
    {
```

```
        printf("Can't create file %s.\n","out.txt");
        return -1;
    }
    for(num=a;num<=b;num++)          //判断区间[a,b]中数据,将素数写入文件
        if(isprime(num))
            fprintf(fp,"%d ",num);    //写入的两个数据之间用空格分隔
    fclose(fp);
    return 0;
}
#include <math.h>
int isprime(int n)
{
    int i,k;
    if(n<=1)
        return 0;
    else if(n==2)
        return 1;
    k=(int)sqrt(n);
    for(i=2;i<=k;i++)
        if(n%i==0)
            return 0;
    return 1;
}
```

在需要按某种格式处理文件数据的程序中,特别要注意正确书写格式控制字符串中的输入输出控制格式,请读者参照程序中注释进行分析理解。

5.2.4 数据块的读写

为了能够实现对文件中构造数据类型对象的整体读取和加快文件数据读取处理速度,标准函数库中提供了关于数据块的读写函数 fread 和 fwrite,它们的原型如下所示:

```
size_t fread(void *ptr, size_t size, size_t n, FILE *stream);
size_t fwrite(const void *ptr, size_t size, size_t n, FILE *stream);
```

函数 fread 的功能是从与文件指针 stream 相关联的文件中按指定长度读取一个数据块到内存储器的指定区域。

函数 fwrite 的功能则是将内存储器中指定区域的数据块写入与文件指针 stream 相关联的文件。

fread 和 fwrite 两个函数都有 4 个意义基本相同的参数,只不过操作方向刚好相反。4 个参数的基本意义如下:

- ptr,指定内存储器中存储区域的首地址;

• size，指定读取或写入的一个数据项的字节长度；

• n，指定一次函数操作（调用）读取或写入的数据项个数，由此可知函数每次操作数据块的字节长度为 size×n；

• stream 指与操作文件相关联的文件类型指针。

［例 5.10］ 将一个 5×10 的整型二维数组数据存入指定文件中（数组数据用随机数填充）。

```
/ * Name: ex0510.cpp * /
#include <stdlib.h>
#include <stdio.h>
#include <time.h>
#define M 5
#define N 10
int main()
{
    void mkarr(int v[],int m,int n);
    int a[M][N],i;
    FILE *f;
    char fn[50];
    printf("请输入文件名:");
    gets(fn);
    if((f=fopen(fn,"wb"))==NULL)
    {
        printf("Can't create file.\n");
        return -1;
    }
    mkarr(a[0],M,N);
    for(i=0;i<M;i++)    / * 可用 fwrite(a,sizeof(int),M*N,f);代替整个循环 * /
        fwrite(a[i],sizeof(int),N,f);
    fclose(f);
    return 0;
}
void mkarr(int v[],int m,int n)
{
    int i,j;
    srand((unsigned) time(NULL));
    for(i=0;i<m;i++)
        for(j=0;j<n;j++)
            v[i*n+j]=rand()%100;
}
```

上面程序代码中,定义了一个 5 行 10 列的二维数组,调用函数 mkarr 用两位以内的随机数填充数组元素。然后利用循环,每次将二维数组中的一行写入文件,循环 5 次将二维数组全部数据写入文件中。将数据写入文件中时,也可以考虑将二维数组一次性写入文件,写入函数的调用方法参见程序中的注释。

［例 5.11］ 编程序实现功能:将例 5.10 所创建文件中的数据读出,并将数据按 5 行 10 列的矩阵形式进行显示。

```
/ * Name: ex0511.cpp * /
#include <stdio.h>
#define M 5
#define N 10
int main( )
{
    void ptarr( int b[ ],int m,int n);
    int a[M][N],i;
    FILE *f;
    char fn[50];
    printf("请输入文件名:");
    gets(fn);
    if((f=fopen(fn,"rb"))==NULL)
    {
        printf("Can't open file.\n");
        return -1;
    }
    for(i=0;i<M;i++)    / * 可用 fread(a,sizeof(int),M * N,f);代替整个循环 * /
        fread(a[i],sizeof(int),N,f);
    fclose(f);
    ptarr(a[0],M,N);
    return 0;
}
void ptarr(int b[ ],int m,int n)
{   int i,j;
    for(i=0;i<m;i++)
    {
        for(j =0;j<n;j++)
            printf("%4d",b[i * n+j]);
        printf("\n");
    }
}
```

由于要接收从文件中读出的二维数组数据,程序中需要定义构成方式与之对应的二维数组。在具体的读取数据过程中,既可以用循环每次读出二维数组一行的方式进行,也可以将数组数据一次性地全部读出(参见程序中的注释)。

5.3 随机存取文件处理基础

5.3.1 随机存取文件处理基本概念

文件随机存取对应于文件顺序存取。在文件的顺序存取中,文件内部读写位置指针在每一次读或写操作之后都会自动向后移动与读写方式相适应的距离,将文件内部读写位置指针定位到下一次在文件中读或写的位置上。在程序设计中使用对文件的顺序存取方式可以解决许多文件处理的问题,但对于那些要求对文件内容的某部分直接操作的文件处理问题则显得效率非常低下。

文件的随机存取就是使用移动文件内部读写位置指针标准库函数,将读写位置指针移动到要处理的文件数据区指定位置,然后再通过使用文件数据读写标准库函数进行处理,从而实现修改文件部分内容的功能,提高文件数据处理效率。文件的随机存取处理分为两大步骤:第一步是按要求移动文件内部记录指针到指定的读写位置;第二步用系统提供的读写方法读写所需要的信息。

在C程序设计中,文件的随机读写是一种比较重要的技术,比如在实际应用中经常需要设计查表的程序等。C程序中实现随机读写的一般步骤如下:

①通过某种方式求得文件数据区中要读写的起始位置。

②使用标准库函数将文件的内部读写位置指针移动到所需的起始位置,常用的标准函数是fseek和rewind。

③根据所需读取的数据内容选择合适的数据读写标准库函数读出或者写入数据。

④在实现文件随机存取的处理过程中,需要时可以通过使用标准函数ftell来检测文件内部读写位置指针的当前位置。

5.3.2 随机存取文件数据的实现方法

C程序中,无论是顺序读写还是随机读写,文件数据信息的读写操作都是通过系统提供的标准库函数实现,常用的读写标准库函数在文件的顺序处理中已经作了介绍。对于文件内部读写位置指针而言,在实现文件随机读写时必须要求系统提供查询文件内部读写位置指针位置和设置文件内部读写位置指针位置的功能。程序中常用标准库函数rewind、fseek、ftell来实现这些功能,下面分别予以讨论。

1)重置文件内部记录指针

重置文件内部记录指针的作用就是将文件的内部读写位置指针从文件数据区中任意位置重新移动到文件头部(文件首标处),程序中使用C标准库函数rewind可以完成此功能。标准库函数 rewind 的原型如下：

void rewind(FILE *stream);

该函数的功能是：将由 stream 所关联文件的文件内部读写位置指针从文件数据区的任何位置重新拨回到文件开头。

［例 5.12］ 编程序实现功能：将一个指定文件复制若干个备份。

```
/* Name: ex0512.cpp */
#include <stdio.h>
#include <stdlib.h>
#include <conio.h>
int yesno(char *s);
int main()
{
    FILE *in, *out;
    char ch,sfn[50],tfn[50];
    printf("请输入源文件名:");
    gets(sfn);
    if((in=fopen(sfn,"rb"))==NULL)
    {
        printf("打开文件失败! \n");
        return -1;
    }
    while(yesno("复制到目标文件"))
    {
        puts("请输入目标文件名:");
        gets(tfn);
        rewind(in);
        if((out=fopen(tfn,"wb"))==NULL)
        {
            printf("创建目标文件失败! \n");
            return -1;
        }
        while(1)
        {
            ch=fgetc(in);
            if(! feof(in))
                fputc(ch,out);
            else
```

```
                break;
            }
            fclose(out);
        }
        fclose(in);
        return 0;
}
int yesno(char *s)
{
        char c;
        while(1)
        {
            printf("%s(y/n)?\n",s);
            c=toupper(getch());
            switch(c)
            {
                case 'Y':return 1;
                case 'N':return 0;
                default:break;
            }
        }
}
```

程序中 yesno 函数的功能是：首先显示传递到函数中的字符串“复制到目标文件”并构成疑问句形式，然后接受使用者从键盘上提供的选择（输入选择时仅需输入一个字符，不需要回车），当输入的字符是“y”或“Y”时，返回值 1 使得文件的复制工作可以进行一次；当输入的字符是“n”或“N”时，返回值 0 使得复制工作终止；输入其他字符时重新提示，强制用户只能输入“y/Y”“n/N”两类选择之一。

2）设置文件内部读写位置指针

设置文件内部读写位置指针的作用是将文件内部读写位置指针从某一个起始位置移动（设置）到另外一个指定的位置，使用 C 标准库函数 fseek 可以完成此功能。原型如下：

```
int fseek( FILE *stream, long offset, int origin );
```

标准库函数 fseek 的参数意义是：

- stream，用以指定被设置内部读写位置指针的文件。
- offset，是一个长整型量，表示文件内部读写位置指针需移动的字节位移量。
- origin，指定文件内部读写位置指针移动的起始位置，其值和意义如表 5.2 所示。

表 5.2 标准库函数 fseek 的 origin 参数值及意义

起始位置	符号常量	数字表示
文件头(首标处)	SEEK_SET	0
内部记录指针当前位置	SEEK_CUR	1
文件尾(尾标处)	SEEK_END	2

函数的功能是:将由 stream 所关联文件的内部读写位置指针从 origin 指定的起始位置开始移动 offset 所指定的字节数,参数 offset 为正值时向文件尾方向移动,参数 offset 为负值时向文件头方向移动。注意,无论指定的移动距离为多远,文件内部读写位置指针只能在文件的数据区中移动。

[**例** 5.13] 数据文件 mydata.txt 中存放有一个 5 行 10 列二维数组的内容,编制程序找出第 4 行(3 号行)中的最大值。

提示:可以用前面例 5.10 程序构造数据文件,用例 5.11 程序查看文件数据。

```
/* Name: ex0513.cpp */
#include <stdio.h>
#define N 10
int max(int v[],int n);
int main()
{
    FILE *fp;
    int a[N],len;
    char fn[50];
    printf("?fn:");
    gets(fn);
    if((fp=fopen(fn,"rb"))==NULL)
    {
        printf("Can't open file %s.\n",fn);
        return -1;
    }
    len=3*10*4;        //计算出所需数据离文件头的距离
    fseek(fp,len,SEEK_SET);        //将读写位置指针移动到需读取数据前
    fread(a,sizeof(int),N,fp);        //读取所需数据
    fclose(fp);
    printf("最大值是:%d\n",max(a,N));
    return 0;
}
int max(int v[],int n)
```

```
{
    int i,maxv;
    maxv=v[0];
    for(i=1;i<n;i++)
        if(v[i]>maxv)
            maxv=v[i];
    return maxv;
}
```

上面程序中,打开文件后首先计算出所需要数据的位置(离文件头的距离),然后通过标准库函数 fseek 移动读写位置指针到指定位置,读出数据进行后续处理。

[**例** 5.14] 模仿操作系统的 COPY 命令,编制一个实现复制功能的程序(要求使用数据块复制的方式)。

```
/ * Name: ex0514.cpp * /
#include <stdio.h>
int main()
{
    FILE *in, *out;
    int copysize=32768;
    int offset=0;
    char buffer[32768],sfn[50],tfn[50];
    printf("请输入源文件名:");
    gets(sfn);
    if((in=fopen(sfn,"rb"))==NULL)      //打开源文件
    {
        printf("打开源文件 %s 失败! \n",sfn);
        return -1;
    }
    printf("请输入目标文件名:");
    gets(tfn);
    if((out=fopen(tfn,"wb"))==NULL)      //打开或创建目标文件
    {
        printf("打开/创建目标文件 %s 失败! \n",tfn);
        return -1;
    }
    while(copysize)      //文件复制进行到 copysize 值为 0 为止
    {
        if(fread(buffer,copysize,1,in))      //如果读取数据成功
        {
```

```
            fwrite(buffer,copysize,1,out);
            offset+=copysize;      //记录源文件中成功读取数据的读写位置指针值
        }
        else     //读取数据失败
        {
            fseek(in,offset,SEEK_SET);  //将文件内部读写位置指针移动到上次成功复制处
            copysize/ =2;
        }
    }
    fclose(in);
    fclose(out);
    return 0;
}
```

例5.14程序运行时,用变量copysize表示复制数据的长度(copysize变量同时用于控制复制工作是否继续进行),用字符数组buffer作为复制的数据缓冲区,每当正确从源文件中读出一块数据时,则直接将其复制到目标文件中,并用变量offset记录文件数据复制成功的结束位置(当复制出错时,即是出错处的起始位置);当某次读取数据块出错时,用fseek函数将文件内部读写位置指针移回到上次成功读取数据的结束位置(由变量offset指出),然后将复制长度折半后进入下一次复制过程。反复进行上述过程,直至数据复制完成为止。

如果程序要进行的文件处理工作是修改(更新)文件数据,则文件操作的模式应该是"读写"文件。所谓"读写"文件,就是既可以从文件中读取数据,也可以将数据写入的那类文件。"读写"文件的打开模式有两大类:读为主的读写类模式和写为主的读写类模式。

读为主的读写类模式包括:"r+""rb+"两种模式。用这类模式打开文件后,其读写位置指针首先是读指针。对文件数据的第一个具体操作必须是读数据的操作,否则会出错。

写为主的读写类模式包括:"w+""wb+""a+""ab+"4种模式。用这类模式打开文件后,其读写位置指针首先是写指针。对文件数据的第一个具体操作必须是写数据的操作,否则会出错。

C语言中,用同一个数据来表示内部读或者写的位置。在对文件数据进行读写时,必须确认读写位置指针的性质是"读位置指针"还是"写位置指针"。只有当读写位置指针的性质是"读位置指针"时,才能在该位置上进行读文件数据的操作;同样,也只有当读写位置指针的性质是"写位置指针"时,才能在该位置上进行写入文件数据的操作。在对读写类文件的操作中,C标准库函数fseek不但可以移动文件的内部读写位置指针,而且fseek每次移动记录指针后就切换文件内部读写位置指针的读/写性质(原来是"读位置指针",则切换为"写位置指针";原来是"写位置指针",则切换为"读位置指针")。

[例5.15] 编制程序实现功能:将指定文本文件中的所有小写英文字母转换为大写英文字母,其余字符保持不变。

```
/ * Name: e0515.cpp * /
#include <stdio.h>
#include <stdlib.h>
int main( )
{
    FILE *fp;
    char c,fn[50];
    printf("请输入文件名:");
    gets(fn);
    if((fp=fopen(fn,"r+"))==NULL)
    {
        printf("打开文件失败! \n");
        return -1;
    }
    c=fgetc(fp);       //"r+"模式文件,第一个数据操作必须是读数据操作
    while(!feof(fp))
    {
        if(c>='a' &&c<='z')
        {
            c-=32;
            fseek(fp,-1,SEEK_CUR);   //位置指针移回字符原位置,切换为"写位置指针"
            fputc(c,fp);
            fseek(fp,0,SEEK_CUR);    //将位置指针切换为"读位置指针"
        }
        c=fgetc(fp);
    }
    fclose(fp);
    return 0;
}
```

程序运行时,从文件中依次读取字符处理:当读取到的是非英文小写字母时,直接读取下面一个字符;当读取到的是英文小写字母时,依次进行下面操作:

①将读取到的英文小写字母转换为大写字母(变量 c 的值减 32);

②将文件读写位置指针移回一个字符位置(原来读取该字符的位置),同时将文件内部读写位置指针从“读位置指针”切换成“写位置指针”;

③将转换后的字符数据写回文件;

④用函数调用 fseek(fp,0,SEEK_CUR)将文件内部读写位置指针从当前位置移动 0 个字节,即保持读写指针位置不动、将文件内部读写位置指针从“写位置指针”切换为“读位置指针”,以便正确地进行下一次数据读取操作。

3)获取文件内部读写位置指针的当前位置

使用标准库函数 ftell 可以获取指定文件的文件内部读写位置指针当前位置,函数原型如下:

```
long ftell(FILE *stream);
```

ftell 函数的功能是:获取并返回由 stream 所关联文件的文件内部读写位置指针的当前位置,位置量用读写指针当前位置距文件头的字节数表示。

[**例 5.16**] 编程序实现功能:测试一个指定文件的字节长度。

```
/* Name: ex0516.cpp */
#include<stdio.h>
int main()
{
    FILE *fp;
    char fn[50];
    long filelen;
    printf("请输入文件名:");
    gets(fn);
    if((fp=fopen(fn,"rb"))==NULL)
    {
        printf("打开文件失败! \n");
        return -1;
    }
    fseek(fp,0,SEEK_END);       //将读写位置指针移动到文件尾
    filelen=ftell(fp);
    printf("文件%s 的长度为:%ld 字节。\n",fn,filelen);
    fclose(fp);
    return 0;
}
```

程序执行时,用函数调用 fseek(fp,0,SEEK_END)将指定文件的内部读写位置指针移动到文件结尾处,然后通过函数调用 ftell(fp)获取该文件内部读写位置指针的当前位置,即读写位置指针离文件头的字节距离,此时由于读写位置指针在文件结尾处,所以该字节距离即是文件的长度。

测试指定文件长度的关键是将文件内部读写位置指针移动到文件尾,另外一种常见的方法是通过反复读取文件中数据,在读取数据过程中读写位置指针会自动向后移动,直到遇到文件尾标志为止。例如,上面程序中的 fseek(fp,0,SEEK_END);语句功能同样也可以通过如下方式实现:

```
while(! feof(fp))      //当没到文件尾时循环继续
    fgetc(fp);
```

习题 5

一、单项选择题

1.系统标准的输入文件是指(　　)。

A.键盘　　B.显示器　　C.软盘　　D.硬盘

2.以下可作为 fopen 中第一个参数的正确格式是(　　)。

A.d:myfile\test.txt　　B.d:\ myfile \abc.txt

C."d:\ myfile \a.txt"　　D."d:\\ myfile \\mydata.txt"

3.若执行 fopen 函数发生错误,则函数的返回值为(　　)。

A.文件名　　B.NULL　　C.1　　D.error

4.若要用 fopen 函数打开一个新的二进制文件,对该文件进行写操作,则文件操作模式字符串应是(　　)。

A."ab+"　　B."wb"　　C."rb+"　　D."ab"

5.调用 rewind 函数后,文件内部记录(读写位置)指针在文件数据区(　　)。

A.移动到尾　　B.不动　　C.移动到头　　D.当前位置后移

6.顺利地执行了关闭文件操作时,fclose 函数的返回值是(　　)。

A.－1　　B.TRUE　　C.0　　D.1

7.使用 fseek 函数可以实现的功能是(　　)。

A.文件的输出和输入　　B.文件的顺序读写

C.文件的随机读写　　D.改变文件的读写位置指针的当前位置

8.fgetc 函数的作用是从指定的文件读一个字符,该文件的打开方式必须是(　　)。

A.只写　　B.追加　　C.读或读写　　D.B 和 C 都正确

9.函数 fwrite(buffer,size,count,fp)的 4 个参数中,buffer 代表的是(　　)。

A.一个整型变量,代表要写入的数据项总数

B.文件指针,指向要写的文件

C.一个存储区,存放要读的数据项

D.一个指针,指向要写入数据的存放地址

10.fread(buf,64,2,fp1)的功能是(　　)。

A.从 fp 指向的文件流中读出整数 64 和整数 2,并存放在 buf 中

B,从 fp 指向的文件流中读出 2 个整数 64,并存放在 buf 中

C.从 fp 指向的文件流中读出 2 个 64 个字节的内容,并存放在 buf 中

D.从 fp 指向的文件流中读出 64 个整数 2,并存放在 buf 中

二、填空题

1.系统标准的输出文件是指__(1)__。

2.fopen 可以使用__(2)__模式新建文件。

3.函数 fseek(FILE *fpt, long offset, int whence);中 whence 的作用是___(3)___。

4.设有如下所示的结构体类型定义,并且结构体数组 student 中的元素都已经有值,若要将数组全部元素写到文件指针 fp 关联的文件中,请补充完成 fwrite 函数调用语句。

```
struct stu
{
    char name[10];
    char sex[2];
    int telephone;
    char addr[20];
}
student[40];
fwrite(student, ___(4)___,1,fp);
```

5.C 程序中可以使用 feof 函数对读写位置进行判断,文件内部读写位置指针到达文件结束位置时函数值为___(5)___,否则为___(6)___。

6.C 语言中,文件内部组织单位称作___(7)___。

7.下面程序的功能是将文件 file1.c 的内容输出到屏幕上,并同时复制到文件 file2.c 中。请填空完成程序。

```
#include <stdio.h>
int main()
{
    FILE ___(8)___;
    char c;
    fp1=fopen("file1.c","r");
    fp2=fopen("file2.c","w");
    if(fp1==NULL||fp2==NULL)
    {
        printf("Can't open or create file.\n");
        return 1;
    }
    c=fgetc(fp1);
    while(! feof(fp1))
    {
        putchar(c);
        fputc(___(9)___);
        c=___(10)___;
    }
    fclose(fp1);
    fclose(fp2);
```

```
    return 0;
}
```

三、阅读程序题

1.写出程序执行后 data.txt 文件中的内容。

```
#include <stdio.h>
int main( )
{
    FILE  *f1;
    char c='A';
    int i;
    for(i=0;i<10;i++)
    {
        f1=fopen("data.txt","a");
        fputc(c,f1);
        fclose(f1);
    }
    return 0;
}
```

2.写出下列程序运行的结果。

```
#include <stdio.h>
int main( )
{
    FILE  *fp;
    int i,n;
    if((fp=fopen("test.txt","w+"))==NULL)
    {
        printf("Can't create file\n");
        return 1;
    }
    for(i=1;i<=10;i++)
        fprintf(fp,"%3d",i);
    for(i=0;i<5;i++)
    {
        rewind(fp);
        fseek(fp,i*6,SEEK_SET);
        fscanf(fp,"%3d",&n);
        printf("%3d",n);
```

```
    }
    printf("\n");
    fclose(fp);
    return 0;
}
```

3.描述出下列程序的功能。

```
#include <stdio.h>
int main()
{
    void save(FILE *fp,int v[],int n);
    int a[]={1,2,3,4,5,6,7,8,9,10};
    FILE *p;
    if((p=fopen("test","wb"))==NULL)
    {
        printf("Can't open file.\n");
        return 1;
    }
    save(p,a,sizeof(a)/sizeof(int));
    fclose(p);
    return 0;
}
void save(FILE *fp,int v[],int n)
{
    int i;
    for(i=0;i<n;i++)
        fwrite(&v[i],sizeof(int),1,fp);
}
```

4.描述出下列程序的功能。

```
#include <stdio.h>
int main()
{
    FILE *p;
    char c;
    if((p=fopen("data.txt","r+"))==NULL)
    {
        printf("Can't open file.\n");
        return 1;
    }
```

```
    while((c=fgetc(p))!=EOF)
        if(c=='*')
        {
            fseek(p,-1,SEEK_CUR);
            fputc('$',p);
            fseek(p,ftell(p),SEEK_SET);
        }
    fclose(p);
    return 0;
}
```

5.描述出下列程序的功能。

```
#include <stdio.h>
#include <stdlib.h>
#include <time.h>
#define N 5
#define M 8
void makearr(int v[][M]);
int main()
{
    FILE *fp;
    int a[N][M],i;
    char fname[20];
    makearr(a);
    printf("?fname:");
    scanf("%s",fname);
    if((fp=fopen(fname,"wb"))==NULL)
    {
        printf("Can't create file.\n");
        return 1;
    }
    for(i=0;i<N;i++)
        fwrite(a[i],sizeof(int),M,fp);
    fclose(fp);
    return 0;
}
void makearr(int v[][M])
{
    int i,j;
```

```
    srand(time(NULL));
    for(i=0;i<N;i++)
        for(j=0;j<M;j++)
            v[i][j]=rand()%100;
}
```

四、程序设计题

1.从键盘输入 3 个人的自然情况信息,并将这些信息保存到一文件中。然后打开该文件,读出并显示该文件的内容。

2.计算 cos 函数在 $2\dfrac{x}{32}(x=0,1,2,\cdots,32)$ 上的值,然后把这些数据存放在磁盘上 result.txt 文件中。

3.磁盘文件 file1 和 file2,各存放有一行字母,要求把这两个文件中的信息合并(按字母顺序排列),输出到一个新文件 file3 中。

4.从键盘输入一个字符串,将小写字母全部转换成大写字母,然后输出到一个磁盘文件 test 中保存,输入的字符串以! 结束。

5.反复从键盘输入字符,逐个把它们存入磁盘文件 test 中去,直到输入一个#为止。

6.读入一个文件,输出其中最长的一行的行号和内容。

7.编写程序将全班同学的姓名、地址和电话号码写到一个文件 class.dat 中。提示:学生的信息可以存放到结构体数组,以 fwrite 函数写数据到文件中。

8.利用第 7 题产生的 class1.dat 文件,编程实现从中直接读取第三个同学的数据。

9.将第 7 题产生的 class.dat 文件中的数据按姓名从低到高排列输出到显示器上,并把排了序的数据重新写入到文件 class1.dat 中。提示:以 fread 函数从文件中读入学生的信息,并存放到结构体数组,在数组中进行排序,排序完毕再写入文件中。

10.在第 7 题产生的 class1.dat 文件中插入一个新生的数据,要求插入后的文件数据仍然按姓名顺序排列。提示:先将数据读入到数组中,新的数据插入在数组的末尾,在数组中进行排序,再写入到文件中。

第6章

指　针

6.1　指针与函数

6.1.1　返回指针值的函数

C 程序中,函数返回值数据类型除了可以是整型、实型、字符型、空类型(void)以及用户自定义数据类型外,还可以是指针型数据,这种函数称为返回指针值的函数。系统标准库中有许多返回指针值的函数,例如字符串处理、存储分配等标准库函数。

返回指针值函数定义的一般形式:

```
数据类型符　*函数名(形式参数表及定义)
{
    //函数体代码
}
```

式中,数据类型符用指针类型(数据类型符 *)表示,标识指针类型的星号(*)可以靠近数据类型名一侧,也可以靠近函数名一侧,习惯上书写为靠近函数名。

例如,设有函数定义的头部为:

```
float *fun(int m)
```

那么,fun 是函数名,返回值类型是 float *(即单精度实型地址类型),该返回值类型表示函数调用后会返回一个指向实型数据指针值。

返回指针值的函数的调用与普通函数的参数传递相同,所不同的是需要定义一个与其返回值数据类型相同的指针变量来接收返回值。

[例 6.1]　编程求 $sum=\sum_{i=1}^{n} i!$,要求使用静态局部变量和返回指针的函数方式进行处理。

```
/* Name: ex0601.cpp */
#include <stdio.h>
int *fac(int n);        //fac 函数的声明
```

```
int main( )
{
    int n,i,sum=0, * pi;
    printf(" Input n: ");
    scanf(" %d",&n);
    for(i=1;i<=n;i++)
    {
        pi=fac(i);      //fac 函数返回整型地址值,赋值给整型指针变量 pi
        sum=sum+ * pi;      //对 pi 取值针运算表示被其指向的数据
    }
    printf(" Sum=%d\n",sum);
    return 0;
}
int * fac(int n)      //fac 函数的定义
{
    static int p=1;
    p * =n;
    return &p;
}
```

上面程序中,函数 fac 是一个返回整型指针值的函数,每次执行后,返回函数中定义的静态变量 p 的地址给主调函数中的指针变量 pi,然后在主调函数中使用指针变量的指针运算形式 * pi 取出指针变量所指向数据对象(fac 函数中的 p)值进行累加。程序一次运行的结果如下所示:

```
Input n: 6      //输入数据
Sum=873
```

定义和使用返回指针值函数时必须注意:那些在函数中定义的自动变量的生存期仅与函数调用时间相当,当函数调用结束返回时会自动被系统撤销,所以返回指针值的函数中,不能返回这些自动变量的地址。能够在被调函数中被返回地址值的变量只能是全局变量或者静态局部变量。下面通过一个错误的返回指针值函数示例进行分析。

[**例 6.2**] 统计[1,1234]中有多少个数能够被 3 整除。

```
/ * Name: ex0602.cpp * /
#include <stdio.h>
int main( )
{
    int * fun( );
    int num, * count;
    for(num=1234;num>=1;num--)
        if(num%3==0)
```

```
        count=fun();
    printf("count=%d\n", *count);
}
int *fun()
{
    int i=0;      //i是自动变量
    i++;
    return &i;      //返回自动变量的地址值使得程序有潜在的错误
}
```

例6.2程序的函数fun中,将局部变量i的地址值作为函数的返回值,但局部变量i的生存期仅与函数fun的执行时间相当。当函数fun调用结束后,变量i已经被系统自动撤销(i的存储空间已经被收回),将变量i的地址值返回给main函数中的count就存在一个潜在错误,程序运行时可能出现不可预料的错误。这种错误在较老的C编译器中可能检查不出来,但使用较新的编译系统则能够检查出这种错误,例如VC6编译系统的提示信息是:warning C4172: returning address of local variable or temporary(错误C4172:返回局部变量或局部数据的地址)。函数fun的正确定义形式如下所示,请读者对照分析:

```
int *fun()
{
    static int i;      //i是静态局部变量
    i++;
    return &i;      //函数调用结束后i仍然存在
}
```

6.1.2 指向函数的指针变量

函数被调用时在系统内存中占有一片连续存储区域,函数名对应该存储区域的首地址,也称为函数首地址或函数指针。

1)指向函数指针变量的定义

C语言中可以定义指针变量来存储函数的首地址,并利用该指针变量对函数进行调用。由于函数本身具有返回值类型、参数表等特征,所以在定义指向函数指针变量的时候必须表达出这些特征。指向函数指针变量定义的一般形式是:

　　[存储类别符] 数据类型名 (*指针变量名)(形参表);

其中,存储类别符是函数指针变量本身的存储特性;数据类型则是被指针变量所指向的函数返回值类型,形参表也是被指针变量所指向的函数形式参数表。

例如,设一函数的原型为:

```
void swap(int x, int y);
```

如果需要定义指向函数swap的指针变量,形式应该是:

```
void (*fp)(int x, int y);
```

对照上面 swap 函数的原型和指向函数的指针变量 fp 可以看出,在定义指向函数的指针变量时,指针变量名可以根据需要命名,但指针变量的数据类型和所带的参数表则与被指向的函数对应一致。

需要指出的是,定义指向函数的指针变量后,该指针变量不仅仅能指向某一个函数,而且可以指向具有相同返回值类型和形参表的任意函数。例如,对于上面根据函数 swap 定义的指针变量 fp 而言,不仅能够指向函数 swap,所有与 swap 返回值类型、参数表相同的函数都能够被该指针变量指向。

2)指向函数指针变量的赋值和引用

定义指向函数的指针变量后,就可以对其进行赋值。对指向函数的指针变量赋值,就是用被指向函数的名字对其赋值,此时称为指针变量指向了该函数。例如,对于前面定义的指针变量 fp,可以将函数 swap 的名字直接赋值给该指针变量。赋值的形式为:

```
fp=swap;
```

当一个指向函数的指针变量指向了一个函数后,通过对指针变量实施取值针运算就可以表示被指向的函数。使用指向函数的指针调用函数的一般形式是:

```
(*指针变量名)(实际参数表)
```

例如,若指针变量 fp 已经指向了函数 swap,那么 swap 函数的调用方法有:

```
swap(10,20)      //用函数名调用 swap 函数
(*fp)(10,20)     //用指向 swap 函数的指针变量调用 swap 函数
```

[例 6.3] 指向函数的指针变量使用示例(求 a+|b|)。

```
/* Name: ex0603.cpp */
#include <stdio.h>
double add1(double x,double y);
double add2(double x,double y);
int main()
{
    double a,b,result;
    double (*dp)(double x,double y);
    printf("请输入变量 a 和 b 的值:");
    scanf("%lf,%lf",&a,&b);
    if(b>=0)
        dp=add1;
    else
        dp=add2;
    result=(*dp)(a,b);
    printf("a+|b|的值是:%lf\n",result);
    return 0;
}
```

```
double add1(double x,double y)
{
    return x+y;
}
double add2(double x,double y)
{
    return x-y;
}
```

上面程序中,根据变量 b 的值来确定指针变量 dp 是指向函数 add1 还是指向函数 add2,然后通过指针变量来调用对应的函数。这个示例是为了说明指向函数的指针变量如何赋值以及如何使用指向函数的指针变量来调用函数。指向函数的指针变量其真正作用是作为函数参数使用,使程序在功能的实现上具有更大的灵活性。

3)指向函数指针变量作函数的形式参数

程序设计中,许多问题的处理都有通用的方法,例如求解高阶方程的根、求多元方程组的解、求函数的定积分等。实现这类程序设计必须要解决下面两个主要问题:

①如何用 C 语言来描述解决某种问题的通用方法。

②如何将不同的具体问题与解决问题的通用方法联系起来。

程序设计中的处理方法一般是将通用的方法编制成为单独的函数,然后将实际问题中的具体方程用函数的形式作为实际参数传递到通用函数中去求取相应的结果。C 程序设计中,通过指向函数指针变量作函数的形参可以实现在程序的函数之间传递函数,即把一个函数作为实际参数从主调函数传递到被调函数。当函数作为参数从主调函数传递到被调函数时,主调函数的实际参数是被传递的函数名,而被调函数的形式参数是一个能接收函数地址的指针变量(指向函数的指针变量)。下面以对求解高阶方程的根和求函数的定积分为例讨论指向函数指针变量作函数形式参数时的使用方法。

(1)求高阶方程根的通用函数设计和使用

在第 2 章中讨论过使用牛顿迭代法(切线法)、二分迭代法(对分法)和弦截法(割线法)3 种求解高阶方程根的方法,当时的讨论中限于语言知识均只讨论了对于某一个确定函数求解的方法。通过对高阶方程分析得到,高阶方程的形式都是类似的,其形式可以用 f(x)= 0 来表示,在 C 程序中都可以用如下所示的 C 函数来表示:

```
double func(double x)
{    …
}
```

与被求根函数对应的指向函数指针变量形式参数的一般形式为:

```
double(*fv)(double  x)
```

对于使用牛顿迭代法的通用求根函数而言,函数的参数表应该包含 3 个形式参数:一个是求根时指定的根的初始值,另外两个是用于接受外界传递进来的函数实参以及导函数实参的指向函数指针变量。对于二分迭代法和弦截法而言,函数的参数表也应该包含 3 个形式参数:一个是用于接受外界传递进来的函数实参的指向函数指针变量,另外两个是求根时指定的根的区间。下面以弦截法为例,讨论求高阶方程根的通用函数问题,另外两种求高阶方程根通用函数的设计留给读者作为练习,读者可以参照本小节介绍的方法自行设计程序。

［例 6.4］ 弦截法求高阶方程根的通用函数。

```
/ * Name: ex0604.cpp
  弦截法求高阶方程根的通用函数
 * /
#include <math.h>
#define ESP 1e-7
double root( double ( * f) (double x) ,double a,double b)
{
    double x;
    do
    {
        x=(a * ( * f) (b)-b * ( * f) (a)) / (( * f) (b)-( * f) (a));
        if((( * f) (x) * ( * f) (a))<0)
            b=x;
        else
            a=x;
    } while(fabs(( * f) (x))>=ESP);
    return x;
}
```

在上面的弦截法求高阶方程根通用函数中,参数表中的形参变量 double (* f) (double x)用于接受从外界传递进来的函数(即求根方程),函数内部用对指向函数指针变量的指针运算表示被传递进来的函数,即用表达式(* f) (a)、(* f) (b)、(* f) (x)来表示求函数在 a 点、b 点以及 x 点的函数值。求高阶方程根通用函数设计好后,可以利用它求任意高阶方程的根。

［例 6.5］ 利用已有的通用函数按给定条件求下面高阶方程的根:

①求方程 $2x^3-4x^2+3x-6=0$ 在(-10,10)的根。

②求方程 $x^4-4x^3+6x^2-8x-8=0$ 在(-1,1)的根。

```
/ * Name: ex0605.cpp * /
#include <stdio.h>
#include "ex0604.cpp"          / * 将通用求根函数包含到本源程序文件中来 * /
double f1(double x);
double f2(double x);
int main()
{
```

```
    double x1,x2;
    x1=root(f1,-10,10);
    x2=root(f2,-1,1);
    printf("x1=%lf\n",x1);   /*函数调用时用被求根函数名作为实参*/
    printf("x2=%lf\n",x2);
    return 0;
}
double f1(double x)     //方程2x^3-4x^2+3x-6=0的C函数形式
{
    return 2*x*x*x-4*x*x+3*x-6;
}
double f2(double x)     // x^4-4x^3+6x^2-8x-8=0的C函数形式
{
    return x*x*x*x-4*x*x*x+6*x*x-8*x-8;
}
```

在上面程序中,用文件包含预处理语句将含有通用求根函数的源程序文件包含进来(即将两个源程序文件组合在一起构成完整的C程序)。对被求根函数按照其形式定义好被求函数(如上面程序中的f1和f2函数)并进行相应的声明。通用求根函数调用时,用被求根方程对应函数的名字以及求根初始区间的两个端点作为实际参数。程序执行结果如下所示:

```
x1=2.000000
x2=-0.602272
```

(2)求函数定积分的通用函数设计和使用

根据数学知识,求函数定积分的问题实际上就是求函数$f(x)$当x在区间$[a,b]$时由$x=a$、$x=b$、$y=0$和$y=f(x)$围成的曲边四边形的面积。使用计算机解决这类问题的常用方法有矩形法、梯形法、辛普生法等。以梯形法为例,求定积分有如下几个步骤,如图6.1所示:

①将区间$[a,b]$划分为若干等分,等分数取决于要求的精度。

②计算出所有等分点的函数值$f(x_i)$。

③连接相邻两个等分点的函数值,将所求曲边四边形区域用若干个小的梯形代替。此时相邻两等分点函数值之间的曲线和连接的直线之间的区域即为误差。

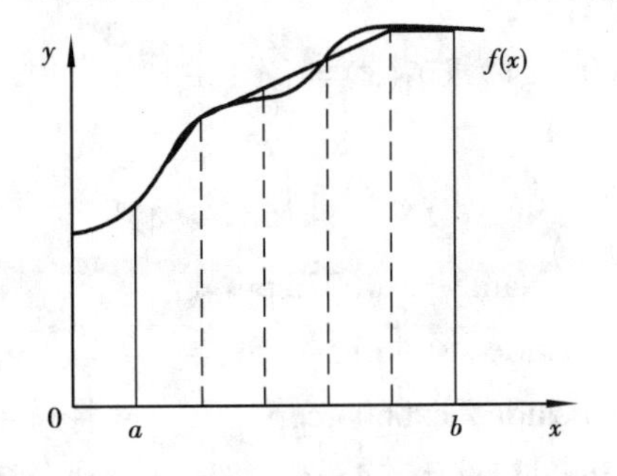

图6.1　求定积分梯形法示意图

④按平面几何公式求出所有小梯形的面积,然后求和得到曲边四边形面积的近似值。当积分区间的等分数趋近于无穷等分时,梯形面积之和无限趋近于真实的积分值。注意,用计算机求解时只能求出满足精度要求的近似值。

因为被积函数的形式均有一个实型自变量且所积结果是实型数据,所以求定积分的通

用函数的返回值数据类型应为 double,通用函数的参数有下面 4 个:

①与被积函数对应的指向函数的指针:double (*p)(double x)。

②积分区间的下限:double a。

③积分区间的上限:double b。

④按精度所需的积分区间等分数:int n。

[例 6.6] 梯形法求定积分的通用函数。

```
/* Name: ex0606.cpp
   梯形法求函数定积分的通用函数
*/
double collect(double ( *p)(double x),double a,double b,int n)
{
    int i;
    double h,area;
    h=(b-a)/n;
    area=(( *p)(a)+( *p)(b))/2.0;
    for(i=1;i<n;i++)
        area+=( *p)(a+i*h);
    return area*h;
}
```

参照图 6.1,在上面通用函数中,小梯形的上底和下底都是在各点函数的值,由于在梯形法中除区间端点上的两点以外,其余点的函数值都应该被使用两次,一次作为某一小梯形的下底,而另外一次则作为下一个小梯形的上底。根据求梯形面积公式的要求,函数中使用 C 表达式((*p)(a)+(*p)(b))/2.0 将两个端点处函数值之和除以 2,其余的各个点函数值在循环中只取用一次。求定积分通用函数设计好后,可以利用它求任意的定积分。

[例 6.7] 利用已有的通用函数按给定条件求定积分,其中确定精度的等分数从键盘输入。

(1)求 $f_1(x)=\int_0^2(1+x)\mathrm{d}x$

(2)求 $f_2(x)=\int_{-1}^1\frac{1}{1+4x^2}\mathrm{d}x$

```
/* Name: ex0607.cpp */
#include <stdio.h>
#include "ex0606.cpp"        /*将通用求定积分函数包含到本源程序文件中来*/
double f1(double x);          /*被积函数的原型声明*/
double f2(double x);
int main()
{
    double y1,y2;
```

```
    int n;
    printf("请输入等分数:");
    scanf("%d",&n);
    y1=collect(f1,0,2,n);
    y2=collect(f2,-1,1,n);
    printf("y1=%f\n",y1)
    printf("y2=%f\n",y2);
    return 0;
}
double f1(double x)/*被积函数的C语言描述*/
{
    return 1+x;
}
double f2(double x)          /*被积函数的C语言描述*/
{
    return 1/(1+4*x*x);
}
```

在上面程序中,用文件包含预处理语句将含有通用求定积分函数的源程序文件包含进来(即将两个源程序文件组合在一起构成完整的C程序)。对被积函数按照其形式定义好被积函数(如上面程序中的f1和f2函数)并进行相应的声明。在求定积分函数调用时,将被积函数的名字、积分区间的两个端点以及确定精度的等分数作为实际参数,此时被积函数指针(入口地址)赋值给指向函数的指针变量(通用函数中的指针型形式参数),使得被积函数从逻辑上被带入到通用求定积分函数中去。本程序执行结果如下所示:

```
请输入等分数:100
y1=4.000000
y2=1.107127
```

6.2 指针与一维数组

从一般概念上说,指向数组的指针实质上是能够指向数组中任何一个元素的指针,所以指向数组的指针应该与它所指向数组的元素同类型。

6.2.1 指向一维数组元素的指针变量

定义合适的指针变量后,例如语句int a[10],*p;,则可以使用指针变量p指向数组a中的任何一个数组元素。即对于数组中的i号元素而言,使用p=&a[i]就表示指针变量p指向数组中的i号(下标为i)数组元素,如图6.2所示。

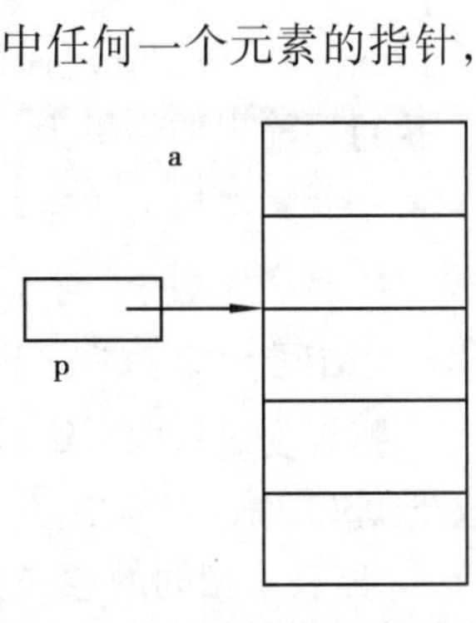

图6.2 指针变量指向数组元素

当需要表示指针变量所指向的数组元素值时,使用指针运算符(*)。例如有 p=&a[i]时,则 *p 等价于 a[i],此时如果要向数组 i 号元素赋值,可以使用下面两种形式:

*p=<表达式>或者 a[i]=<表达式>

[例 6.8] 使用指针变量表示数组元素示例。

```
/* Name: ex0608.cpp */
#include <stdio.h>
int main()
{
    int a[5]={0},i,*p;
    p=&a[2];
    *p=100;
    p=&a[0];
    for(i=0;i<5;i++,p++)
        printf("%5d",*p);
printf("\n");
return 0;
}
```

上面程序中,表达式 p=&a[2]使得指针变量 p 指向数组元素 a[2],表达式 *p=100 表示将指针变量 p 所指向的数据对象赋值为 100,即 a[2]被赋值为 100,所以程序的输出结果中,除数组元素 a[2]的值为 100 外,其余的数组元素值都为 0。另外,在输出数组值的操作中,首先让指针变量 p 指向数组 0 号元素,然后通过循环控制中的 p++运算,使得指针变量 p 依次指向 a 数组的其他元素,通过 *p 的方式表达数组元素值。程序执行的结果为:

```
0    0  100    0    0
```

如果有两个指针变量分别指向同一个数组的两个不同元素,则两个指针变量之间的距离表示了它们之间的差距有多少个数组元素。例如,下面 C 语句序列:

```
int a[100],*p1,*p2;
p1=&a[5];
p2=&a[10];
printf("两个指针之间的数据元素个数为:%d\n",p2-p1);
```

执行后输出的结果为:

```
两个指针之间的数据元素个数为:5
```

6.2.2 指向一维数组的指针变量

当指针变量指向一维数组的首元素时,称为指向了一维数组。由于数组名表示数组的起始地址(即第一个数组元素的地址),所以,如有定义语句 int a[10],*p;,则 p=&a[0] 和 p=a 都表示相同的意义:指针变量 p 指向 a 数组的第一个元素或称为指向数组 a,如图 6.3 所示。

一个指针变量指向一个特定数组后，在指针没有移动的情况下（即指针始终指向数组的0号元素），对该数组某个元素（如i号元素）的地址和元素值而言常有3种等价的表示形式，如表6.1所示。

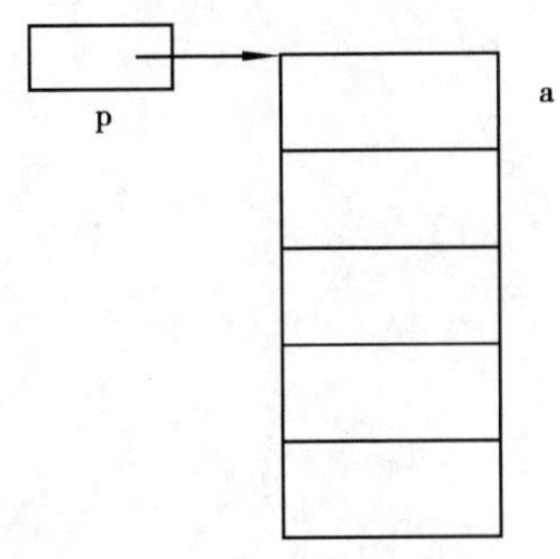

图6.3 指针变量指向数组

表6.1 一维数组元素地址和元素值的等价表示形式

等价的地址表示形式	等价的元素表示形式
&a[i]	a[i]
a+i	*(a+i)
p+i	*(p+i)

［例6.9］ 使用不同的指针形式引用一维数组元素示例。

```
/ * Name: ex0609.cpp * /
#include <stdio.h>
int main()
{
    int a[5],i, *p;
    printf("第一次输入数据,使用指向数组的指针:\n");
    p=a;
    for(i=0;i<5;i++)
        scanf("%d",p+i);           / * 使用指向数组的指针变量输入数组元素值 * /
    for(i=0;i<5;i++)
        printf("%5d",a[i]);        / * 使用数组元素形式输出数组值 * /
    printf("\n");
    for(i=0;i<5;i++)
        printf("%5d", *(p+i));     / * 使用指向数组的指针变量输出数组值 * /
    printf("\n");
    printf("第二次输入数据,使用数组名:\n");
    for(i=0;i<5;i++)
        scanf("%d",a+i);           / * 使用数组名输入数组元素值 * /
    for(i=0;i<5;i++)
        printf("%5d",a[i]);        / * 使用数组元素形式输出数组值 * /
    printf("\n");
    for(i=0;i<5;i++)
        printf("%5d", *(a+i));     / * 使用数组名输出数组值 * /
    printf("\n");
```

```
    return 0;
}
```

上面程序只是为了说明表6.1中的3种对应关系,程序一次执行的结果是:

```
第一次输入数据,使用指向数组的指针:
1 2 3 4 5      //输入数据
    1    2    3    4    5
    1    2    3    4    5
第二次输入数据,使用数组名:
6 7 8 9 10     //输入数据
    6    7    8    9   10
    6    7    8    9   10
```

在使用指针进行数组操作时还应特别注意,虽然使用数组名和指向数组的指针变量都可以表示对应的数组元素,但它们之间有一个根本的区别:数组名是地址常量,任何企图改变其值的运算都是非法的,例如有定义语句:int a[5], * p;,则 a=p、a++等操作都是错误的;而对于指针变量,其值是可以被改变的,例如:p=a、p++、p+=3 等都是有意义的操作。

函数的数组形式参数本质上就是一个指针变量,用于接收传递过来的实参数组起始地址。所以,函数中一维数组形式参数可以用同类的指针形式参数替代;同理也可以用指向特定数组的指针变量来传递数组类实际参数。特别需要注意的是,函数的形式参数无论使用的是数组名形式还是指针变量形式,本质上都是一个指针变量,在被调函数中既可以将它当成数组名使用,也可以将它当成指针变量使用。

[例6.10] 使用选择排序法将一组数据按降序排列,要求被排序数组用随机函数生成,排序功能在自定义函数内进行实现,并且要求函数的数组类形式参数和函数中对数组的操作都使用指针变量形式。

```
/* Name: e0704.cpp */
#include <stdio.h>
#include <stdlib.h>
#include <time.h>
#define N 10
void sort(int *v,int n);              /*排序函数*/
void MakeArray(int *v,int n);         /*数组生成函数*/
void PrintArray(int *v,int n);        /*数组输出函数*/
void swap(int *v,int x,int y);        /*数组元素交换函数*/
void main()
{
    int a[N];
    MakeArray(a,N);
    printf("Before Sort:\n");
    PrintArray(a,N);
```

```
    sort(a,N);
    printf("After Sort:\n");
    PrintArray(a,N);
}
void MakeArray(int *v,int n)
{
    int i;
    srand(time(NULL));
    for(i=0;i<n;i++)
     *(v+i)=rand()%1000;
}
void PrintArray(int *v,int n)
{
    int i;
    for(i=0;i<n;i++)
        printf("%5d", *(v+i));
    printf("\n");
}
void swap(int *v,int x,int y)
{
    int t;
    t= *(v+x);
     *(v+x)= *(v+y);
     *(v+y)=t;
}
void sort(int *v,int n)
{
    int i,j,k;
    for(i=0;i<n-1;i++)
    {
    k=i;
    for(j=i+1;j<n;j++)
        if( *(v+j)> *(v+k))
            k=j;
    if(k! =i)
       swap(v,i,k);
     }
}
```

数组参数传递的方法和选择法排序的基本思想在 4.3 和 4.4 小节中已经讨论过，请读者参照上述知识自行分析程序执行过程，程序的一次执行结果为：

```
Before Sort:
    7   30  259  413  552   55  761  825  366  484
After Sort:
  825  761  552  484  413  366  259   55   30    7
```

6.3 指针与二维数组（ * ）

6.3.1 多级指针的定义和引用

指针变量存储其他同类型普通变量的地址，称为指针变量指向了普通变量。指针变量本身同样需要在内存中分配存储空间，也可以用取地址运算取出指针变量的地址。存放指针变量在内存中的首地址，需要定义另外一种层次的指针变量。如图 6.4 所示，普通变量 x 的值为 100，其占用空间的首地址为 10000。当指针变量 y 指向 x 时，其值就是 10000。同样，指针变量 y 占用空间的首地址为 10300，当指针变量 z 指向 y 时，其值就是 10300。虽然 y 和 z 都是指针变量，但它们指向的变量是不同的，显然不能用同一层次的指针变量来表示。

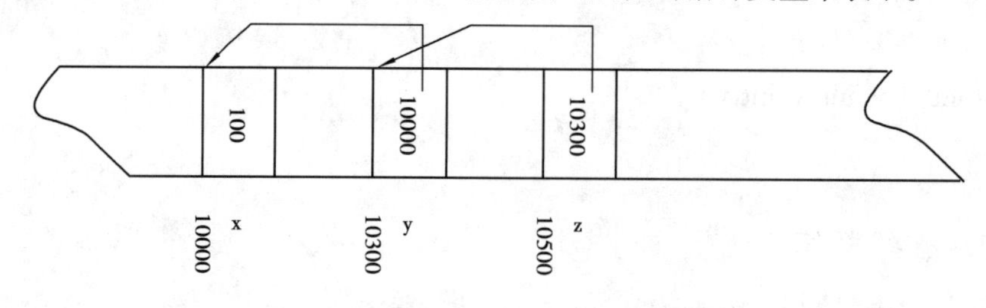

图 6.4　多级指针在存储系统中的关系

C 语言中，用指针变量的级别来区分不同层次的指针变量。指向普通变量的称为一级指针变量，指向一级指针变量的称为二级指针变量，以此类推。常用的二级和三级指针变量定义形式如下所示：

```
[存储类别符] 数据类型符 * *指针变量名;
[存储类别符] 数据类型符 * * *指针变量名;
```

更多级的指针变量的定义形式按照上述形式类推，只需指针变量名的前面增加更多的星号即可。而且，只要数据类型相同，任意级别的指针变量都可以与普通变量、数组等一起定义。

对于指针变量而言，其拥有的值（内容）是另外一个同类型数据对象在存储系统中的起始地址，称为指针变量指向这个数据对象。下面的代码段描述了普通变量 x，一级指针变量 y，二级指针变量 z 之间的关系：

```
int x=100, *y, * *z;      //定义整型变量 x、一级指针变量 y 和二级指针变量 z
y=&x;     //一级指针变量 y 指向整型变量 x
z=&y;     //二级指针变量 z 指向一级指针变量 y
```

对于指针变量施加指针运算(*)则表示指针变量所指向的数据对象,可以得到下面的等价关系:

*y 等价于 x

*z 等价于 y

* *z 等价于 *y (同时等价于 x)

[例 6.11] 多级指针变量的引用示例。

```
/ * Name: ex0611.cpp * /
#include <stdio.h>
int main()
{
    int x=100, *y, * *z;
    y=&x;
    z=&y;
    printf(" *y 与 x 等价: *y=%d,x=%d\n", *y,x);
    printf(" * *z 与 x 等价: * *z=%d,x=%d\n", * *z,x);
    return 0;
}
```

程序的运行结果为:

```
*y 与 x 等价: *y=100,x=100
* *z 与 x 等价: * *z=100,x=100
```

6.3.2 指向二维数组元素的指针变量

在第 4 章中讨论过,不管多少维的数组,只要是数组元素就等于同数据类型的普通变量。所以,程序中可以用数据类型相同的一级指针变量来指向任意维数数组的元素。定义二维数组和合适的指针变量后,则可以使用指针变量指向数组中的任何一个元素。例如下面的语句序列表示了二维数组 a 的元素和一级指针变量 p 之间的关系:

```
double a[5][8], *p;
p=&a[3][2];      //赋值方式,指针变量 p 指向数组元素 a[3][2]
```

或者

```
double a[5][8], *p=&a[3][2]; //初始化方式,指针变量 p 指向数组元素 a[3][2]
```

一般地,对于数组 a 中的 i 行 j 列元素而言,使用 p=&a[i][j]就表示指针变量 p 指向数组中的 i 行 j 列数组元素。

如果一个指针变量已经指向了一个数组元素,对指针变量进行指针运算就表示被它指向的那个数组元素。例如,设一级指针变量 p 已经指向了二维数组元素 a[3][2],则表达式 *p 就等价于 a[3][2]。

[例 6.12] 随机产生 4 行 5 列二维数组的元素值,找出其中的最小值。要求在查找过程中使用指针变量遍历二维数组。

```
/ * Name: ex0612.cpp * /
```

```
#include <stdio.h>
#include <stdlib.h>
#include <time.h>
#define M 4
#define N 5
void mkarr(int v[],int m,int n);
int main()
{
    int a[M][N],i,minv, *p;
    mkarr( *a,M,N);
    minv=a[0][0];
    for(i=1,p=&a[0][1];i<M*N;i++,p++)
        if( *p<minv)
            minv= *p;
    printf("二维数组中最小元素值是:%d\n",minv);
    return 0;
}
void mkarr(int v[],int m,int n)
{
    int i,j;
    srand(time(NULL));
    for(i=0;i<m;i++)
        for(j=0;j<n;j++)
            v[i*n+j]=rand()%1000;
}
```

上面程序中,通过表达式 p=&a[0][1]使指针变量 p 指向了数组 a 的 0 行 1 列元素,然后在循环控制下通过执行表达式 p++,使得指针变量 p 依次指向数组 a 的其他元素,通过表达式 *p 表示出相应的二维数组元素。程序仅输出了某次执行时的最小元素值,读者可以自行在程序中增加一个输出函数来检验结果的正确性。

6.3.3　指向二维数组的指针变量

C 语言中,二维数组是由一维数组作元素的一维数组。例如:int nums[2][3]可以看作是由 nums[0]和 nums[1]两个元素组成的,而 nums[0]和 nums[1]分别是由 3 个元素构成的一维数组,如图 6.5 所示。

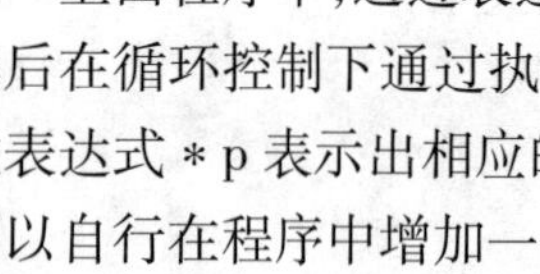

num[0]			
num[1]			

图 6.5　二维数组结构

二维数组名可以理解为是每个元素都是一维数组的一维数组首地址,而作为元素的一维数组名本身也表示地址,因此二维数组名是二级地址。

按照C语言地址加法的规则,一维数组 a[i]的 j 号元素地址可以表示为 a[i]+j 和 &a[i][j]两种等价形式。根据上一小节讨论的一维数组与指针的关系,a[i]等价于 *(a+i),所以二维数组 a 的 i 行 j 列元素地址有多种等价表示形式:a[i]+j、*(a+i)+j 和 &a[i][j]。

在二维数组 a 中,a、a+i、a[i]、*(a+i)、*(a+i)+j、a[i]+j 和 &a[i][j]都是地址。其中,a[i]、a+i 和 *(a+i)都是数组 a 的 i 行首地址,但它们表示的意义是有区别的。使用 a+i的方式是将二维数组看成一个用一维数组作为元素的一维数组,其移动的方向是每次移动过二维数组中的一行(即1个一维数组);而使用 *(a+i)或者 a[i]的方式则是将数组看成若干个简单变量元素组成的,其移动方向是每次移动过二维数组中的一列(即一个元素)。图6.6展示的是一个3行4列数组 a 的存储示意图以及 a+i 和 *(a+i)两种不同指针形式移动跨距的比较。

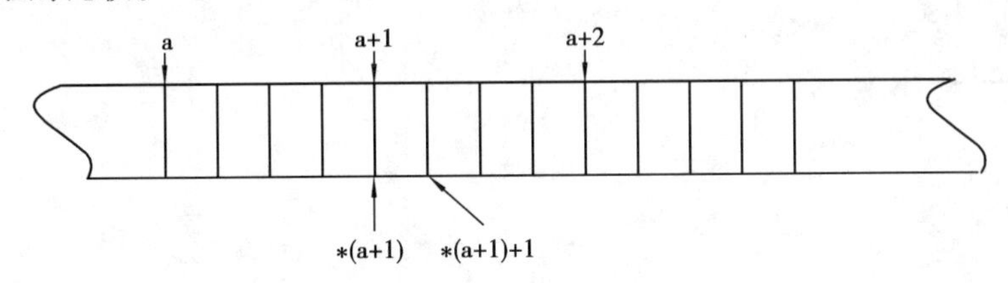

图6.6　二维数组行指针和列指针移动比较

从图6.6中可以看出,a+i 和 *(a+i)都表示一行的起始地址,例如 a+1 和 *(a+1)都表示二维数组 a 中1行的首地址;对于行指针 a+i 而言,每次移动过的元素个数为二维数组一行所具有的元素个数,例如从 a+1 到 a+2 之间有4个数组元素;对于列指针 *(a+i)而言,每次移动过的元素为1个,例如从 *(a+1)到 *(a+1)+1 之间仅有一个数组元素(注意:*(a+1)也可以写为 *(a+1)+0)。

对于一个二维数组 a,其所占存储区域的首地址有4种表示方式,它们是 a、a[0]、&a[0][0]和 *a。这4种地址表示形式的地址级别是不同的。其中,a 是二级地址,其移动方式是每次移动过一行数组元素,所以其地址单位是二维数组中一行数据所占据的存储单元字节数;其余3个都表示一级地址,其移动方式是每次移动过一个数组元素,所以其地址单位为一个数组元素所占据的存储单元字节数。当需要用指针指向二维数组时,可以采用一级指针变量和二级指针变量两种处理形式。

1)使用一级指针变量指向二维数组

设有定义好的二维数组 a 和一级指针变量 p1,那么 p1 指向二维数组 a 可以通过 p1=a[0]、p1=&a[0][0]或 p1=*a 等表达式实现。特别需要注意的是:不能使用 p1=a 的方式将指针 p1 指向数组 a,原因是 p1 是一级指针,只能用一级地址值作为其值,而 a 表示的是二级地址值。

当 p1 指向二维数组 a 且未移动时,数组 a 中的 i 行 j 列元素地址可以用指针 p1 表示为 p1+i*4+j。当一个一级指针变量正确地指向了一个二维数组首地址且指针没有移动时,常用于表示数组元素地址以及元素值的等价表示形式如表6.2所示。

表 6.2　二维数组元素地址和元素值的等价表示形式

等价的地址表示形式	等价的元素表示形式
&a[i][j]	a[i][j]
a[i]+j	*(a[i]+j)
*(a+i)+j	*(*(a+i)+j)
p1+i*列数+j	*(p1+i*列数+j)

［例 6.13］　使用不同的指针形式引用二维数组元素示例。

```
/* Name: ex0613.cpp */
#include <stdio.h>
#include <stdlib.h>
#include <time.h>
#define ROW 2
#define COL 8
int main()
{
    void MakeArray(int *v,int m,int n);
    int a[ROW][COL],i,j,*p;
    MakeArray(a[0],ROW,COL);
    for(p=a[0],i=0;i<ROW;i++)
    {
        for(j=0;j<COL;j++)
            printf("%5d",*(p+i*COL+j));
        printf("\n");
    }
    printf("\n");
    for(i=0;i<ROW;i++)
    {
        for(j=0;j<COL;j++)
            printf("%5d",*(*(a+i)+j));
        printf("\n");
    }
    printf("\n");
    for(i=0;i<ROW;i++)
    {
        for(j=0;j<COL;j++)
            printf("%5d",*(a[i]+j));
```

```
        printf("\n");
    }
    return 0;
}
void MakeArray(int *v,int m,int n)
{
    int i,j;
    srand(time(NULL));
    for(i=0;i<m;i++)
        for(j=0;j<n;j++)
            *(v+i*n+j)=rand()%1000;
}
```

上面的程序用3种不同的指针方式实现了二维数组元素的输出,程序执行的输出结果为:

```
810  540  515  585  914  342  336  825
810  221  575  464  356  234  462  602

810  540  515  585  914  342  336  825
810  221  575  464  356  234  462  602

810  540  515  585  914  342  336  825
810  221  575  464  356  234  462  602
```

2)使用二级指针变量指向二维数组

二维数组的名字是二级地址,对应能够表达出其行信息的二级指针变量。当一个能够表达出二维数组一行数据个数的二级指针变量指向一个二维数组后,既可以通过该指针变量与整型数据的加法表达式表示二维数组中的某行,也可以通过指针变量的移动指向二维数组的某一行。需要特别注意的是:不能用一个一般的二级指针变量直接指向一个二维数组,其原因是二维数组都具有特定的形状(即有指定的行数和列数),直接定义的二级指针不能表达出二维数组的这些特征。例如,下面的C代码段是错误的:

```
double a[5][10],**p;
p=a;      //这条C语句是错误的,不能直接将二级指针变量指向二维数组
```

能够指向二维数组的二级指针变量需要能够表达出二维数组列数(即一行长度)特征。C语言中可以通过指向由若干个元素组成的一维数组的指针变量来实现,指针变量定义的一般形式为:

[存储类别符] 数据类型符(*变量名)[常量表达式];

其中,常量表达式的值就是指针变量一次移动所跨过的元素个数(即该指针变量的单位)。例如int (*p)[10];语句表示定义了二级指针变量p,指针p的一次移动即可以移动过10

个整型数据所占用的连续存储区域。

如果已经根据二维数组的列数定义好了指向由若干个元素组成的一维数组二级指针变量 p，而且指针变量已经指向了特定的二维数组 a，则二级指针变量 p 表示二维数组元素地址和元素值的常用形式如表 6.3 所示。

表 6.3　指向若干元素构成的一维数组指针变量表示二维数组元素

等价的地址表示形式	等价的元素表示形式
&a[i][j]	a[i][j]
*(p+i)+j	*(*(p+i)+j)
p[i]+j	*(p[i]+j)

［**例 6.14**］　使用指向由若干个元素组成的一维数组的指针处理二维数组。

```
/* Name: ex0614.cpp */
#include <stdio.h>
int main()
{
    int a[3][5]={1,2,3,4,5,6,7,8,9,10,11,12,13,14,15};
    int i,j,(*p)[5];
    p=a;        //二级指针变量 p 指向二维数组 a
    for(i=0;i<3;i++)
    {
        for(j=0;j<5;j++)
            printf("%3d",*(*(p+i)+j));       //也可以使用*(p[i]+j)
        printf("\n");
    }
    return 0;
}
```

上面程序中用指向若干个元素组成一维数组的二级指针变量 p 指向二维数组 a，使用 *(*(p+i)+j)形式输出二维数组元素（也可以用 *(p[i]+j)形式）。程序一次执行的输出结果如下所示：

```
  5  12  70  84  62  50  24   3
 98  90  48  78  50  49  39  44
  1  23  87  85  73  97  54  15
 10   9  30  74  95  63  20  72
```

6.4　指针数组与命令行参数

处理一组相关的同类型数据时可以使用数组的概念，对一组同类型的相关指针变量也可以使用数组进行组织。每一个元素都是指针变量的数组称为指针数组。

C 程序运行时，可以通过命令行参数从外界向程序内传递数据。C 程序的命令行参数是指针数组的典型应用。

6.4.1 指针数组的定义和引用

指针数组是一组有序的指针的集合。指针数组的所有元素都必须是具有相同存储类型和指向相同数据类型的指针变量。指针数组定义的一般形式为：

[存储类别符] 数据类型符 ＊数组名[常量表达式];

例如,int＊name[10];语句就定义了含有10个指针元素的指针数组,每一个指针数组元素都是一个整型的指针变量,即可以存放一个整型数据的地址(或者整型一维数组的始址)。例如,下面的语句序列所描述的指针数组与被指向数据对象之间的关系如图6.7所示：

```
int a[4],b[5],*p[2];        /*定义两个数组a、b和一个指针数组p*/
double x,y,*p1[2];          /*定义三个普通变量和一个指针数组p1*/
p[0]=a;    /*指针数组p的0号元素p[0]指针变量,指向一维数组a*/
p[1]=b;
p1[0]=&x;  /*指针数组p1的0号元素p1[0]指针变量,指向变量x*/
p1[1]=&y;
```

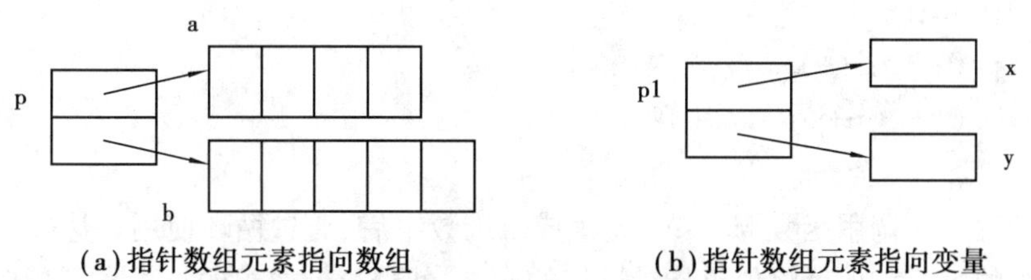

(a)指针数组元素指向数组　　(b)指针数组元素指向变量

图6.7　指针数组与被指向数据对象的关系示意图

指针数组也可以初始化,其形式如下：

[存储类别符] 数据类型符 ＊数组名[常量表达式]={地址量1,地址量2,…};

例如,语句 int x,y,＊add[ ]={&x,&y};和 double a[10],b[35],＊p[ ]={a,b};等。

指针数组在C程序中常用于处理二维数组,此时指针数组中的每个元素被赋予二维数组每一行的首地址,即每个指针数组元素指向一个一维数组(二维数组中的一行)。

[例6.15] 用一维指针数组处理二维数组示例。

```
/* Name: ex0615.cpp */
#include <stdio.h>
#include <stdlib.h>
#include <time.h>
#define ROW 3
#define COL 5
int main()
{
    void MakeArray(int *v,int m,int n);
    int a[ROW][COL],i,j,*p[3];
```

```
    MakeArray(a[0],ROW,COL);
    for(i=0;i<ROW;i++)        //指针数组元素依次指向二维数组各行
        p[i]=a[i];
    for(i=0;i<ROW;i++)
    {
        for(j=0;j<COL;j++)
            printf("%5d",*(p[i]+j));
        printf("\n");
    }
    return 0;
}
void MakeArray(int *v,int m,int n)
{
    int i,j;
    srand(time(NULL));
    for(i=0;i<m;i++)
        for(j=0;j<n;j++)
            *(v+i*n+j)=rand()%100;
}
```

上面的程序在调用函数 MakeArray 生成二维数组后，通过循环使用表达式 p[i]=a[i] 将二维数组的每行首地址赋值给指针数组的元素，使得指针数组的每一元素指向二维数组中的一行；最后通过 *(p[i]+j)形式输出数组 a 的元素值。程序一次运行的结果为：

```
11  41  50  19  61
89  55  31  15  56
53  28  79   4  28
```

指针数组还常用于处理若干个相关的一维数组，此时指针数组中的每个元素指向一个一维数组的首地址。

[**例 6.16**]　编制程序解决下述问题：5 个学生，每人所学课程门数不同（成绩存放在一维数组中，以-1 表示结束），输出他们的各项成绩。

```
/* Name: ex0616.cpp */
#include <stdio.h>
int main()
{
    int stu1[]={78,98,73,-1},stu2[]={100,98,-1},stu3[]={88,-1},
        stu4[]={100,78,33,65,-1},stu5[]={99,88,-1};
    int *grad[]={stu1,stu2,stu3,stu4,stu5},**p=grad,i;
    for(i=1;i<=5;i++)
    {
```

```
        printf("学生 %d 成绩:",i);
        while(**p>=0)    /*当取出的数组元素值不是-1 时*/
        {
            printf("%4d",**p);
            (*p)++;    /*指针变量*p 移动指向当前数组的下一个数组元素*/
        }
        p++;    /*指针变量 p 移动指向下一个指针数组元素(即下一个一维数组)*/
        printf("\n");
    }
    return 0;
}
```

上面的程序综合使用了指针数组和二级指针变量,数据对象的定义和初始化阶段完成后形成的处理结构如图 6.8 所示。

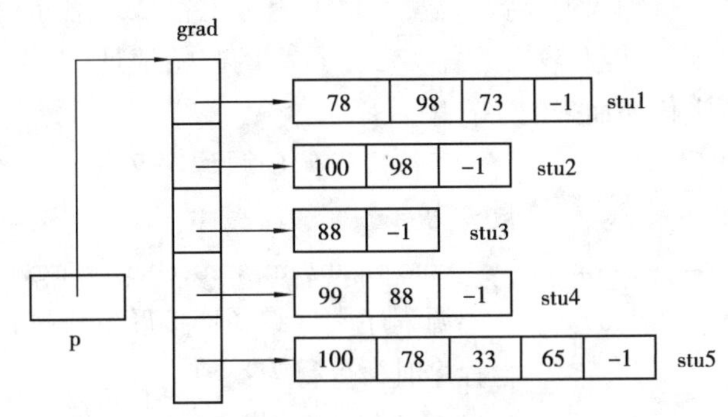

图 6.8 例 6.16 程序的数据结构

如图 6.8 所示,二级指针变量 p 指向指针数组 grad,而 grad 的每一个元素分别指向一个一维数组。最初时,*p 就等价于 grad[0],也就是数组 stu1 的首地址。注意二级指针变量的每移动一步就指向 grad 的下一个数组元素,则 *p 就等价于当前所指向的指针数组元素,也就是指针数组元素指向的一维数组的首地址;对于 *p 而言,它仍然是一个指针变量,但它是一个一级指针变量,当其指向一个一维数组后,其每次移动就会指向下一个数组元素,程序中通过 *p 指针的移动并取指针运算(**p)来操作数组元素。程序的执行结果为:

```
学生 1 成绩:  78  98  73
学生 2 成绩: 100  98
学生 3 成绩:  88
学生 4 成绩: 100  78  33  65
学生 5 成绩:  99  88
```

6.4.2 命令行参数

程序执行时,通过命令行参数将数据从外界传递到程序中。例如,DOS 操作系统中的文件复制命令调用形式为：

copy Source_filename Target_filename

在视窗系统中，也可以在 Windows 系统的运行对话框中通过输入命令行"winword d:\abc.doc"实现启动字处理程序 Word 的同时打开 D 盘根目录下 Word 文档"d:\abc.doc"，如图 6.9 所示。

图 6.9　命令行参数

C 程序通过主函数带形参表来实现命令行参数功能。主函数的形式参数有两个，一个整型参数用于记录命令行输入的参数个数，习惯上用标识符 argc 表示；另一个是字符型指针数组 argv，用于存放命令行上输入的各实参字符串的起始地址，即指针数组的每一个元素指向一个由命令行上传递而来的字符串。

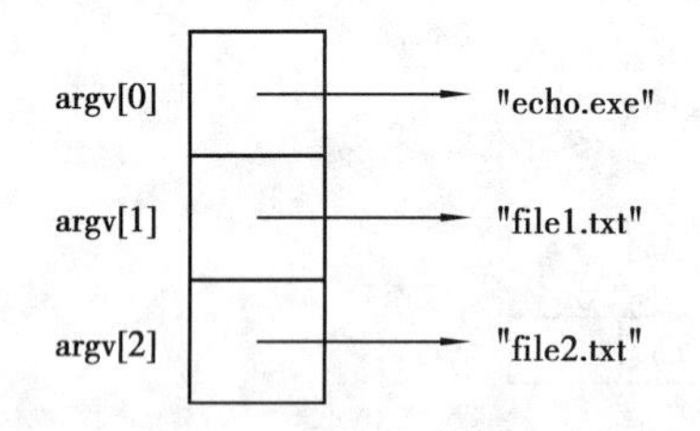

图 6.10　命令行参数结构示意图

例如，若有 C 源程序文件 echo.cpp，程序中的主函数头为：

void main(int argc, char * argv[ ])

源程序文件编译连接后生成执行文件 echo.exe，执行程序时命令行为：

echo file1.txt file2.txt

则参数传递的结果为：argc = 3、argv[0]指向字符串"echo.exe"，argv[1]指向字符串"file1.txt"，argv[2]指向字符串"file2.txt"，如图 6.10 所示。

［例 6.17］　获取命令行参数字符串示例。

```
/ * Name: ex0617.cpp * /
#include <stdio.h>
int main(int argc, char * argv[ ])
{
    while(--argc>0)
        printf("%s%c",argv[argc],(argc>1? ' ':'\n'));
    return 0;
}
```

上面程序的执行涉及命令行参数的输入问题，在 VC++6 集成环境中命令行参数处理方法参见附录。程序执行时通过使用 argv[argc]方式获取从命令行传递进来的参数（字符串）。如果设置的命令行参数为 abcdefg 1234 AGDGS，则程序执行的结果是：

AGDGS 1234 abcdefg

使用命令行参数时特别需要注意的是，通过命令行参数只是从程序外向程序内部传递了若干个字符串,程序中用字符指针数组来组织这些字符串,至于这些字符串的物理含义(即传递这些字符串的目的)则由程序员自己解释,例如表示某个文件的名字、表示被处理的字符串等。如果通过命令传递进来的是其他意义的数据,则需要按使用要求进行转换,下面的例子说明了这个问题。

[例 6.18] 编程序实现功能:程序执行时从命令行上带入两个实数,求两个实数之和并输出。

```
/ * Name: ex0618.cpp * /
#include <stdio.h>
#include <math.h>
int main(int  argc, char * argv[ ])
{
    double x,y;
    if(argc! =3)
    {
        printf("Using: command arg1 arg2<CR>\n");
        return -1;
    }
    x=atof(argv[1]);       //取出 argv[1]指向的数字字符串,转换为对应实数
    y=atof(argv[2]);
    printf("sum=%f\n",x+y);
    return 0;
}
```

上面的程序执行时,如果没有按要求正确提供命令行参数(即命令行上的参数不是3个)则输出提示信息 Using: command arg1 arg2<CR>后退出程序。若正确提供了命令行参数(假设参数为 130.45 33.9),则输出结果为 sum=164.350000。

6.5 使用指针构建动态数组

C99 标准之前,程序中定义数组时必须指定数组长度(元素个数)。程序设计中使用动态数组对象,只能通过使用指针概念和 C 标准库中提供的存储分配库函数来实现。

6.5.1 动态数据的概念和存储分配标准库函数

C 程序设计中,所谓"动态数据",是指不需要事先定义使用的数据对象,而在程序运行过程中按照实际需要向系统提出存储分配要求,然后通过指针运算方式使用从系统中分配到的存储空间。

为了能够在 C 程序中使用动态数据,就必须解决动态分配内存的问题。C 标准库中提供了一系列用于存储分配的函数。存储分配函数的原型在头文件 stdlib.h 和 alloc.h 中均有声明,使用动态存储分配的应用程序中需要包含这两个头文件之一。在与存储分配相关的

函数中，malloc 和 free 是最常用的两个函数。

1）存储分配函数 malloc

原型：void * malloc(size_t size)；

功能：在主存储器中的动态存储区分配由 size 所指定大小的存储块，返回所分配存储块在存储器中起始位置（指针）。返回指针类型为 void（空类型），在应用程序中应根据需要进行相应的类型转换。如果存储器中没有足够的空间分配，即存储分配失败时返回 NULL。

2）存储释放函数 free

原型：void free(void * memblock)；

功能：释放由指针变量 memblock 指明首地址的、通过 malloc 类库函数分配获取的存储块，即将该块归还操作系统。

需要注意的是，使用 free 函数只能释放由 malloc 类函数动态分配的存储块，不能用 free 函数试图去释放显式定义的存储块（如数组等）。

［**例 6.19**］ malloc 函数和 free 函数使用示例。

```
/ * Name: ex0619.cpp * /
#include <stdio.h>
#include <stdlib.h>
int main()
{
    int *p1;
    double *p2;
    char *p3;
    p1=(int *)malloc(sizeof(int));    //分配一个整数所需的空间
    p2=(double *)malloc(sizeof(double));    //分配一个双精度实数所需的空间
    p3=(char *)malloc(sizeof(char));    //分配一个字符数据所需的空间
    printf("请依次输入整型、实型和字符数据:\n");
    scanf("%d,%lf,%c",p1,p2,p3);
    printf("整型数据为:%d\n",*p1);    //*p1 是整型变量
    printf("实型数据为:%f\n",*p2);    //*p2 是实型变量
    printf("字符型数据为:%c\n",*p3);    //*p3 是字符变量
    free(p1);    //以下代码释放动态分配的空间
    free(p2);
    free(p3);
    return 0;
}
```

在例 6.19 程序中，通过存储分配标准库，函数 malloc 分别按照所要求的长度分配存储空间，并将它们的起始地址转换为相应数据类型的指针赋值给对应的指针变量，然后将指

针变量和对它们的指针运算分别作为数据的地址和数据本身进行操作。

在使用动态存储分配的程序设计中,特别要注意释放的问题。例6.19程序中,去掉后面3行free函数的调用似乎也不会出现问题,这是由于程序运行完成后其占用的所有存储区域都会归还系统。在运行时间周期长或者动态存储分配操作频繁的程序设计中,特别要注意free函数的使用。对于动态分配的存储块使用完成后应尽快释放,否则有可能造成“内存泄漏”。

6.5.2　一维动态数组的建立和使用

在C程序设计中,使用指针的概念和C语言提供的存储分配类标准库,函数可以非常容易地实现一维动态数组。实现一维动态数组的基本步骤为:

①定义合适数据类型的一级指针变量。

②调用C动态存储分配标准库,函数按照指定的长度和数据类型分配存储空间。

③将动态分配存储区域的首地址转换为所需要的指针形式赋值给对应的指针变量。

④将指针变量名作为一维数组名操作。

[**例6.20**]　编制程序实现冒泡排序功能,程序中假定事先并不知道排序元素的个数。为了模拟数据,程序中仍然要求被排序数组用随机函数生成。

```
/ * Name: ex0620.cpp * /
#include <stdio.h>
#include <stdlib.h>
#include <time.h>
void sort(int v[ ],int n);              / * 排序函数 * /
void MakeArray(int v[ ],int n);  / * 数组生成函数 * /
void PrintArray(int v[ ],int n);  / * 数组输出函数 * /
int main( )
{
    int n, * pArr;
    printf("请输入参加排序的元素个数:");
    scanf("%d",&n);
    pArr=(int * )malloc(sizeof(int) * n);      //构造一维动态数组pArr
    MakeArray(pArr,n);
    printf("排序前数据序列:\n");
    PrintArray(pArr,n);
    sort(pArr,n);
    printf("排序后数据序列:\n");
    PrintArray(pArr,n);
    free(pArr);
    return 0;
}
```

```
void MakeArray(int v[ ],int n)
{
    int i;
    srand(time(NULL));
    for(i=0;i<n;i++)
    v[i]=rand()%100;
}
void PrintArray(int v[ ],int n)
{
    int i;
    for(i=0;i<n;i++)
        printf("%4d",v[i]);
    printf("\n");
}
void sort(int v[ ],int n)
{
    int i,j,t;
    for(i=0;i<n-1;i++)
        for(j=0;j<n-i-1;j++)
            if(v[j+1]<v[j])
                t=v[j],v[j]=v[j+1],v[j+1]=t;
}
```

[**例**6.21] 程序除了被处理的数组是动态创建的之外,程序的功能和结构在第4章中已经进行了讨论,请读者参照第4章的知识自行分析。程序的一次执行过程和结果如下所示:

```
请输入参加排序的元素个数:15
排序前数据序列:
  43  50  64  10  41  22  22  84  65  17  81  30  42  64  73
排序后数据序列:
  10  17  22  22  30  41  42  43  50  64  64  65  73  81  84
```

从上面的程序实现可以看出,使用动态数组可以根据应用的实际需要进行数据准备,可给程序设计带来较大的灵活性。使用动态一维数组时,需要注意它和直接定义一维数组之间的差异。在直接定义数组时,我们可以对数组进行初始化操作。但对于动态一维数组,则需要使用循环赋值的方式来实现数组赋初值工作。例如:

```
int a[100]={0};     //a数组全部置初值0
int i, *b;     //下面代码序列创建动态数组b,并全部置初值为0
b=(int *)malloc(100);
for(i=0;i<100;i++)
    b[i]=0;
```

6.5.3 二维动态数组的建立和使用

在C程序设计中,使用指针和指针数组的概念以及C语言提供的存储分配类标准库函数,可以非常容易地实现二维动态数组。动态二维数组的构成需要使用指针数组的概念,即构成的数据结构如图6.11所示。图中的变量ptr是二级指针变量,它指向的数组是动态生成的一维指针数组,一维指针数组的每个元素指向的是动态生成的一维数组。在C程序设计中,实现二维动态数组的基本步骤为:

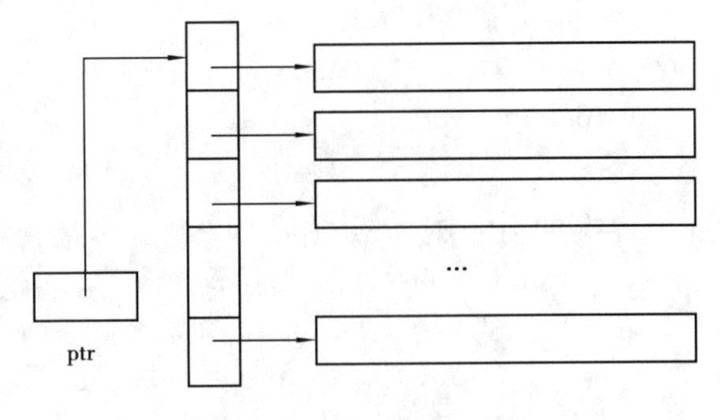

图6.11 动态二维数组的结构

①定义合适数据类型的二级指针变量。

②按照指定的二维数组行数动态创建一维指针数组,并将其首地址赋值给二级指针变量。

③以二维数组的列数为长度动态创建若干个(由行数决定)一维数组,并将其首地址分别赋值给指针数组中的对应元素。

④将二级指针变量名作为二维数组名操作。

[**例6.22**] 二维动态数组的创建和使用示例。

```
/ * Name: ex0621.cpp * /
#include <stdio.h>
#include <stdlib.h>
#include <time.h>
int main( )
{
    void PrintArray(int * * v,int m,int n);
    void MakeArray(int * * v,int m,int n);
    int i,row,col, * * pArr;
    printf("输入二维数组的行数和列数:");
    scanf("%d,%d",&row,&col);
    pArr=(int * * )malloc(row * sizeof(int * ));       //动态创建一维指针数组
    for(i=0;i<row;i++)
        pArr[i]=(int * )malloc(col * sizeof(int));      //动态分配二维数组的每一行
    MakeArray(pArr,row,col);
    PrintArray(pArr,row,col);
    for(i=0;i<row;i++)      //以下代码释放动态分配的空间
        free(pArr[i]);
    free(pArr);
```

```
    return 0;
}
void PrintArray(int **v,int m,int n)
{
    int i,j;
    for(i=0;i<m;i++)
    {
        for(j=0;j<n;j++)
            printf("%4d",v[i][j]);
        printf("\n");
    }
}
void MakeArray(int **v,int m,int n)
{
    int i,j;
    srand(time(NULL));
    for(i=0;i<m;i++)
        for(j=0;j<n;j++)
            v[i][j]=rand()%100;
}
```

上面程序中,通过语句 pArr=(int **)malloc(row*sizeof(int*));创建了一维指针数组并建立了与二级指针变量之间的关系;反复使用 pArr[i]=(int *)malloc(col*sizeof(int));语句创建了若干个动态一维数组并建立了与指针数组中对应元素的关系,从而构成了如图 6.11 所示的动态二维数组结构。在此后的程序中,将二级指针变量 pArr 作为二维数组的名字使用。另外,在释放动态分配空间时要注意释放顺序,首先要释放二维数组中的每一行,然后才能释放组织它们的指针数组。程序的一次运行过程和输出结果为:

```
输入二维数组的行数和列数:3,15
  50  49  10  69   6  49  37  61  58   9  34  64  35  39  32
  89  99  81  67  14  99  71  97  84  47  24  42  14  39  80
  19  83  27  28  76  50   2  72  28  25  22  87  33  20  43
```

在使用动态构成的高维数组(二维以上)时,需要注意动态数组与同类直接定义的数组之间的两点区别:

1)动态数组不能初始化

不管是多少维的数组,也无论它们是什么数据类型,只要是动态创建的数组,都不能进行初始化。事实上,在满足 C99 标准的环境中,虽然能够用变量表示数组长度(即定义动态数组),但这种数组也不能初始化。

2)动态数组空间不再连续

直接定义的高维数组(二维以上)的每一行在系统存储器中是连续存放的,所以可以根据数组占用的存储起始地址计算获取该数组每一行的起始地址或者每一个数组元素存放的起始地址。但对于动态构成的高维数组而言,表示其每一行元素的存储空间都是动态分配的,只能保证每一行本身是连续空间,数组从整体上并不占用连续的存储空间,即它们的行与行之间并不是连续存放的。请参照注释分析例6.22的示例程序。

[例6.23] 动态高维数组的特点示例。

```
/ * Name: ex0622.cpp * /
#include <stdio.h>
#include <stdlib.h>
int main( )
{
    int a[3][5]={0};        //直接定义二维数组a,初值全为0
    int * * b,i,j;
    b=(int * * )malloc( sizeof(int * ) * 3);//以下6行代码动态定义二维数组b,初值全
    为0
    for(i=0;i<3;i++)
        b[i]=(int * )malloc(sizeof(int) * 5);
    for(i=0;i<3;i++)
        for(j=0;j<5;j++)
            b[i][j]=0;
    printf("请注意分析下面的输出数据! \n");
    for(i=0;i<3;i++)        //无符号整数输出数组a每行首地址
        printf("%9u",a[i]);
    printf("\n");
    for(i=0;i<3;i++)        //无符号整数输出数组b每行首地址
        printf("%9u",b[i]);
    printf("\n");
    for(i=0;i<3;i++)        //以下3行代码释放动态数组b
        free(b[i]);
    free(b);
    return 0;
}
```

程序一次执行的输出数据是:

```
请注意分析下面的输出数据!
  1638152   1638172   1638192
  8596936   8597008   8597080
```

从输出数据可以看到,数组 a 的每一行是 5 个整型数据,占 20 个直接空间,所以每行起始地址之间的差距都是 20,证明 a 的每行确实是连在一起的。数组 b 输出每行起始地址之间的差距不是 20,说明数组 b 的每行不是连在一起的,即数组 b 占用的不是连续的存储区域。

6.6 指针与字符串

在 C 语言程序设计中,表示字符串的方式有两种:字符指针变量方式和字符数组方式。

字符数组表示字符串数据在第 4 章已经讨论过,本小节主要讨论使用字符指针变量表示字符串数据的问题。

6.6.1 字符串的指针表示

C 语言通过定义字符型指针变量,并将字符串或字符串常量的首地址赋给该指针,即可用指向字符串的指针变量来表示其所指向的字符串数据。例如有语句序列:

```
char *sPtr;
sPtr="This is C String.";
```

则在此后的程序代码中,可以使用字符指针变量 sPtr 表示字符串数据“This is C String.”。

虽然在 C 程序中,通过字符型指针变量和字符数组都可以表示字符串数据,但这两种表示方式之间还是有根本的区别。

当定义一个字符指针变量表示字符串时,例如语句 char *sPtr="abcd";,其本质上的意义是首先在存储器中存放一个字符串常量,然后将字符串常量的首地址赋给字符指针变量 sPtr,字符指针变量与其所指向的字符串常量之间的关系如图 6.12 所示。由于 sPtr 是变量,所以在此后的程序代码中任何修改其指向的操作都是合法的,例如使用语句 sPtr="1234";使得指针变量 sPtr 改变指向从表示字符串数据“abcd”转变成为表示字符串数据“1234”。sPtr 与其所指向的字符串常量之间的关系如图 6.13 所示。

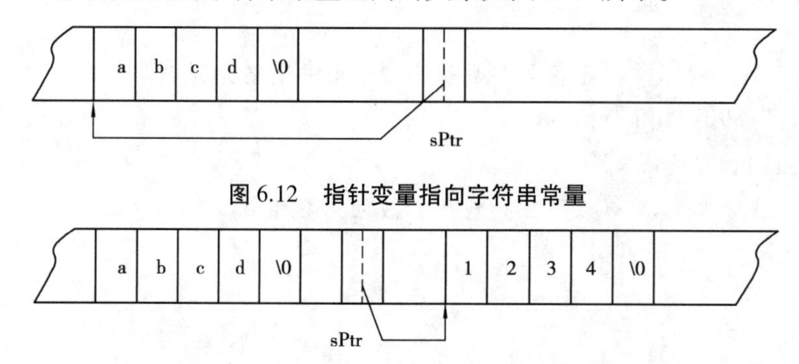

图 6.12 指针变量指向字符串常量

图 6.13 指针变量改变原指向指向另一字符串

而使用字符数组表示字符串时,例如语句 char str[7]="abcd";,其本质意义是首先为字符数组 str 按指定长度分配连续的存储空间,字符数组的名字 str 表示这段连续存储空间的首地址,然后将其存储内容初始化为字符串数据“abcd”。字符数组 str 与其初始值之间的关系如图 6.14 所示。

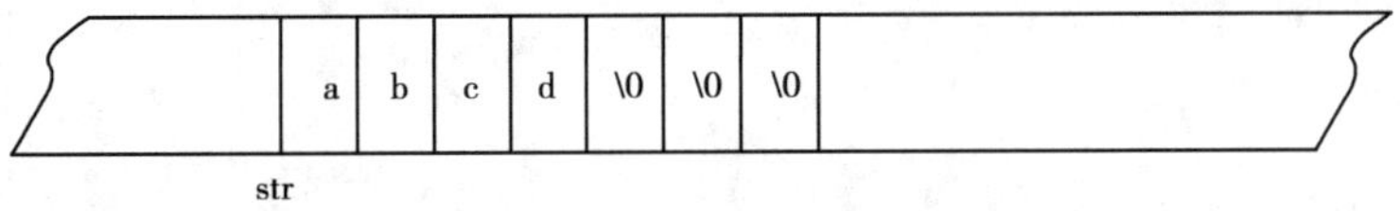

a	b	c	d	\0	\0	\0

str

图 6.14 数组名与其初始化值之间的对应关系

由于字符数组名 str 是地址常量,数组亦不能作为整体操作,所以在此后的程序代码中,任何试图修改数组名 str 值的操作或者试图为数组整体赋值的操作都是错误的。请仔细比较下面的两段代码:

正确的程序代码段	错误的程序代码段
char *sPtr="abcd";	char str[7]="abcd";
…	…
sPtr="123456";	str="123456"; /*错误赋值操作*/

此外,在选择使用字符指针方式还是选择字符数组来表示字符串数据时还应注意:使用字符数组方式时,字符串数据是字符数组中存放的内容(可以认为是数组变量的值),只要有需要,均可以通过合法的语句对数组中的内容进行修改;而使用字符指针变量来表示字符串数据时,字符串数据是常量,任何试图修改常量数据的操作都是非法的,即字符指针指向的常量字符串内容是不能被修改的。

使用字符指针变量表示字符串数据时,最容易出现的错误就是将未确定指向的字符串指针变量直接使用。所谓未确定指向,是指指针变量既没有指向特定的字符数组,也没有指向动态分配的空间。例如,下面的代码段即是错误的:

```
char *st;
gets(st);     //错误:st 是一个没有确定指向的字符指针变量
```

如果定义了字符数组,一个指向它的指针变量相当于字符数组的另外一个名字。此时,无论是字符数组本身还是指向它的指针变量都可以用于处理字符串。如果仅定义了一个字符指针变量,那么必须使用该指针变量构成动态字符数组后才能用于处理字符串。

[**例 6.24**] 使用指向字符数组的指针变量处理字符串示例。

```
/* Name: ex0623.cpp */
#include <stdio.h>
#include <stdlib.h>
#include <string.h>
int main()
{
    char s1[100], *s2;
    s2=(char *)malloc(sizeof(char)*100);     //构成动态字符数组
    printf("请输入字符串 s1 和 s2\n");
    gets(s1);
    gets(s2);
    strcat(s2,s1);
    puts(s2);
```

```
    free(s2);      //释放动态数组
    return 0;
}
```

上面程序中,指针变量 s2 在进行存储分配后形成了动态字符数组,使用动态字符数组表示被处理的字符串。程序一次执行的结果如下:

```
请输入字符串 s1 和 s2
ABCDEFG      //输入数据
1234567      //输入数据
1234567ABCDEFG      //输出数据
```

6.6.2 字符串处理标准函数的指针参数

在第 2 章的 2.2 小节已经讨论过关于字符串数据最常见的处理,本小节将讨论字符串处理中较深入的问题,包括:字符串中字符的查找,字符串中字符的插入,字符串中字符的删除,字符串中子串的查找,字符串中子串的插入,字符串中子串的删除等。

C 标准库中提供的绝大多数关于字符串处理的标准库函数都是返回指针值的函数,其目的是使得操作后的结果可以作为下一次操作的左值或者函数调用的参数。在实际的应用程序设计过程中,对字符串处理标准库函数参数表中的字符指针参数(或字符数组参数)的理解是非常重要的。

1)字符串中字符的查找

在字符串中查找指定字符的基本思想是:从被操作字符串的第一个字符开始依次取出当前位置的字符与指定的字符相比较,若比较相符合则返回该字符的位置;否则进行下一轮比较,直到被处理的字符串中所有字符取完为止。返回查找到的字符位置可以有返回下标序号方式和返回存放地址方式两种,在应用程序设计中应该根据需要选择,下面用示例描述这两种方式的基本方法。

[**例 6.25**] 编制函数实现功能:在字符串中查找指定的字符,若被查找字符存在,则返回字符在字符串中的下标序号;若指定的字符在被查找的字符串中不存在,则返回-1;并用相应主函数进行测试。

```
/ * Name: ex0624.cpp * /
#include <stdio.h>
int main( )
{
    int findchr(char * s1, char c);
    char str[100],ch;
    int pos;
    printf("Input the string:");
    gets(str);
    printf("Input the character:");
```

```
    ch=getchar();
    pos=findchr(str,ch);
    if(pos!=-1)
        printf("The position is str[%d].\n",pos);
    else
        printf("'%c' is not in '%s'.\n",ch,str);
    return 0;
}
int findchr(char *s1,char c)
{
    int i;
    for(i=0;s1[i]!='\0';i++)
        if(s1[i]==c)
            return i;
    return -1;
}
```

［例6.26］ 编制函数实现功能:在字符串中查找指定的字符,若被查找字符存在,则返回字符的存放地址;若指定的字符在被查找的字符串中不存在,则返回NULL。用相应主函数进行测试。

```
/* Name: ex0625.cpp */
#include <stdio.h>
int main()
{
    char *findchr(char *s1, char c);
    char str[80],ch, *pos;
    printf("Input the string:");
    gets(str);
    printf("Input the character:");
    ch=getchar();
    pos=findchr(str,ch);
    if(pos!=NULL)
        printf("The position is str[%d].\n",pos-str);
    else
        printf("'%c' is not in '%s'.\n",ch,str);
    return 0;
}
char *findchr(char *s1,char c)
{
```

```
    for( ; *s1! ='\0 ';s1++)
        if( *s1==c)
            return s1;
    return NULL;
}
```

标准函数库中提供了在字符串中查找指定字符的函数 strchr,函数的原型为:

```
char *strchr(const char *s, int c);
```

函数的功能是:在由 s 表示的字符串中正向查找由 c 所表示的字符在串中首次出现的位置,若未找到则返回 NULL。

[例 6.27] 使用系统标准库函数在字符串中查找指定字符。

```
/* Name: ex0626.cpp */
#include <stdio.h>
#include <string.h>
int main( )
{
    char str[80],ch, *pos;
    printf("Input the string:");
    gets(str);
    printf("Input the character:");
    ch=getchar( );
    pos=strchr(str,ch);
    if(pos! =NULL)
        printf("The position is str[%d].\n",pos-str);
    else
        printf("'%c ' is not in '%s '.\n",ch,str);
    return 0;
}
```

2)字符串中字符的插入

在字符串指定位置插入一个字符的基本思想是:将字符串中从指定位置以后的所有字符由后向前地依次向后移动一个字符位置以腾出所需要的字符插入空间;然后将指定的插入字符复制到指定位置。字符的插入分为前插(插入的字符在指定位置原字符之前)和后插(插入的字符在指定位置原字符之后)两种方式,这两种方式的基本思想完全一致,不同之处在于字符串部分字符后移时是否包括指定位置的原字符。

[例 6.28] 编制函数实现功能:在字符串的指定字符之前插入另外一个指定字符,插入成功返 1;若在字符串中找不到插入位置,则返回 0。用相应主函数进行测试。

```
/* Name: ex0627.cpp */
#include <stdio.h>
```

```
#include <string.h>
int main( )
{
    int insertchr( char  * s1,  char pos,char c);
    char str[80],pos,ch;
    printf("Input the string:");
    gets(str);
    printf("Input a character for serarch:");
    pos=getchar();getchar();
    printf("Input a character for insert:");
    ch=getchar();
    if(insertchr(str,pos,ch))
       puts(str);
    else
       printf("字符串\"%s\"中不包含字符'%c'。\n",str,pos);
    return 0;
}
int insertchr(char  * s1,char pos,char c)
{
    char  * p1, * p2;
    for(p1=s1; * p1!='\0';p1++)
          ;
    p2=strchr(s1,pos);
    if(p2==NULL)
          return 0;
    else
    {
        for(;p1>=p2;p1--)
              * (p1+1)= * p1;
        * p2=c;
    }
    return 1;
}
```

3)字符串中字符的删除

在字符串中删除指定字符操作的基本思想是:首先在字符串中查找指定字符的位置,若找到则将字符串中自该位置之后所有字符依次向前移动一个字符位置。

[**例 6.29**]　编制函数实现功能:在字符串中删除指定字符,删除成功返回1;若指定字

符不存在则返回0。用相应主函数进行测试。

```
/ * Name: ex0628.cpp * /
#include <stdio.h>
#include <string.h>
int main()
{
    int deletechr(char *s1, char c);
    char str[80],ch;
    printf("Input the string:");
    gets(str);
    printf("Input a character for delete:");
    ch=getchar();
    if(deletechr(str,ch))
        puts(str);
    else
        printf("字符串\"%s\"中不包含字符'%c'。\n",str,ch);
    return 0;
}
int deletechr(char *s1,char c)
{
    char *p;
    p=strchr(s1,c);
    if(p==NULL)
        return 0;
    else
    {   for(;*p!='\0';p++)
            *p=*(p+1);
        return 1;
    }
}
```

在字符删除过程中,自被删除字符之后的所有字符都向前移动一个位置,也可以理解成将删除字符开始的字符串向前复制一个位置。利用字符串复制的标准函数,删除字符函数可以简化为如下形式:

```
int deletechr(char *s1,char c)
{
    char *p;
    p=strchr(s1,c);
    if(p==NULL)
```

```
        return 0;
    else
    {   strcpy(p,p+1);
        return 1;
    }
}
```

4)字符串中子串的查找

子串查找的基本思想是首先在主串中查找子串的首字符,如果找到则比较其后连续的若干个字符是否与子串相同。如果相同则返回子串首字符在主串中出现的地址;否则在主串中向后继续查找。如果在主串中再也找不到子串的首字符,则返回 NULL。

[**例** 6.30]　编制函数实现在字符串中查找子字符串的功能,并用相应主函数进行测试。

```
/ * Name: ex0629.cpp * /
#include <stdio.h>
#include <string.h>
int main()
{
    char * findsubstr(char * s1, char * s2);
    char str1[80],str2[80], * pos;
    printf("Input string str1 & str2:\n");
    gets(str1);
    gets(str2);
    pos=findsubstr(str1,str2);
    if(pos)
        printf("'%s' is in '%s' at %d\n",str2,str1,pos-str1);
    else
        printf("'%s' is not found in '%s'.\n",str2,str1);
    return 0;
}
char * findsubstr(char * s1,char * s2)
{
    int len=strlen(s2);
    while((s1=strchr(s1, * s2))! =NULL)
    {
        if(strncmp(s1,s2,len)==0)
            break;
        else
```

```
        s1++;
    }
    return s1;
}
```

还可以从另外一个方面去设计查找函数 findsubstr,其基本思想为:从主串中的第一个字符开始,以后每次依次向后移动一个字符的位置,取出主串中与子串长度相等的前几个字符与子串比较。若相等则返回子串在主串中的起始位置,否则继续,直到主串查找完毕为止。若主串中不存在子串,返回 NULL。例 6.29 中的子串查找函数 findsubstr 可以重写为:

```
char *findsubstr(char *s1,char *s2)
{
    int len=strlen(s2);
    while(strncmp(s1,s2,len)!=0&&*(s1+len-1)!='\0')
        s1++;
    return *(s1+len-1)!='\0'?s1:NULL;
}
```

5)字符串中子串的插入

在字符串指定位置插入子串的基本思想和在字符串中指定位置插入字符类似:仍然是首先在字符串中找到插入位置,然后仍然需要移动插入点之后的所有字符以腾出插入位置,最后进行插入操作。与插入一个字符不同的是需要按插入的子串长度腾出足够的插入位置,即需要将字符向后移动过足够的跨距而不是一个字符位置。

[**例 6.31**] 编制实现子串插入功能的函数:插入点为子串的首字符在主串中第一次出现的位置,插入操作成功 1,否则返回 0。用相应主函数对子串插入函数进行测试。

```
/* Name: ex0630.cpp */
#include <stdio.h>
#include <string.h>
int main()
{
    int insertsubstr(char *s1, char *s2);
    char str1[80],str2[80];
    printf("Input string str1 & str2:\n");
    gets(str1);
    gets(str2);
    if(insertsubstr(str1,str2))
        puts(str1);
    else
        printf("'%c' is not in \"%s\".\n", *str2,str1);
```

```
    return 0;
}
int insertsubstr(char *s1,char *s2)
{
    char *p1, *p2;
    int len=strlen(s2);
    for(p1=s1; *p1!='\0';p1++)
        ;
    p2=strchr(s1, *s2);
    if(p2==NULL)
        return 0;
    else
    {
        for(;p1>=p2;p1--)
            *(p1+len)= *p1;
        for(; *s2;s2++,p2++)
            *p2= *s2;
    }
    return 1;
}
```

上面程序中的子串插入操作是按照插入子串的基本思想编制的，如果充分利用系统标准库函数则可以使编程过程更加简洁而高效。充分利用标准库函数，可以将函数 insertsubstr 按如下形式重写，请读者自行分析比较。

```
int insertsubstr(char *s1,char *s2)/*注意与例6.30比较*/
{
    char *p1;
    p1=strchr(s1, *s2);
    if(p1)
    {
        strcat(s2,p1);
        strcpy(p1,s2);
        return 1;
    }
    return 0;
}
```

6)字符串中子串的删除

在字符串中删除子串的基本思想和在字符串删除字符类似：仍然是首先在主串中找到

欲删除的子串,然后仍然需要向前移动被删除子串之后的所有字符。与删除一个字符不同的是要将子串后的字符向前移动过足够的跨距而不是一个字符位置。

［例 6.32］ 编制函数实现功能:在一个主串中查找指定的子串,找到则将子串从主串中删除,删除操作成功返回 1,否则返回 0。用相应的主函数进行测试。

```
/ * Name: ex0631.cpp * /
#include <stdio.h>
#include <string.h>
int main( )
{
    int delsubstr( char * s1,char * s2);
    char str1[80],str2[80];
    printf( "Input string str1 & str2:\n" );
    gets( str1);
    gets( str2);
    if( delsubstr( str1,str2) )
        puts( str1);
    else
        printf( " \" %s\" is not in \" %s\".\n" ,str2,str1);
    return 0;
}
int delsubstr( char * s1,char * s2)
{
    char * findsubstr( char * s1,char * s2);
    char * pos;
    int len;
    pos=findsubstr( s1,s2);
    if( pos)
    {
        len=strlen( s2);
        for( ;( * pos= * (pos+len)) ! ='\0 ';pos++)
            ;
        return 1;
    }
    return 0;
}
char * findsubstr( char * s1,char * s2)
{
    int len=strlen( s2);
```

```
    while(strncmp(s1,s2,len)! =0&& *(s1+len-1)! ='\0')
        s1++;
    return *(s1+len-1)! ='\0'? s1:NULL;
}
```

同样,充分利用标准库函数可以将函数 delsubstr 重写为如下形式,请读者自行分析比较。

```
int delsubstr(char *s1,char *s2)
{
    char *findsubstr(char *s1,char *s2);
    char *pos;
    pos=findsubstr(s1,s2);
    if(pos)
    {
        strcpy(pos,pos+strlen(s2));/*注意与例 6.31 比较*/
        return 1;
    }
    return 0;
}
```

习题 6

一、单项选择题

1.C 语句:int (*ptr)();的含义是(　　)。

A.ptr 是指向返回值类型为整型函数的指针变量

B.ptr 是指向整型数据的指针变量

C.ptr 是一个函数名,该函数返回值是指向整型数据的指针

D.ptr 既可以是函数名也可以是指针变量

2.设已正确定义了函数 add(x,y)和指向函数的指针变量 ptr,ptr 指向 add 的正确赋值方法是(　　)。

A.ptr=max　　B.*ptr=max　　C.ptr=max(a,b)　　D.*ptr=max(a,b)

3.设指针变量 ptr 已正确地指向了函数 min(a,b),则使用 ptr 调用函数 min 的表达式书写方法是(　　)。

A.(*ptr)min(a,b)　　B.*ptr min(a,b)

C.(*ptr)(a,b)　　D.*ptr(a,b)

4.C 语句:int *func(int a,int b);的含义是(　　)。

A.func 是指向函数的指针,该函数返回一个 int 型数据

B.func 是指向整型数据的指针变量

C.func 是一个函数名,该函数返回值是指向整型数据的指针

D.func 既可以是函数名也可以是指针变量

5.关于返回指针值的函数,以下说法正确的是(　　)。

A.在返回指针值的函数中,函数返回的是一个地址值或 NULL 值

B.在返回指针值的函数中,函数返回值是任意的

C.定义返回指针值的函数时,可以不指出形参的类型

D.返回指针值的函数不需要声明

6.关于指向函数的指针变量,以下说法正确的是(　　)。

A.一个指向返回值类型为整型函数的指针变量也可以指向整型变量

B.指向函数指针变量的值是它所指向函数在内存中的首地址

C.指向函数的指针变量只能指向一个函数

D.以上说法都不正确

7.下面程序执行后输出的结果是(　　)。

```
#include "stdio.h"
int *a;
int *f(int *x,int *y)
{
    if(*x>*y)
        a=x;
    else
        a=y;
    return a;
}
int main()
{
    int x=5,y=8,*p;
    p=f(&x,&y);
    printf("%d\n",*p);
    return 0;
}
```

A.0　　B.8　　C.5　　D.一个地址值

8.设有 C 语句 char s[100],*p=s;,则下面不正确的表达式是(　　)。

A.p=s+5　　B.s=p+s　　C.s[2]=p[5]　　D.*p=s[3]

9.设有 C 语句 int a[]={1,2,3,4,5,6,7,8,9,10},*p=a;,则下面对 a 数组元素不能够正确引用的是(　　)。

A.a[p-a]　　B.*(&a[3])　　C.p[3]　　D.*(*a(a+3))

10.设有 C 语句 int b[5][4],(*p)[4];,则能使指针变量 p 正确指向数组 b 的是(　　)。

A.p=b　　　　B.p=*b　　　　C.p=&b[0][0]　　　　D.p=b[0]

二、填空题

1.语句:char *func1();和char(*func2)();的区别是___(1)___。

2.在说明语句:float * fun();中,标识符fun代表的是___(2)___。

3.有函数max(a,b,c),已经使函数指针变量p指向它,使用函数指针变量p调用函数的语句是___(3)___。

4.二级指针变量___(4)___变量,多级指针变量___(5)___变量。

5.对于指向数组的指针变量而言,对指针变量进行自增/自减运算时,实质上就是将指针变量的指向___(6)___的位置。

6.所谓动态数组就是___(7)___数据对象。

7.___(8)___指针变量可以指向一个字符串,也可以指向一个字符。

8.下面程序的功能是:求出a数组中每个元素的平方值,并将其依次存放到数组b中。请填空完成程序。

```
#include <stdio.h>
int main()
{
    int *f(int p[],int q[],int m);
    int a[6]={1,3,5,7,9,11},i,*k;
    int b[6];
    k=___(9)___;      //此处填入调用函数f的代码
    for(i=0;i<6;i++)
        printf("%5d",k[i]);
    printf("\n");
    return 0;
}
int *f(int p[],int q[],int m)
{
    int i;
    for(i=0;i<m;i++)
        q[i]=p[i]*p[i];
    return ___(10)___;
}
```

三、阅读程序题

1.写出下面程序运行的结果。

```
#include <stdio.h>
```

```
int fac(int x)
{
    int i;
    int result=1;
    for(i=1;i<=x;i++)
        result=result * i;
    return result;
}
int main()
{
    int m,n,( * p)(int);
    n=6;
    p=fac;
    m=( * p)(n);
    printf("%d! =%ld\n",n,m);
    return 0;
}
```

2.写出下面程序运行的结果。

```
#include <stdio.h>
int f1(int x)
{
    return x * x;
}
int f2(int y)
{
    return y * y * y;
}
int f(int ( * f3)(int),int ( * f4)(int),int z)
{
    return f4(z)-f3(z);
}
int main()
{
    int result;
    result=f(f1,f2,2);
    printf("%d\n",result);
    return 0;
}
```

3.写出下面程序运行的结果。

```
#include <stdio.h>
int main( )
{
    int a[ ] = {1,2,3,4,5,6,7,8,9,10,11,12};
    int *p[4],i;
    for(i=0;i<4;i++)
        p[i] =&a[i*3];
    printf("%d\n",p[3][1]);
    return 0;
}
```

4.写出下面程序运行的结果。

```
#include <stdio.h>
int main( )
{
    int b[ ] = {2,4,6,8,10}, *p=b;
    printf("%d", *p++);
    printf("%d", *++p);
    printf("%d",( *++p)++);
    printf("%d\n",( *p++));
    return 0;
}
```

5.写出下面程序运行的结果。

```
#include <stdio.h>
int   main( )
{
    float a[5][3] = {1,2,3,4,5,6,7,8,9,0,9,9,8,7,6}, *p[5], **pp=p;
    int i;
    for(i=0;i<5;i++)
        p[i] =a[i];
    for(i=0;i<5;i++)
        printf("%5.0f", **pp++);
    printf("\n");
    return 0;
}
```

四、程序设计题

1.定义一个函数,实现将3个整数型形式参数按降序排序后输出的功能;在main函数中利用指向函数的指针变量调用该函数,对从键盘输入的 3 个整数进行排序。

2.从键盘输入一个大于 1 的正整数 n,

当 n 为偶数时,计算:$1+1/2+1/4+\cdots+\frac{1}{n}$

当 n 为奇数时,计算:$1+1/3+1/5+\cdots+\frac{1}{n}$

3.输入一个正整数 x,打印其所有因子(重复因子不计),并判断 x 是否为素数。

4.用梯形法编写积分通用函数,计算下面 3 个积分。

$$\int_1^2 x^2 \ln x\mathrm{d}x \quad (n = 1\ 000),\int_0^{3.0} x\sin x\mathrm{d}x \quad (n = 500),\int_0^1 \frac{x}{\mathrm{e}^x}\mathrm{d}x \quad (n = 1\ 000)$$

5.用返回指针值的函数实现将数组 a[6] = {1,2,3,4,5,6} 中元素平方后存入数组 b[6]。

6.使用 malloc 函数为整型指针变量 ptr1 分配存储空间,输入一个整数存入该地址空间,并判断该数是否为完数。

7.编程序实现功能:将一个 10 行 5 列数组 a 每一行中最大值取出存放到一个一维数组 b 中,输出数组 a 和数组 b 的值,要求所有数组操作通过两种以上的指针方式表示。

8.函数的原型为:int delmem(int *v,int n,int del);,其功能是在长度为 n 的数组 v 中删除所有的 del 值。请编制函数 delmem 并用相应主函数测试,测试数据的个数在程序运行过程中确定。

9.某教学班有 15 个同学,每人学习了 3 门课程,现用一个 15×4 的二维数组来存放。其中最后一列存放总成绩。设每个同学的任何一门成绩都不低于 50 分,程序中用随机数模拟所有同学 3 门课程成绩,通过计算得到总成绩并输出成绩表。请编程序实现上述功能,要求数据求和和输出使用数组的指针方式进行。

10.函数的原型为:void sort(int *v,int n);,其功能是实现一个线性序列的升序排序。现有一批个数未知的整数需要进行按降序排序,请利用函数 sort 实现所求功能。

提示:

(1)数据的个数在程序运行过程中输入;

(2)使用动态数组作为数据结构;

(3)使用随机产生的数据模拟处理数据;

第7章

结构体和联合体数据类型

在实际的计算机应用问题中,常常需要将不同类型的数据组合成为一个有机的整体。例如一个学生的信息包括:学号、姓名、年龄、性别、家庭住址、电话号码等。这些数据显然不属于同种数据类型,但这些数据又相互关联,用以描述一个学生的各种属性。C 语言提供了构造这种数据类型的能力,称这种由不同数据类型的数据组合而成的构造数据类型为结构体类型。

7.1 结构体类型的定义和使用

结构体类型不同于我们熟悉的基本类型,它有以下几个特点:

①结构体类型由若干个数据项组成,这些数据项都属于一种已经有定义的数据类型(基本数据类型或构造数据类型),结构体类型中的数据项称为结构体成员。

②由于结构体类型的构成与应用相关,所以在程序设计语言中无法预先定义所有的结构体类型,在 C 程序设计中要使用结构体类型数据则需要在源程序文件中进行定义。

③根据不同应用的需要,在同一个源程序文件中可以定义若干个结构体类型。

④结构体类型在特定的 C 源程序文件中定义,这种自定义结构体数据类型只在其定义存在的源程序中起作用,在其他源程序中不能使用。

⑤结构体数据类型仍然是一类变量的抽象形式,不能直接对其进行存取操作,系统也不会为数据类型分配存储空间。要使用结构体类型数据,必须要定义结构体数据类型的变量。

7.1.1 结构体类型和结构体变量的定义

C 语言中使用关键字 struct 定义结构体类型,结构体类型定义的一般形式为:

```
struct 结构体名
{   数据类型名   结构体成员 1;
    数据类型名   结构体成员 2;
         ⋮
    数据类型名   结构体成员 i;
         ⋮
```

```
        数据类型名    结构体成员 n;
    };
```

其中,struct 是系统关键字,它是结构体类型的标志,结构体名是用户定义的符合命名规则的 C 标志符。“数据类型名　结构体成员 i;”指定了结构体类型中的一个结构体成员,该成员的数据类型必须是系统内置的基本数据类型或者是在同一源程序文件中前面已经定义好的构造数据类型,结构体成员规定同变量名。由于结构体类型定义语句是一条完整的 C 语句,所以结构体类型定义最后的分号(;)是必不可少的。例如,描述学生信息的结构体可以定义如下:

```
struct student
{
    int stuno;
    char name[20];
    unsigned age;
    char sex;
    char address[80];
    char tel[20];
};
```

在 C 程序中定义好一个结构体数据类型后,程序中就有了一种新的构造数据类型。为了能够使用定义好的结构体数据类型,需要在程序中定义结构体类型变量。C 语言中提供了 3 种定义结构体类型变量的方法:

①先定义结构体数据类型,然后定义该数据类型的变量。其定义形式与定义基本类型变量相同:

```
数据类型名 变量表;
```

例如,上面已经定义了结构体数据类型 struct student,则 C 语句:

```
struct student stu1,stu2;
```

定义了两个 struct student 结构体类型的变量 stu1 和 stu2。

②定义结构体数据类型的同时定义结构体类型变量。其形式为:

```
struct 标识符
{
    结构体成员列表;
}结构体变量列表;
```

例如,下面的 C 语句序列在定义结构体数据类型 struct student 的同时定义了结构体变量 stu3 和 stu4:

```
struct student
{
    int stuno;
    char name[20];
    unsigned age;
```

```
    char sex;
    char address[80];
    char tel[20];
}stu3,stu4;
```

③直接定义结构体变量。其一般形式为：

```
struct
{
  结构体成员列表;
}结构体变量列表;
```

例如，下面的C语句序列直接定义了结构体变量stu5和stu6：

```
struct
{
    int stuno;
    char name[20];
    unsigned age;
    char sex;
    char address[80];
    char tel[20];
}stu5,stu6;
```

使用第一种和第二种定义结构体变量的方法时，事先或者同时构造了完整的结构体数据类型名，因而可以使用已经存在的结构体数据类型定义另外的结构体变量；而使用第三种定义结构体变量方式时，并没有给出完整的结构体数据类型名字，此后不能再定义该类型的结构体变量。

C语言允许嵌套定义结构体数据类型。所谓结构体数据类型的嵌套定义，指的是在一个结构体数据类型中，某些结构体成员的数据类型是另外一个在同一C程序中已经定义完成的结构体数据类型。例如，下面C语句序列定义的结构体数据类型struct student1中就含有内嵌的结构体类型成员birthday。

```
struct date
{
    int year;
    int month;
    int day;
};
struct student1
{
    int stuno;
    char name[20];
    struct date birthday;     /* birthday 的数据类型为 struct date */
```

```
    unsigned age;
    char sex;
    char address[80];
    char tel[20];
};
```

7.1.2 typedef 关键字的简单应用

C 语言中提供了一个关键字 typedef,可以为已经存在的数据类型取一个新的名字(别名),也可以根据需要构造复杂的数据类型。

1)使用 typedef 为已经存在的数据类型取别名

使用 typedef 可以为已经存在的数据类型取别名。数据类型取别名后,数据类型本名和别名在源程序中具有同样的作用。定义别名的一般形式为:

typedef 数据类型名 别名;

例如,typedef int INTEGER;语句就为系统内置数据整型(int)类型取了另外一个名字 INTEGER。此后,int j,k;语句和 INTEGER j,k;语句的意义相同。

对于在 C 程序中定义的构造数据类型而言,除了按照上面的标准形式为构造数据类型取别名外,还可以在定义这些构造数据类型的同时为这些构造数据类型取别名。例如,下面两种形式的 C 语句序列的含义都是为结构体数据类型 struct student 取别名为 STU。

```
/*先定义构造数据类型,然后再取别名*/
struct student
{
    int stuno;
    char name[20];
    struct date birthday;
    unsigned age;
    char sex;
    char address[80];
    char tel[20];
};
typedef struct student STU;
```

```
/*在定义构造数据类型的同时取别名*/
typedef struct student
{
    int stuno;
    char name[20];
    struct date birthday;
    unsigned age;
    char sex;
    char address[80];
    char tel[20];
}STU;
```

无论采用上面哪种形式为结构体类型 struct student 取别名,下面两种定义结构体变量的意义都相同:

```
STUstu1,stu2,stu3;
struct student stu1,stu2,stu3;
```

2)使用 typedef 构造复杂数据类型

使用 typedef 还可以构造复杂结构的数据类型。由于不同的应用环境对复杂结构数据的要求不同,所以使用 typedef 关键字构造复杂结构数据没有统一的形式,在应用程序中应该根据需要构造合适形式的数据类型。下面用几个示例演示复杂结构数据类型的构造方法。

[例 7.1] 用 typedef 构造指定长度的字符串数据类型。

```
/ * Name: ex0701.cpp * /
#include <stdio.h>
#include <string.h>
typedef char String[100];      //构造了长度为 100 的字符串数据类型 String
int main()
{
    String s1,s2;     //定义字符串变量
    printf("Input string s1 & s2 :\n");
    gets(s1);
    gets(s2);
    puts(strcat(s1,s2));     //连接字符串
    return 0;
}
```

[例 7.2] 用 typedef 构造指定行数和列数的二维数组类型。

```
/ * Name: ex0702.cpp * /
#include <stdio.h>
#include <stdlib.h>
#include <time.h>
#define N 5
#define M 6
typedef int arr[N];     //构造了长度为 N 的一维数组类型,数据类型名为:arr
typedef arr Array[M];     //构造了行数为 M 的二维数组类型,数据类型名为:Array
int main()
{
    Array a;     //定义一个 M 行 N 列的二维数组 a
    int i,j;
    srand(time(NULL));
    for(i=0;i<M;i++)
        for(j=0;j<N;j++)
            a[i][j]=rand()%100;
    for(i=0;i<M;i++)
{
    for(j=0;j<N;j++)
        printf("%5d",a[i][j]);
    printf("\n");
}
```

```
return 0;
}
```

[例7.3] 用typedef构造指针数据类型。

```
/ * Name: ex0703.cpp * /
#include <stdio.h>
typedef int *IP;      //构造了一级整型指针数据类型,类型名为IP
typedef IP *IIP;      //构造了二级整型指针数据类型,类型名为IP
int main()
{
    int x=100;
    IP p=&x;      //定义一级指针变量p
    IIP p1=&p;      //定义二级指针变量p1
    printf("%d,%d,%d\n",x,*p,**p1);
    return 0;
}
```

7.1.3 结构体变量的使用方法

一个结构体变量中包含了若干个数据项,一般情况下不允许将结构体变量作为整体操作,只能通过操作它的成员分量实现操作结构体变量的目的。下面分别讨论与结构体类型和变量使用相关的知识。

1)结构体变量的初始化

与普通变量一样,定义结构体类型变量的同时也可以进行初始化。结构体变量初始化的形式类似于一维数组,不同之处在于结构体变量的成员值依据其所属类型可以是不同类型的数据。结构体变量初始化的一般形式为:

struct 结构体名 变量名={结构体变量成员值列表};

例如,对于前面已有的结构体数据类型struct student,则下面的C语句在定义结构体类型变量s1的同时对其进行了初始化操作:

```
struct student s1={12,"LiMing",1992,12,30,20,'m',"12 songlin",65102621};
```

对于含有结构体嵌套的变量进行初始化时,也可以把内层结构体中的所有成员数据用一对花括号括起来,上述初始化也可以写成:

```
struct student s1={12,"LiMing",{1992,12,30},20,'m',"12 songlin",65102621};
```

2)结构体变量的引用

结构体变量的操作方法与操作数组类似,通过对其中的每一个数据项的操作达到操作结构体变量的目的。对于结构体变量中每一个数据项(成员分量)的引用,要使用成员运算符(点运算符)以构成结构体成员分量。结构体成员分量的一般形式为:

结构体变量名.成员分量名

例如,s1.name、s1.age、s1.sex等。

对于嵌套的结构体类型变量，访问其成员时应采用逐级访问的方法，直到获得所需访问的成员为止。其形式为：

结构体变量名.一级成员分量名.二级成员分量名…

例如，s1.birthday.year、s1.birthday.month、s1.birthday.day 等。

结构体成员分量的数据类型与连接组合后的最后一个成员分量数据类型一致，例如 s1.stuno 是整型变量，s1.name 是字符数组(字符串)，s1.birthday.year 是整型变量。

3)结构体变量的输入输出

C 语言不允许把一个结构体变量作为一个整体进行输入或输出操作，只能将结构体变量的成员分量作为输入输出的对象。对结构体变量成员分量进行输入输出操作时应该特别注意对应成员分量的数据类型，例如下面的语句序列：

```
scanf("%s,%d,%u",s1.name,&s1.stuno,&s1.age);
printf("%s,%d,%u\n",s1.name,s1.stuno,s1.age);
gets(s1.name);
puts(s1.name);
```

当有两个同类型的结构体变量时，可以将一个结构体变量作为一个整体赋值给另外一个结构体变量。例如下面的 C 语句序列将结构体变量 s1 赋值给同类型结构体变量 s2：

```
struct students s1={12,"liming",1988,12,30,22,'m',"12 songlin",65102621};
struct student s2=s1; /*将结构体变量 s1 赋值给同类型结构体变量 s2*/
```

[例 7.4] 结构体变量的输入/输出示例。

```
/* Name: ex0704.cpp */
#include <stdio.h>
typedef struct stu
{
    int no;
    char name[13];
    char sex;
    float score;
}STUDENT;
int main()
{
    STUDENT stu1,stu2;
    stu1.no=102;
    printf("请输入姓名:");
    gets(stu1.name);
    printf("请输入性别和成绩:");
    scanf("%c,%f",&stu1.sex,&stu1.score);    //注意成员分量的数据类型
    stu2=stu1;
```

```
    printf("学号:%d\n 姓名:%s\n",stu2.no,stu2.name);
    printf("性别:%c\n 成绩:%.2f\n",stu2.sex,stu2.score);
    return 0;
}
```

程序运行时,通过赋值语句给 stu1 的学号部分赋值,通过格式化输入函数的调用为 stu1 的其他部分输入值;然后将 stu1 变量直接赋值给 stu2,最后输入 stu2 变量的所有分量值。程序一次运行过程和执行结果为:

```
请输入姓名:zhang san      //输入数据
请输入性别和成绩:f,99      //输入数据
学号:102
姓名:zhang san
性别:f
成绩:99.00
```

4)结构体变量作函数的参数

与基本数据类型的变量一样,结构体类型变量和结构体类型变量的成员都可以作为函数的参数在函数间进行传递,数据的传递仍然是“值传递方式”。使用结构体类型变量作为函数参数时,被调函数的形参和主调函数的实参都是结构体类型的变量,而且属于同一个结构体类型。使用结构体类型变量的成员作为函数参数时,其被调函数中的形参是普通变量,而主调函数中的实参是结构体类型变量中的一个成员,并且形参和实参的数据类型应该对应一致。

［例 7.5］ 利用结构体变量作函数参数,实现计算某学生 3 门课程平均成绩的功能。

```
/ * Name: ex0705.cpp * /
#include <stdio.h>
typedef struct stu
{
    int num;
    char name[13];
    float math;
    float english;
    float C_Language;
}STUDENT;
int main()
{
    float Average(STUDENT stu);
    float ave;
    STUDENT stu={101,"Liping",85,70,88};
    ave=Average(stu);
    printf("该学生的平均成绩为%6.2f.\n",ave);
```

```
    return 0;
}
float Average(STUDENT stu)
{
    float ave=0;
    ave+=stu.math;
    ave+=stu.english;
    ave+=stu.C_Language;
    ave/=3;
    return ave;
}
```

程序中定义了函数 Average,它具有一个结构体类型 STUDENT 形式参数。函数被调用时,为其形式参数 stu 在内存中开辟存储空间,将实参结构体变量 stu 的所有成员依次复制给形参 stu。由于实现的仍然是数值参数传递,所以在被调函数中仍然不能修改主调函数中的实参值。程序的执行结果是:

```
该学生的平均成绩为 81.00
```

5)结构体作函数的返回值类型

在 C 程序中定义结构体数据类型后,同一程序中也可以用该结构体数据类型作为函数的返回值类型。函数的返回值类型是结构体类型时,函数执行完成后返回的就是一个结构体数据,称这种函数为返回结构体类型的函数。其函数定义的一般形式为:

```
struct 标志符 函数名(形式参数表及其定义)
{
    //函数体
}
```

[例 7.6]　已知某学生几门课程的成绩,利用返回结构体类型函数实现统计总成绩功能。

```
/* Name: ex0706.cpp */
#include <stdio.h>
typedef struct stu
{
    int num;
    char name[13];
    int math;
    int english;
    int C_Language;
    int sum;
}STUDENT;
int   main()
{
```

```
    STUDENT stu={101,"LiMing",75,95,88,0};
    STUDENT count(STUDENT stu);
    stu=count(stu);
    printf("该学生的总成绩为:%d\n",stu.sum);
    return 0;
}
STUDENT count(STUDENT stu)
{
    stu.sum=stu.math+stu.english+stu.C_Language;
    return  stu;
}
```

函数 count 通过形式参数结构体变量 stu 接收主调函数传递过来的结构体类型数据值,计算出其成员分量 stu.sum 的值,并将该值作为函数的执行结果返回给主调函数。程序执行的结果是:

```
该学生的总成绩为:258
```

7.2 结构体数组

在程序设计中,具有相同数据类型的数组可以构成数组。一个结构体变量可以存放一组数据以描述一个对象的相关信息,如果存在若干个同类型的对象则需要使用多个具有相同结构的结构体变量。可以将这些相同类型的结构体变量组成结构体数组。结构体数组中的每一个数组元素都是结构体变量,结构体数组特别适用于处理具有若干相同关系的数据组成的集合体。

7.2.1 结构体数组的定义和数组元素引用

定义结构体数组的方式与定义结构体变量相同,也有 3 种方法,分别是:先定义结构体类型然后定义结构体数组;在定义结构体类型的同时定义结构体数组;只定义某种结构体类型的数组。在定义结构体数组的同时还可以定义同类型的结构体变量。下面是这 3 种定义方式的示例:

```
struct person
{
    char name[20];
    int count;
}
struct person p1[30],p2[100];
struct person
{
    char name[20];
    int count;
}
p1[30],p2[100];
struct
{
    char name[20];
    int count;
}
p1[30],p2[100];
```

结构体数组各元素首先以数组的形式在系统内存中连续存放，其中每一数组元素的成员分量则按类型定义中出现的顺序依次存放。结构体数组也可以进行初始化，初始化的一般形式是：

struct 标识符 数组名[长度]={初始化数据列表}；

在对结构体数组进行初始化时，由于结构体数组元素（结构体变量）一般是由若干不同类型的数据组成的，而且结构体数组又由若干个结构体变量组成，所以结构体数组初始化形式与较它高一维的普通数组初始化形式类似。例如对一维结构体数组的初始化就类似于普通二维数组的初始化，初始化中的注意事项也与二维普通数组初始化时相同或类似。设有结构体类型定义如下：

```
typedef struct person
{
    char name[20];
    int count;
}PER;
```

那么，下面两种初始化形式表达了同样的意义：

```
PER per[3]={"Zhang",0, "Wang",0, "Li",0};        //单行初始化形式
PER per[3]={{"Zhang",0},{"Wang",0},{"Li",0}};    //分元素初始化形式
```

结构体数组一般情况下不能作为整体操作，也必须通过操作数组的每一个元素达到操作数组的目的。由于一个结构体数组元素就相当于一个结构体变量，结构体数组元素需要用下标变量的形式表示。将引用数组元素的方法和引用结构体变量的方法结合起来，就形成了引用结构体数组元素成员分量的方法，其一般形式为：

数组名[下标].成员名

例如，per[2].name、per[2].count 等。

同样也不能将结构体数组元素作为一个整体直接进行输入输出，也需要通过输入输出数组元素的每一个成员分量达到输入输出结构体数组元素的目的。对结构体数组元素操作的惟一例外是可以将结构体数组元素作为一个整体赋给同类型数组的另外一个元素，或赋给一个同类型的结构体变量。

［**例 7.7**］ 结构体数组操作（数组元素引用、数组元素的输入输出）示例。

```
/* Name: ex0707.cpp */
#include <stdio.h>
#include <stdlib.h>
#define N 3
typedef struct person
{
    char name[20];
    int count;
}PER;
int main()
```

```
{
    PER per[N];
    char in_buf[20];
    int i;
    for(i=0;i<N;i++)
    {
        printf("为数组元素 per[%d]输入数据:\n",i);
        gets(per[i].name);
        gets(in_buf);
        per[i].count=atoi(in_buf);
    }
    printf("以下是输出数据:\n");
    for(i=0;i<N;i++)
    {
        printf("per[%d].name=%s, ",i,per[i].name);
        printf("per[%d].count=%d\n",i,per[i].count);
    }
    return 0;
}
```

7.2.2 结构体数组作函数的参数

结构体数组作为函数参数的使用方法与第4章中讨论的数组作函数参数完全相同,其本质仍然是在函数调用期间,实参结构体数组将它的全部存储区域或者部分存储区域提供给形参结构体数组共享。如果需要把整个实参结构体数组传递给被调函数中的形参结构体数组,可以使用实参结构体数组的名字或者实参结构体数组第一个元素(0号元素)的地址;如果需要把实参结构体数组中从某个元素值后的部分传递给被调函数中的形参结构体数组,则使用实参结构体数组某个元素的地址。同样,一维结构体数组作为函数的形式参数在描述上也不需要指定数组的长度。结构体数组作为函数参数时,实参数组与形参数组之间的关系如图7.1所示。

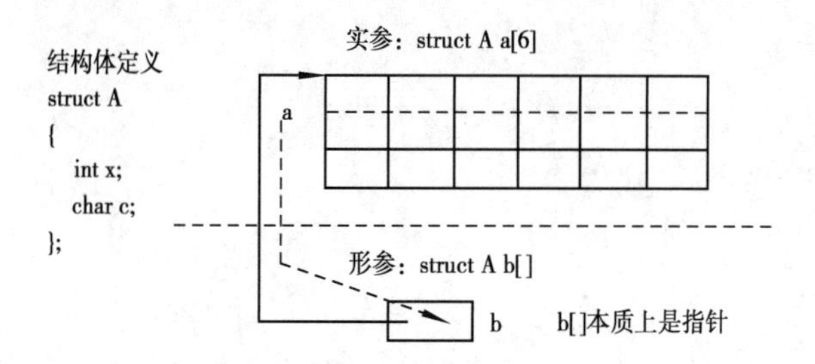

图7.1 结构体数组作函数参数时实参与形参的关系

［例 7.8］ 统计并输出年龄在 18 岁以上的学生人数。

```
/ * Name: ex0708.cpp * /
#include <stdio.h>
#define N 3
typedef struct stu_type
{
    char no[13];
    char name[20];
    int age;
}STUDENT;
int main()
{
    int count(STUDENT st[]);
    int i,sum=0;
    STUDENT stu[N];
    printf("请依次输入学生数据信息:\n");
    for(i=0;i<N;i++)
    {
        gets(stu[i].no);
        gets(stu[i].name);
        scanf("%d",&stu[i].age);
        getchar();       //本语句用于处理掉 scanf 函数输入时的换行符
    }
    sum=count(stu);     //函数调用语句
    printf("年龄大于 18 岁的学生人数有:%d 人.\n",sum);
    return 0;
}
int count(STUDENT st[])
{
    int sum=0;
    int i;
    for(i=0;i<N;i++)
        if(st[i].age>=18)
            sum++;
    return sum;
}
```

count 函数使用结构体类型数组 st 作为形式参数，函数调用时接收从主函数传递过来的结构体数组 stu 的起始位置。count 函数执行过程中通过使用形参数组名 st 直接操作主调函数中的实际参数数组 stu。程序一次执行过程和结果如下所示：

```
请依次输入学生数据信息：
20141001    //以下是输入数据
李胜男
18
20141002
张杰
17
20141003
魏小杰
19
年龄大于18岁的学生人数有:2人。    //输出数据
```

7.3 结构体数据类型与指针的关系

7.3.1 结构体类型变量与指针的关系

结构体类型变量的指针就是该结构体类型变量所占内存区域的起始地址，同样也可以定义一个指针类型的变量来存放这个地址，即指向这个结构体类型变量。定义完成一个结构体类型后，即可定义该类型的指针变量。与定义其他类型指针变量类似，也可以将同类型的变量、数组、指针变量等混合定义。结构体类型指针变量定义形式为：

struct 结构体类型名 *指针变量名；

例如：若已定义结构体类型 struct student，则 struct student *ptr；语句定义了一个 struct student 类型的指针变量 ptr。

定义结构体类型的指针变量后，同样也要将它指向一个具体的结构体变量，即使用取地址运算符将一个结构体变量的地址赋给指针变量。例如下面两种形式：

```
struct student student, *ptr;
ptr=&student;
struct student student, *ptr=&student;
```

通过指向结构体变量的指针变量访问结构体变量成员分量使用如下形式：

(*指针变量).成员名；

例如：(*ptr).name、(*ptr).score 等。

用结构体类型指针变量表示结构体变量成员分量时，表达式形式非常容易错写为：*指针变量.成员名。例如将(*ptr).score 误写为*ptr.score。后者表达的意义是：结构体变量 ptr 的 score 是一个指针变量，取出其指向对象的内容；与本想表达的“用指针方式取出结构体变量的 score 成员分量值”意义相差甚远。为了使得表达式更清晰且不容易被误写，C 语言提供了指向运算符(->)，对通过指针变量访问结构体类型变量成员分量给出了一种简洁的表示形式：

指针变量名->成员名;

使用结构体类型指针变量时还需要特别注意,结构体类型变量的地址与结构体类型变量成员分量的地址是不同的。例如有定义语句:struct student stu2, * ptr;,则使用指针变量ptr即可指向结构体类型变量stu2,但结构体类型变量成员分量stu2.score在示例结构体类型中是一个实型变量,所以只能用实型指针变量存放它的起始地址。

[例7.9] 已知某学生3门课程的成绩存放在一个结构体变量中,请设计一个独立的函数计算该学生的平均成绩,要求函数使用结构体类型指针变量做函数的形参。

```
/ * Name: ex0709.cpp * /
#include <stdio.h>
typedef struct stu
{
    int num;
    char * name;
    float math;
    float english;
    float C_Language;
}STUDENT;
int main()
{
    float Average(STUDENT * s);
    float ave;
    STUDENT stu={101,"Li ping",85,70,88};
    ave=Average(&stu);
    printf("该学生的平均成绩为%6.2f\n",ave);
    return 0;
}
float Average(STUDENT * s)
{
    float ave=0;
    ave+=s->math;
    ave+=s->english;
    ave+=(* s).C_Language;
    ave/=3;
    return ave;
}
```

Average函数中使用结构体类型指针变量s作为形式参数。函数被调用时,该指针变量指向实参结构体变量stu,函数中分别使用了s->math和(* s).C_Language两种表达形式操作了指针变量指向的结构体数据的成员分量。程序执行的结果是:

该学生的平均成绩为 81.00

7.3.2 结构体类型数组与指针的关系

在C程序设计中,同样也可以建立结构体类型数组和指针的关系。可以将一个结构体数组元素的地址赋值给同类型指针变量使得该指针变量指向结构体数组元素,也可以将结构体数组的起始地址赋给同类型的指针变量,即让该指针变量指向结构体类型数组。例如有如下所示的C语句序列:

```
struct A
{
    char c;
    int x;
};
struct A a[5], *p1, *p2;
p1=&a[2];
p2=a;
```

则结构体指针变量 p1 指向结构体数组元素 a[2],其关系如图 7.2 所示。当需要表示指针变量所指向的数组元素值时,使用星号(*)运算符。例如有 p1=&a[i]时,则 *p1 等价于 a[i]。此时应该注意到被指针变量 p1 指向的结构体数组元素(结构体变量)本身是不能作为整体操作的,所以 *p1 也不能作为整体操作。

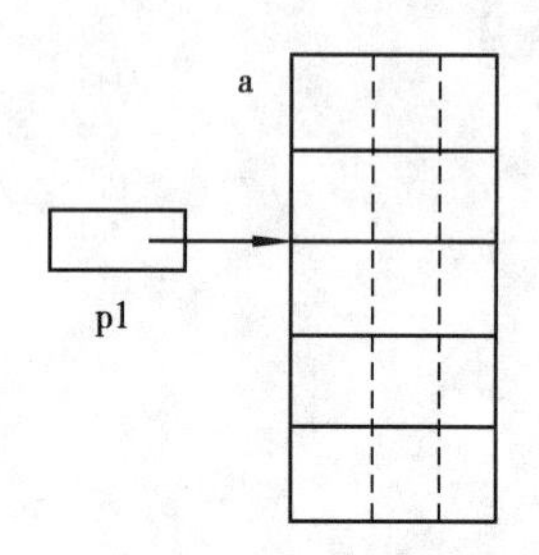

图 7.2 指针变量指向数组元素

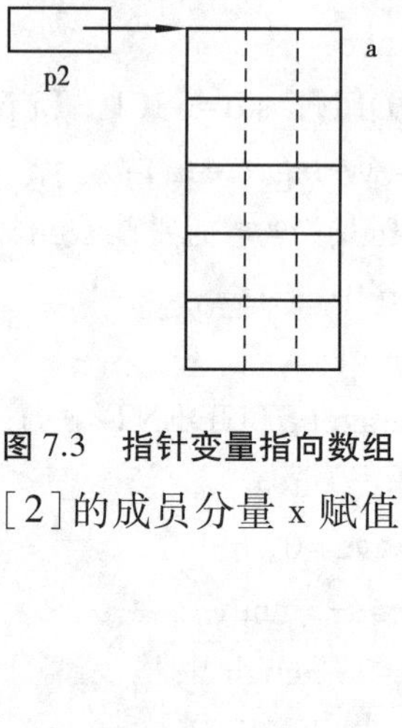

图 7.3 指针变量指向数组

例如,如果为被指针变量 p1 指向的结构体数组元素 a[2]的成员分量 x 赋值,可以使用下面 3 种形式:

```
a[2].x=100;
(*p1).x=100;
p1->x=100;
```

如果结构体指针变量(例如指针变量 p2)指向结构体数组,并且指针并没有移动,其关系如图 7.3 所示。此时可以使用 p2+i 的形式来表示结构体数组 i 号元素的地址,用 *(p2+i)来表示结构体数组的 i 号元素。此时如果要用指针变量来表示数组元素成员分量 x 的值,可以使用下面两种形式:

```
(p2+i)->x
```

(*(p2+i)).x

[例 7.10] 统计并输出年龄在 18 岁以上的学生人数。

```
/* Name:ex0710.cpp */
#include <stdio.h>
#define N 3
typedef struct stu_type
{
    char no[13];
    char name[20];
    int age;
}STUDENT;
int main()
{
    int count(STUDENT *p);
    void ptstu(STUDENT *s);
    int i,sum;
    STUDENT stu[N];
    STUDENT *p=stu;
    printf("请依次输入学生数据信息:\n");
    for(i=0;i<N;i++)
    {
        gets((p+i)->no);
        gets((p+i)->name);
        scanf("%d",&(p+i)->age);
        getchar();      //本语句用于处理掉 scanf 函数输入时的换行符
    }
    ptstu(stu);
    sum=count(p);      //函数调用语句
    printf("年龄大于 18 岁的学生人数有:%d 人。\n",sum);
    return 0;
}
int count(STUDENT *p)
{
    int sum=0;
    int i;
    for(i=0;i<N;i++)
        if((p+i)->age>=18)
            sum++;
```

```
    return sum;
}
void ptstu(STUDENT *s)
{
    int i;
    printf("下面是输出的学生信息数据:\n");
    for(i=0;i<N;i++)
        printf("%s %s %d\n",(s+i)->no,(s+i)->name,(*(s+i)).age);
    printf("\n");
}
```

程序执行时,首先通过指向结构体数组 stu 的指针变量输入结构体数组的数据,然后将数组传递到函数 ptstu 进行输出操作。操作时使用了两种通过指向结构体数组指针变量表示数组元素成员分量的方式:(s+i)->name 或(*(s+i)).age。程序一次执行过程和运行结果如下:

```
请依次输入学生数据信息:
20141001      //以下是输入数据
李胜男
18
20141002
张杰
17
20141003
魏小杰
19
年龄大于18岁的学生人数有:2人。      //输出数据
```

7.3.3 结构体类型简单应用——单链表基本操作(*)

在计算机数据处理中,数据的逻辑结构主要包含两个大类:线性结构和非线性结构。线性表是常见的一种数据逻辑结构。线性表各数据元素之间的逻辑结构可以用一个简单的线性结构表示出来,其特征是:除第一个和最后一个元素外,任何一个元素都只有一个直接前驱和一个直接后继;第一个元素无前驱而只有一个直接后继;最后一个元素无后继而只有一个直接前驱。

数据逻辑结构表示的是数据元素之间抽象化的相互关系,并没有考虑数据元素在计算机系统中的具体存放形式,因而数据的逻辑结构是独立于计算机系统的。然而要用计算机对数据进行处理则必须将数据存储到计算机中去。数据的逻辑结构在计算机存储设备中的映像(具体存储形式)称为数据的存储结构,亦称为数据的物理结构。在对线性表的处理中,其主要的存储结构有顺序存储结构和链式存储结构两种。线性表的顺序存储结构可以通过前面讨论的数组方式实现,本小节主要讨论线性表的链式存储结构及其基本运算的

实现方法。

1)单链表使用的数据结构

线性表采用链式存储结构时,线性表中的数据元素称为结点。在线性链表的构造中,除第一个结点之外,其余每一个结点的存放位置由该结点的前驱在其指针域中指出。为了确定线性链表第一个结点的存放位置,使用一个指针变量指向链表的表头,这个指针变量称作“头指针”。线性链表的最后一个结点没有后继,为了表示这个概念,该结点的指针域赋值为空(NULL 或∧)。线性链表的一般结构如图 7.4 所示。

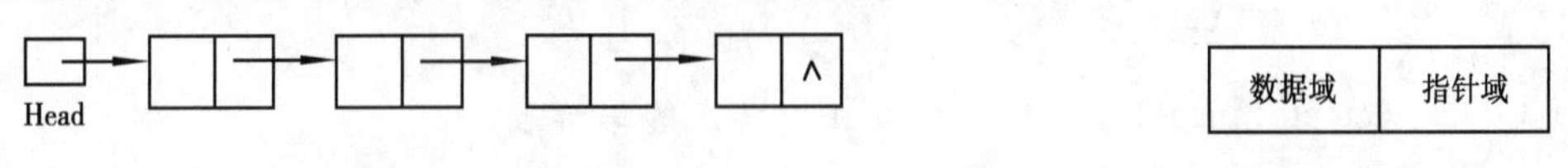

图 7.4　线性表的链式存储结构

图 7.5　结点结构

链表与顺序表相比,主要优点是:①链表结构可以根据处理数据的增减动态增长;②链表结构在进行数据元素的插入和删除操作的时候不需要移动数据元素。链表与顺序表相比较也有短处:①链表是一种顺序访问结构;②链表需要指针域实现结点之间的连接,因而链表的存储密度没有顺序表高。

线性链表根据其链接的方式不同可以分为若干种类,其中单链表是最简单的一种线性链表。下面描述的算法均以带头结点的单链表为基础。单链表的结点中除了包含表示数据元素信息的数据域之外,还包含一个用于链接的指针域,其结点形式如图 7.5 所示。

结点结构的 C 语言描述方式如下:

```
typedef struct node
{
    elementtype data;
    struct node  * next;
} NODE;
```

其中,elementtype 是某种用于表示结点数据域的数据类型;NODE 是结点类型 struct node 的别名。

例如,下面示例中的数据类型 NODE 定义如下:

```
/ * 功能:构造示例程序使用的数据结构,存入头文件 ex0711.h  * /
typedef struct stu
{
    char name[20];
    double score;
    struct stu  * next;
} NODE;
```

设计单链表基本运算实现程序,需要使用 C 标准库中提供的存储分配函数 malloc 和存储释放函数 free,这两个标准库函数的使用方法在 6.5.1 小节中已经讨论过,请读者自行参考。

2)单链表的构造

单链表的构造方法有两种:正向生成构造法和反向生成构造法。正向生成的步骤主要分为两步:首先创建单链表的头指针,然后将新结点依次链接到单链表的尾部。反向生成方法与正向生成类似,只不过将新结点依次插入到单链表的头部。下面程序段描述的是反向生成法构造单链表。

```
/* Name: ex071101.cpp
  函数功能:反向生成法构造单链表
 */
NODE *create(int n)/* 构造具有n个结点的单链表 */
{
    NODE *p, *h;
    int i;
    char inbuf[10];
    h=(NODE *)malloc(sizeof(NODE));/* 创建单链表的头结点 */
    h->next=NULL;
    for(i=n;i>0;i--)
    {
        p=(NODE *)malloc(sizeof(NODE));/* 为每一个新结点分配存储 */
        gets(p->name);
        gets(inbuf);
        p->score=atof(inbuf);
        p->next=h->next; /* 将新建结点插入到单链表的头结点之后 */
        h->next=p;
    }
    return h;
}
```

在函数中首先创建单链表的头结点,构成一个空的单链表。然后根据所需要创建的链表长度,反复地依次为每一个结点分配存储空间、输入结点的数据、将新建的结点插入单链表的头结点之后。

3)单链表的输出

所谓单链表的输出,实质上就是对某一头指针指向的单链表进行遍历,也就是将单链表中的每一个数据元素结点从表头开始依次处理一遍。下面的程序段描述了单链表输出的基本概念。

```
/* Name: ex071102.cpp
  函数功能:遍历单链表
 */
void printlist(NODE *h)
```

```
{
    NODE *current=h;
    while(current->next!=NULL)
    {
        current=current->next;
        printf("%s\t%f\n",current->name,current->score);
    }
}
```

4)单链表上的插入运算

在单链表上进行的插入运算比在顺序表(数组)上容易得多,只需要如图7.6所示修改两个结点的指针域即可。

实现在单链表上插入一个结点的基本过程如下:

①创建一个新结点。

②按要求寻找插入点。

③被插入结点的指针域指向插入点结点的后继结点。

④插入点结点的指针域指向被插入的结点。

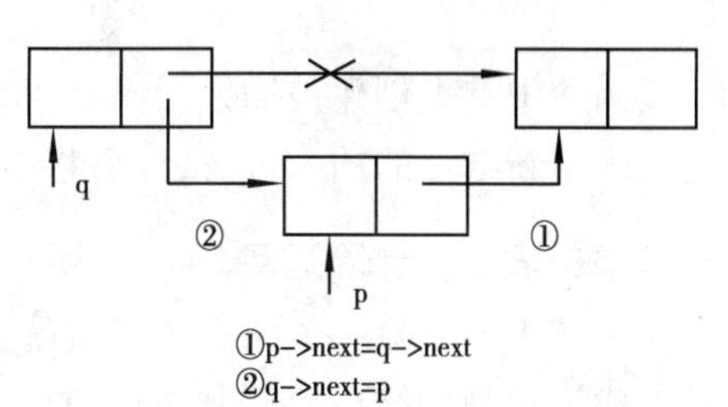

图7.6 在单链表中插入新结点

下面的程序段描述带头结点的单链表中实现的插入结点运算。

```
/* Name:ex071103.cpp
   函数功能:在单链表指定位置插入结点
*/
void insertlist(NODE *h,char *s)
{
    NODE *p,*old,*last;
    char inbuf[20];
    p=(NODE *)malloc(sizeof(NODE));/* 创建新结点 */
    printf("\tInput the data of the new node:\n");
    gets(p->name);
    gets(inbuf);
    p->score=atof(inbuf);
    last=h->next;/* 按某种方法寻找新结点的插入位置 */
    while(strcmp(last->name,s)!=0&&last->next!=NULL)
    {
        old=last;
        last=last->next;
```

```
    }
    if(last->next! =NULL)          /* 找到插入位置,插入新结点 */
    {
        old->next=p;
        p->next=last;
    }
    else                           /* 未找到插入位置,新结点添加到链表末尾 */
    {
        last->next=p;
        p->next=NULL;
    }
}
```

在函数中首先创建被插入的新结点,然后通过对结点某一数据域(本例中为name)进行比较确定新结点的插入位置,最后将新建结点插入到链表中去。

5)单链表上的删除运算

在单链表中删除一个结点的实质就是将该结点从链表中移出,使得被删除结点的原后继结点成为被删除结点原前驱结点的直接后继,如图7.7所示。

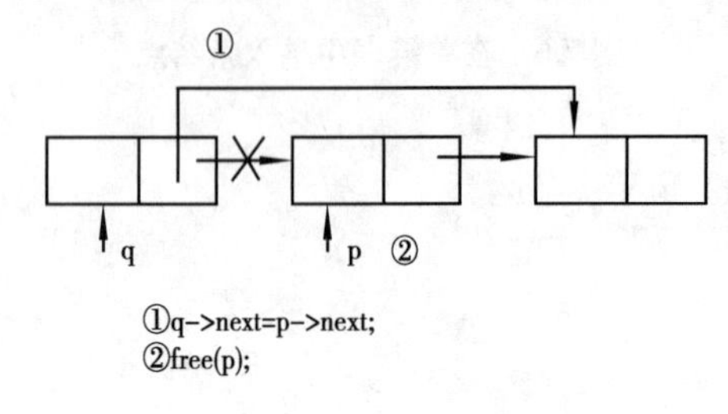

图7.7 在单链表中删除结点

删除结点被从链表中移出后,仍然占据存储单元,必须使用存储释放函数将其所占据的存储单元释放归还系统。

实现在单链表中删除一个数据元素结点的基本过程如下:

①查找被删除结点以及其前驱结点。

②被删除结点的前驱结点指针域指向被删除结点的直接后继结点。

③释放被删除结点。

下面程序段描述带头结点的单链表中实现的删除结点运算。

```
/* Name: ex071104.cpp
   函数功能:删除单链表上的指定结点
*/
void deletelist(NODE *h,char *s)
{
    NODE *q=h, *p=h->next;
    while(strcmp(p->name,s)! =0&&p->next! =NULL)  /* 定位被删除结点及其
                                                     前驱 */
    {
        q=p;
```

```
        p=p->next;
    }
    if(p->next! =NULL)              /* 找到被删除结点则将其从链表中删去 */
    {
        q->next=p->next;
        free(p);
    }
    else                             /* 找不到被删除结点则给出提示信息 */
    {
        printf("no this element! \n");
        getch();
    }
}
```

在函数中首先按某种条件定位被删除结点和它的前驱结点,然后将被删除结点从链表中取出并释放其所占的存储空间。

6)单链表操作综合示例

上面已经分别讨论了单链表的最基本运算,可以将这些函数组织起来形成一个能够对单链表进行简单处理的程序。下面的示例展示了组织方法,请读者结合前面对单链表各种基本运算的介绍自行分析。

[**例 7.11**] 带头结点单链表基本操作示例。要求设计一个简单的菜单,根据对菜单项的选择分别实现带头结点单链表的构造操作、插入操作、删除操作和输出操作。

```
/* Name: ex0711.cpp */
#include <stdio.h>
#include <stdlib.h>
#include <string.h>
#include <conio.h>
#include "ex0711.h"            //包含示例程序使用的数据结构
#include "ex071101.cpp"        //包含构造单链表函数源程序
#include "ex071102.cpp"        //包含遍历单链表函数源程序
#include "ex071103.cpp"        //包含单链表上插入结点函数源程序
#include "ex071104.cpp"        //包含单链表上删除结点函数源程序
int main()
{
    char chose,sname[20];
    int n;
    NODE *head=NULL;
```

```
    for( ; ; )
    {
        system(" cls" ) ; ;
        printf(" 1: Create the list. \n" ) ;
        printf(" 2: Insert element to the list. \n" ) ;
        printf(" 3: Delete element from the list. \n" ) ;
        printf(" 4: Print the list. \n" ) ;
        printf(" 0: Exit. \n" ) ;
        printf(" \nChose the number:" ) ;
        chose = getchar( ) ;
        getchar( ) ;
        switch( chose)
        {
            case '1':  printf(" Input the number of List: " ) ;
                       scanf(" %d" ,&n) ;
                       getchar( ) ;
                       head = create( n) ;
                       break;
            case '2':  printf(" Input the name for INSERT: " ) ;
                       gets( sname) ;
                       insertlist( head, sname) ;
                       break;
            case '3':  printf(" Input the data for delete:" ) ;
                       gets( sname) ;
                       deletelist( head, sname) ;
                       break;
            case '4':  printlist( head) ;
                       printf(" Enter any key for return menu. \n" ) ;
                       getch( ) ;
                       break;
            case '0':  exit(1) ;
                       default: break;
        }
    }
    return 0;
}
```

7.4 联合体数据类型

在计算机应用的实践中，常常遇到数据对象的某一个区域值会随条件的不同而变为不同内容的情况。例如，一个学校人员通用管理程序处理的数据中存在一项特殊的数据，该数据根据对应人员的职业不同而存放不同类型的数据，如是学生则取值为成绩等级，如是教师则取值为职称，如是职员则取值为职务等。可以看出，此时要求在程序设计中通过实现同一存储区域数据（类型）的可变性来增强数据项处理的灵活性。C语言通过使用联合体（共用体）类型数据来适应计算机程序设计中的上述要求。

7.4.1 联合体数据类型的定义及联合体变量的引用

联合体（共用体）类型定义的一般形式为：

```
union 联合体名
{
    数据类型  成员项1;
    数据类型  成员项2;
      …
    数据类型  成员项n;
};
```

联合体类型的定义确定了参与共用存储区域的成员项以及成员项具有的数据类型。C语言中还允许结构体、联合体以及和数组等构造类型数据相互嵌套。例如有如下数据类型定义：

```
union un
{
    int a,
    struct
    {
        float b;
        char c;
    }s;
}u;
```

在这一定义中，联合体变量u中的一个成员s是结构体类型。联合体类型变量u中，结构体变量s与整型变变量a共用存储空间。

定义联合体类型变量的方式与定义结构体类型变量相似，也有3种方法：

①先定义联合体类型，然后定义联合体变量。

```
union 联合体名
{成员列表;};
union 联合体名 变量列表;
```

②定义联合体类型的同时定义联合体类型变量。

```
union 联合体名
{   成员列表;}变量列表;
```

③不定义类型名直接定义联合体类型变量。

```
union
{   成员列表;}变量列表;
```

例如:

```
union test
{
    int a;
    double b;
}key;
```

上面的程序段定义了一个联合体类型 union test 和一个该类型的联合体类型变量 key,该类型所占的存储单元长度为 8 个字节。

由于联合体变量的成员不会同时出现,所以程序中一般不会对联合体变量进行初始化。如果要对联合体变量进行初始化,则只能提供变量中第一个成员的初始化值。例如,下面的代码段对联合体 union T 类型的变量 x 进行初始化操作:

```
union T
{
    int a;
    double b;
};
union T x={10};
```

与结构体类型变量处理类似,联合体变量不能直接进行操作处理,也只能通过操作它的成员达到操作它的目的。引用联合体类型变量成员项的方式与引用结构体类型变量成员的方式相似,一般形式如下:

```
联合体类型变量名.成员名;
```

特别值得注意的是:一个联合体类型变量不是同时存放多个成员的值,而只能完整地存放一个成员项的值,这个值就是该联合体变量最后一次赋值后所具有的内容。

例如,有如下语句序列:

```
union test key;
key.a=100;
key.b=40000.123;
```

那么,联合体变量 key 中只有一个值,那就是 key.b 的值。

可以定义指向联合体变量的指针,进而通过指针使用联合体变量。例如:

```
union test key, *ptr;
ptr=&key;
ptr->a=100;
```

ptr->b=40000.123;　　//或者(*ptr).b=40000.123;

只有在两个同类型的联合体类型变量之间才可以直接赋值。例如:

union test key,x;

key.a=100;

x=key;

上述操作后,x.a 的值为 100。

联合体类型的使用可以增加程序的灵活性,对同一段存储单元中的内容可以根据使用的需要在不同的情况下作为不同的数据使用,以达到不同的目的。

[**例** 7.12]　在人事数据管理中,对"职级"数据项处理方式如下:如类别是工人,则登记其"工资级别";如类别是技术人员,则登记其"职称"。

```
/* Name: ex0712.cpp */
#include <stdio.h>
#include <stdlib.h>
#define N 3
struct personal
{
    long id;
    char name[20];
    char job;
    union
{
    int salary;
    char zc[10];
    }
    category;
};
int main()
{
    struct personal person[N];
    char inbuf[20];
    int i;
    for(i=0;i<N;i++)
    {
        printf("\nInput all data of person[%d]:\n",i);
        gets(inbuf);
        person[i].id=atol(inbuf);
        gets(person[i].name);
        person[i].job=getchar();getchar();
```

```
        if(person[i].job=='w')
        {
            gets(inbuf);
            person[i].category.salary=atoi(inbuf);
        }
        else if(person[i].job=='t')
            gets(person[i].category.zc);
    }
    for(i=0;i<N;i++)
    {
        printf("Person %d:%ld,%s",i,person[i].id,person[i].name);
        if(person[i].job=='w')
            printf(",%d\n",person[i].category.salary);
        else
            printf(",%s\n",person[i].category.zc);
    }
    return 0;
}
```

［例7.13］ 联合体(共用体)类型变量作为函数参数。

```
/* Name: ex0713.cpp */
#include <stdio.h>
union intchar
{
    unsigned int i;
    char ch[2];
};
int main()
{
    void intTochar(union intchar x);
    union intchar y;
    y.i=24897;      //0x6141
    intTochar(y);
    return 0;
}
void intTochar(union intchar x)
{
    printf("i=%d\n",x.i);
    printf("ch0=%d,ch1=%d\nch=%c,ch1=%c\n",x.ch[0],x.ch[1],x.ch[0],x.ch
```

```
[1]);
}
```

［例 7.14］ 用指向联合体(共用体)类型变量的指针作为函数的参数。

```
/ * Name: ex0714.cpp * /
#include <stdio.h>
union intchar
{
    unsigned int i;
    char ch[2];
};
int main()
{
    void intTochar(union intchar *pt);
    union intchar y, *ptr;
    y.i=24897;
    ptr=&y;
    intTochar(ptr);
    return 0;
}
void intTochar(union intchar *pt)
{
    printf("i=%d\n",pt->i);
    printf("ch0=%d,ch1=%d\nch=%c,ch1=%c\n",
            pt->ch[0],pt->ch[1],pt->ch[0],pt->ch[1]);
}
```

7.4.2 联合体类型与结构体类型的区别

联合体类型和结构体类型无论在定义上还是在使用上都有许多相似的地方,但这两种数据类型是完全不同的数据构造形式,其使用范畴也有区别。联合体与结构体的不同之处主要有以下几点:

1)变量占据的存储区域长度不同

一个结构体类型变量中的所有成员分量同时存在,所以在使用该结构体类型变量时,系统会为该变量的每一个成员分量同时分配存储空间。而一个联合体类型变量任何时候都只有一个成员分量存在,联合体类型变量使用时,系统按照变量所有成员分量中需要存储区域最大的一个分配存储空间。

［例 7.15］ 结构体类型变量与联合体类型变量空间需要比较示例。

```
/ * Name: ex0715.cpp * /
```

```
#include <stdio.h>
struct A
{
    int x;
    double y;
}a;
union B
{
    int x;
    double y;
}b;
int main( )
{
    printf( " size of a is %d\n" ,sizeof( a) ) ;
    printf( " size of b is %d\n" ,sizeof( b) ) ;
    return 0;
}
```

在 VC++6.0 环境中程序一次运行的结果是:

```
size of a is 16     //结果为什么不是 12,请读者参阅存储字节对齐概念相关知识
size of b is 8
```

2)赋值后所呈现的状态不同

对于结构体类型变量,由于其每一个成员分量占用的是不同的存储空间,所以对其某一个成员分量的赋值不会影响其他成员分量。而对于联合体类型变量,所有成员分量是分时复用一段存储区域的关系,所以对其一个成员分量的赋值会影响到其他成员分量。

［例 7.16］ 结构体类型变量与联合体类型变量赋值比较示例,参照图 7.8 理解结果。

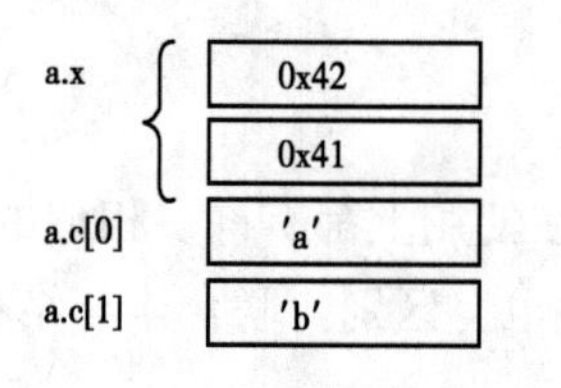

(a)结构体变量赋值后内存示意

b.x　~~0x42~~/0x61　b.c[0]
~~0x41~~/0x62　b.c[1]

注：语句b.c[0]= 'a' ;b.c[1]= 'b' ;
使得数据0x61覆盖了0x42,0x62覆盖了0x41

(b)联合体变量赋值后内存示意

图 7.8

```
/ * Name: ex0716.cpp * /
#include <stdio.h>
struct A
{
    short x;
```

```
    char c[2];
}a;
union B
{
    short x;
    char c[2];
}b;
int main()
{
    a.x=0x4142;
    a.c[0]='a';
    a.c[1]='b';
    printf("%x,%c,%c\n",a.x,a.c[0],a.c[1]);/*输出结果:4142,a,b*/
    b.x=0x4142;
    b.c[0]='a';
    b.c[1]='b';
    printf("%x,%c,%c\n",b.x,b.c[0],b.c[1]);/*输出结果:6261,a,b*/
    return 0;
}
```

3)联合体可用于数据拆分的应用场合

联合体数据类型常常用于将数据进行拆分的场合,这种应用问题往往需要将按某种形式(或数据类型)接收的数据拆分为另外形式或类型的数据。在C程序设计中,将问题涉及的两种数据类型组合在联合体类型中,然后使用该联合体的变量就可以处理这类问题。下面的示例是一个密码问题的模拟,我们从一个用16进制数字组成的文本文件作为处理的输入数据,处理后得到另外一个用英文单词构成的具有一定意义的文件。

[例7.17] 利用联合体数据类型实现文本的转换。

```
/* Name: ex0717.cpp */
#include <stdio.h>
typedef union code
{
    unsigned x;
    unsigned char c[4];
}CODE;
int main()
{
    int i;
    CODE co;
```

```
    char filename[50];
    FILE *fpt;
    printf("请输入文件名:");
    gets(filename);
    if((fpt=fopen(filename,"rb"))==NULL)
    {
        printf("Can't open file %s\n",filename);
        return -1;
    }
    fscanf(fpt,"%8x",&co.x);
    while(co.x!=0x0c)
    {
        for(i=3;i>=0;i--)
            putchar(co.c[i]);
        fscanf(fpt,"%8x",&co.x);
    }
    printf("\n");
    return 0;
}
```

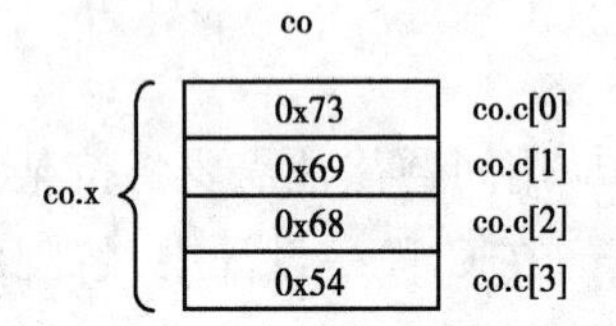

图 7.9　例 7.17 数据对应关系示意图

上面程序中定义的联合体数据类型由一个整型成员和一个 4 个元素的字符数组成员构成，利用该联合体数据类型变量 co 的整型成员分量从文件中读取 8 位数据（即 4 个字节的 16 进制 ASCII 码值），然后通过变量 co 的字符数组成员分量将刚才按整型数接收进来的数据按字符方式使用（转换为对应的字符）。特别需要注意的是，在作为字符输出时，应该从字符数组中的最后一个字符开始至最前面一个字符为止。其原因是在计算机系统数据的存储中，其存数的原则是低位在前高位在后。例如，对于示例中的数据 This（0x54686973），其数据存储对应关系如图 7.9 所示。读者可以将数据：5468697320697320746573742070726f6772616d2e202020000c 用一个文本文件存储（假定文件名为 ex0717.txt），然后进行上面程序的测试。程序一次执行的过程和结果如下：

```
请输入文件名:ex0717.txt        //输入的文件名
This is test program.        //程序执行后输出结果
```

习题 7

一、单项选择题

1.在定义一个结构体类型变量时，系统分配给该变量的存储空间是(　　)。

A.结构体变量中第一个成员所需要的存储空间
B.结构体变量中最后一个成员所需要的存储空间
C.结构体变量中占用最大存储空间成员所需要的存储空间
D.结构体变量中所有成员需要存储空间的总和

2.C 程序中的结构体类型变量在程序执行到其作用域范围内时,(　　)。
A.所有成员一直驻留在内存中　　B.只有一个成员驻留在内存中
C.部分成员驻留在内存中　　D.没有成员驻留在内存中

3.设有如下所示 C 语句,则下面叙述中不正确的是(　　)。

```
struct A
{
    int a;
    int b;
}a1;
```

A.struct 是定义结构体类型的关键字　　B.a1 是结构体类型名型名
C.struct A 是结构体类　　D.a 和 b 都是结构体成员名

4.下面对结构变量的叙述中,错误的是(　　)。
A.相同类型的结构变量间可以相互赋值
B.通过结构变量,可以任意引用它的成员
C.结构变量中某个成员与这个成员类型相同的简单变量间可相互赋值
D.结构变量与简单变量间可以赋值

5.下面对 typedef 的叙述中,不正确的是(　　)。
A.用 typedef 可以定义各种类型名,但不能用来定义变量
B.用 typedef 可以增加新的基本数据类型
C.用 typedef 只是将已存在的类型用一个新的标识符来代表
D.使用 typedef 有利于程序的通用和移植

6.以下各选项企图说明一种新的类型名,其中正确的是(　　)。
A.typedef v1 int;　　B.typedef v2=int;
C.typedef int v3;　　D.typedef v4: int;

7.设有如下所示 C 语句,若要使 p 指向结构体变量中的成员 n,正确的赋值语句是(　　)。

```
struct T
{
    int n;
    double x;
}d, *p
```

A.p=&d.n　　B.*p=d.n
C.p=(struct T *)&d.n　　D.p=(struct T *)d.n

8.设有如下所示 C 语句序列,则下面的表达式中值为 6 的是(　　)。

```
struct T
{
    int n;
    struct T *p;
}a[3]={5, &a[1],7,&a[2],9,NULL}, *p=a;
```

A.p++->n　　B.p->n++　　C.(*p).n++　　D.++p->n

9.下面程序段执行后的输出结果是(　　)。

```
struct num
{
    int x;
    int y;
}n[2]={1,3,2,7};
printf("%d\n",n[0].y/n[0].x*n[1].x);
```

A.6　　B.3　　C.1　　D.0

10.定义一个联合体(共用体)类型变量时,系统分配给该变量的存储空间是(　　)。

A.联合体变量中第一个成员所需要的存储空间

B.联合体变量中占用最大存储空间成员所需要的存储空间

C.联合体变量中最后一个成员所需要的存储空间

D.联合体变量中所有成员需要存储空间的总和

二、填空题

1.结构体数据类型仍然是一类变量的抽象形式,系统__(1)__为数据类型分配存储空间。要使用结构体数据类型,必须要__(2)__。

2.结构体类型变量中的所有成员分量__(3)__,系统会为该变量的__(4)__分配存储空间。

3.在C程序中,可以通过使用__(5)__达到同一存储空间的分时复用的目的。

4.联合体类型变量中的所有成员分量__(6)__,系统会为该变量的__(7)__分配存储空间。

5.下面程序的功能是:统计各候选人获得的选票数。请填空完成程序。

```
#include <stdio.h>
#include <string.h>
struct candidate
{
    char name[20];
    int count;
};
int main()
{
```

```
    int i,n=0;
    char temp[20];
    struct candidate list[]={{"WeiDong",0},{"LiMing",0},
            {"WangCheng",0},{"SunXiang",0}};
    do
    {
        printf("候选人列表:WeiDong,LiMing,WangCheng,SunXiang\n");
        printf("请输入候选人姓名: ");
        scanf(___(8)___,temp);
        n++;
        for(i=0;i<4;i++)
            if (___(9)___)
              list[i].count++;
        }while(n<100);
        for(i=0; i<=3; i++)
            printf("%s:%d\n",list[i].name,list[i].count);
        return 0;
}
```

三、阅读程序题

1.写出下面程序运行的结果。

```
#include <stdio.h>
struct T
{
    struct
    {
        int x,y;
    }in;
    int a;
    int b;
}e;
int main()
{
    e.a=10,e.b=15;
    e.in.x=e.a * e.b;
    e.in.y=e.a+e.b;
    printf("%d,%d\n",e.in.x,e.in.y);
    return 0;
}
```

2.写出下面程序运行的结果。

```
#include <stdio.h>
struct T1
{
    char c[4];
    char *s;
} s1={"abc","def"};
struct T2
{
    char *cp;
    struct T1 ss1;
} s2={"ghi","jkl","mno"};
int main()
{
    printf("%c,%c\n",s1.c[0],*s1.s);
    printf("%s,%s\n",s1.c,s1.s);
    printf("%s,%s\n",s2.cp,s2.ss1.s);
    printf("%s,%s\n",++s2.cp,++s2.ss1.s);
    return 0;
}
```

3.写出下面程序运行的结果。

```
#include <stdio.h>
struct T
{
    union
    {
        int x,y;
    } in;
    int a;
    int b;
} e;
int main()
{
    e.a=10,e.b=20;
    e.in.x=e.a*e.b;
    e.in.y=e.a+e.b;
    printf("%d,%d\n",e.in.x,e.in.y);
    return 0;
}
```

4.写出下面程序运行的结果。

```
#include <stdio.h>
struct T
{
    int a;
    int *b;
}s[4], *p;
int  main()
{
    int n=1,i;
    for(i=0;i<4;i++)
    {
        s[i].a=n;
        s[i].b=&s[i].a;
        n+=2;
    }
    p=s;
    p++;
    printf("%d,",(p++)->a);
    printf("%d\n",(p++)->a);
    return 0;
}
```

5.写出下面程序运行的结果。

```
#include <stdio.h>
int main()
{
    struct T
    {
        int x;
        int *y;
    } *p;
    int dt[]={1,3,5,7};
    struct T d[]={50,&dt[0],60,&dt[1],70,&dt[2],80,&dt[3]};
    p=d;
    printf("%d\n",++p->x);
    printf("%d\n",p++->x);
    printf("%d\n",++(*p->y));
    return 0;
}
```

四、程序设计题

1.编程序实现功能:定义一个结构体数据类型(包括年、月、日),利用该类型计算某日是该年中的第几天?

2.编程序实现功能:定义一个结构体数据类型(包括年、月、日),利用该类型计算某年份的某一天对应的日期(年、月、日)。

3.从键盘输入一个指定金额(单位:元,例如 345),然后存储显示支付该金额需要的各种面额钞票的数目。

4.描述学生信息的数据结构(类型)如下所示,编制程序处理若干学生(人数自定)的数据信息。要求学生数据的输入、学生平均成绩的求取以及学生所有信息的输出功能都用单独的函数完成。

```
struct stud
{
    char id[5];
    char name[20];
    int score[4];
    double ave;
};
```

5.编程序实现功能:定义一个结构体数据类型(包括姓名、电话号码),输入若干人的姓名和电话号码,以字符“#”表示结束输入。然后反复输入姓名,查找对一个的电话号码,知道输入“000”字符串为止。

6.设计一个函数实现功能:通过单链表将一个整型数组颠倒存放。并设计相应主函数对其进行测试。

7.编程序实现功能:输入一个字符串,将字符串的每一个字符作为结点数据构成单链表,然后遍历单链表输出这些结点值并释放该结点。

8.编程序实现功能:输入一个字符串(包括字母、数字和其他字符),将字符串的每一个字符作为结点数据构成单链表,然后将链表中的数字字符按序取出构成数字串,并判断是否为回文串。

9.定义结构体并使用单链表存储一个班学生的信息,然后输入一个学生的姓名,若该生是该班级的学生,输出该生详细信息,否则输出“不存在该生”。

10.编程序实现功能:统计一篇英文文章中使用了哪些单词,每个单词出现的频率是多少?(假定最长的单词长度不会超过 50 个英文字符)

第8章

编译预处理基础

C 语言处理系统包含 3 个组成部分，即语言核心部分、预处理器部分和运行库(标准函数库)部分。编译预处理是 C 语言的重要特点之一。所谓编译预处理，就是 C 编译系统在对 C 源程序进行编译之前就对源程序进行的一些预加工，预处理操作结束后再对预处理后的 C 源程序进行编译，生成对应的目标程序代码。对一个 C 程序的处理过程而言，预处理工作是在按语法和语义对 C 源程序进行编译之前完成的，“预处理”名由此而来。在 C 处理系统提供的预处理功能中，最常用的是：宏定义预处理、文件包含预处理和条件编译预处理。预处理命令并不是 C 语言的语句，其特点是用#开始，不需要用分号“;”作为语句的结束标志。

8.1 宏定义预处理命令及其简单应用

使用“宏定义”的基本目的主要有两点：其一，定义一些简单的符号来代替另一些比较复杂的符号；其二，使用一些能够表示物理含义的符号来表示一些特定的数值，例如圆周率等。宏定义可以分为两类：不带参数的宏定义和带参数的宏定义。

8.1.1 不带参数的宏定义

不代参数宏定义预处理语句的一般形式是：

    #define   宏标识符   字符串

宏调用的格式为：

    宏标识符

宏调用的作用是：在宏定义的作用范围之内，将所有的宏标识符用指定的字符串替换。式中，宏标识符也称为宏名或符号常量。

在对 C 源程序进行编译时，编译预处理模块先扫描程序，只要看到源程序中宏标识符出现就将其用定义中指定的字符串替换，然后再进行程序代码的编译工作。

[**例** 8.1] 宏定义使用的简单示例。

```
/ * Name: ex0801.cpp * /
#include <stdio.h>
```

```
#define PI 3.1415926       //宏定义:用符号 PI 表示字符串 3.1415926
int main( )
{
    double r,circum,area;
    printf("请输入圆的半径:");
    scanf("%lf",&r);
    circum=2 * PI * r;      //此语句有宏调用
    area=PI * r * r;      //此语句有宏调用
    printf("圆周长为:%lf\n",circum);
    printf("圆面积为:%lf\n",area);
    return 0;
}
```

上面的程序含有编译预处理语句,在编译时首先处理这些语句。在处理宏定义(即进行宏代换)时,将C语句:circum=2 * PI * r;和area=PI * r * r;中出现的宏标识符PI代换为3.1415926,即将上面的程序处理成如下所示程序后再进行程序代码的编译工作。

```
#include <stdio.h>
#define PI 3.1415926       //宏定义:用符号 PI 表示字符串 3.1415926
int main( )
{
    double r,circum,area;
    printf("请输入圆的半径:");
    scanf("%lf",&r);
    circum=2 * 3.1415926 * r;      //宏调用的结果使得用字符串 3.1415926 替换 PI 标
    识符
    area=3.1415926 * r * r;      //宏调用的结果使得用字符串 3.1415926 替换 PI 标识符
    printf("圆周长为:%lf\n",circum);
    printf("圆面积为:%lf\n",area);
    return 0;
}
```

比较预处理前后的代码可以看出,宏定义的使用增加了程序的清晰性和可读性。程序的一次执行过程为:

```
请输入圆的半径:3    //输入数据
圆周长为:18.849556
圆面积为:28.274333
```

关于宏定义的使用,还应该注意以下几点:

①宏定义时,并没有规定一定用大写的形式作宏标识符,表示宏名的标识符用大写或小写字符表示都可以。建议最好采用大写字母或者首字母大写的方式来表示,这样可以有效地与程序中使用的变量名相区别。

②使用宏定义可以对程序的调试提供帮助。

[**例** 8.2] 编程序实现功能:从键盘上提供500个实型数据到数组中,然后求出数组中所有元素之和。

```
/ * Name: ex0802.cpp * /
#include <stdio.h>
#define N 3      //通过使用宏定义减少调试程序时的输入数据量
int main()
{
    double a[N],sum=0;
    int i;
    for(i=0;i<N;i++)
        scanf("%lf",&a[i]);
    for(i=0;i<N;i++)
        sum+=a[i];
    printf("sum=%lf\n",sum);
    return 0;
}
```

在上面程序中,如果设计时直接使用长度为500的数组,那么每次调试程序就需要输入500个数据,这样势必给程序的调试工作带来极大的工作量。在上面程序中,通过宏定义#define N 3的使用,使得在程序调试的时候仅需输入3个数据。当程序调试成功后,只需要将程序中宏定义语句修改为:#define N 500,然后重新编译即可实现对500个数据进行处理的程序设计要求。

③宏定义不是C语句,不需要使用分号作为语句的结尾。如果在字符串的末尾有分号(加了分号),则分号也是该字符串本身的组成部分。

例如,有宏定义:#define PI 3.1415926;,对C语句 area=PI * r * r;而言,宏代换后的语句为:area=3.1415926; * r * r;,显然有语法错误。但是如果将C语句改为:area=r * r * PI;,宏代换后的语句为:area=r * r * 3.1415926;;,此时的C语句没有语法错误,语句后面多余的一个分号可以看成一个空语句。可以看出,这时将C语句写成 area=r * r * PI 形式,预处理后也可得到正确的结果。

④在进行宏调用时,字符串常量中出现的宏标识符不能进行替换。例如有如下宏定义和C语句:

```
#define PI 3.14
printf("The value of PI is: %f\n",PI);
```

正确的预处理结果是:

```
printf("The value of PI is: %f\n",3.14);      //字符串中的PI没有替换为3.14
```

⑤宏定义的作用域(即有效范围)从其定义位置起,到所在源程序文件结束为止。宏定义的作用域可以使用#undef 或者不带替换字符串的宏定义撤销。例如,下面两条预处理命令都可以终止#define PI 3.1415926 宏定义的作用域:

```
#undef PI
#define PI
```

⑥宏定义可以嵌套定义,即在定义一个宏定义时,可以直接引用本源程序文件的前面已经定义的宏名。例如,下面的预处理语句序列展示了宏嵌套定义:

```
#define R 3
#define PI 3.1415926
#define L 2 * PI * R      //宏定义中使用了前面的R和PI两个宏定义
#define S PI * R * R      //宏定义中使用了前面的R和PI两个宏定义
```

宏定义在调用时仅仅进行原样的替换操作,并不会进行任何计算等其他处理。这是初学者在理解宏定义和宏调用时最容易出现问题的地方。在理解宏定义的处理过程时,一定要掌握"先替换,后计算"的原则,即首先用字符串对对应的宏标识符进行直接替换,然后处理替换后形成的语句或表达式,切忌在理解时"边替换,边计算"。

[**例** 8.3] 宏调用替换问题的理解示例。

```
/ * Name: ex0803.cpp * /
#include <stdio.h>
#define N 2
#define M N+2
#define MN 2 * M
int main( )
{
    int x=MN;
    printf("x=%d\n",x);
    return 0;
}
```

在理解上面的程序执行结果时,一种错误的理解方式是:N←2、M←4(2+2)、MN←8(2 * 4),从而认为上面程序的输出结果是x=8。但在进行上述理解时犯下了在宏替换的过程中"边替换,边计算"的错误,正确理解的方式应为:

MN←2 * N+2

MN←2 * 2+2

程序执行的正确结果是:

x=6

8.1.2 带参数的宏定义

C程序中也可以使用带参数的宏定义,定义代参数的宏定义的一般形式如下:

    #define 宏标识符(形参表) 表达式样式字符串

宏调用的格式为:

    宏标识符(实参表)

宏调用的作用是:在宏定义的作用范围之内,将所有的宏标识符用指定的表达式样式字符串替换,然后用宏调用中的实际参数代替通过替换形成的表达式中的形式参数。

在使用带参数宏定义时,仍然需要注意与不带参数宏定义同样的问题。除此之外,为了避免实际参数本身是表达式时引起的宏调用错误,在定义代参数的宏定义时,应该(最好)将宏定义的表达式样式字符串中出现的形式参数全部用圆括号括起来。下面的例 8.4 展示了这方面的问题。

[**例** 8.4] 代参数宏定义使用示例(不能正确处理表达式样式实际参数)。

```
/ * Name: ex0804.cpp
注意:本程序不能正确处理实际参数为表达式的宏调用
 * /
#include <stdio.h>
#define PI 3.145926
#define S(r) PI * r * r
int main()
{
    double a,b,area1,area2;
    a=3.3;
    b=3.2;
    area1=S(a);      //求半径为 a 时的圆面积,不会出错
    area2=S(a+b);      //求半径为 a+b 时的圆面积,会出错
    printf("area1=%f\narea2=%f\n",area1,area2);
    return 0;
}
```

上面程序运行的结果为:

```
area1=34.259134      //正确的输出结果
area2=24.141556      //错误的输出结果
```

通过对上面程序执行的结果分析可以看出程序执行的第一个结果是正确的,而程序执行的第二个结果则是错误的。为什么会出现错误呢? 请看两个宏调用展开后得到的表达式:

第一个宏调用后得到的表达式为:

area1=S(a);→area1=3.1415926 * a * a;

展开后的表达式满足求半径为 a 的圆面积的要求。

第二个宏调用后得到的表达式为:

area2=S(a+b);→3.1415926 * a+b * a+b;

显然,预处理后的语句不是求半径为 a+b 的圆面积所需要的表达式,因而程序执行后得到错误(或者不需要)的结果。

为了避免出现上述问题,需要将源程序文件中第 4 行的宏定义#define S(r) PI * r * r 语句改为:#define S(r) PI * (r) * (r)。这样在宏替换后得到的结果为:

area2=S(a+b);→3.1415926 * (a+b) * (a+b);

可以看出,宏定义中的表达式样式字符串在对其中的形式参数加括号处理后,无论宏调用时的实参是否为表达式,都能够得到正确的结果。

同样,带参数宏定义也存在着上面讨论的不需要替换的情况,也可以通过使用只含宏标识符的#define 或者#undef 语句对宏进行撤销。

带参数宏定义与函数之间存在着一些相似之处,例如:调用时实际参数的代入;实际参数与形式参数要求一一对应等。但是,代参数宏定义与 C 函数是根本不同的,它们的主要区别是:

①宏定义在预处理时原地进行替换展开,一般会增加代码的长度;函数是运行时才进行调用,代码的长度不会增加,但系统有调用函数的开销。

②在程序控制流程上,函数的调用需要进行控制的转移,而带参数宏调用时仅仅是表达式的运算。

③带参数宏定义的形式参数与 C 函数中的形式参数不同,它没有确定的数据类型。在宏调用时随着代入的实际参数数据类型的不同,其运算结果的类型随之而改变。

④函数调用时存在着从实际参数向形式参数传递数据的过程,而带参数宏调用中不存在这种过程,因而宏调用一般比函数调用具有较高的时间效率。

在程序设计中,一个模块功能的实现是使用带参数宏定义还是使用 C 函数,需要酌情处理。一般来说,使用带参数宏定义可以得到的好处是:宏替换是在编译阶段进行的,所以宏替换只占编译时间而不占运行时间,因而程序可以得到较高的执行效率。使用带参数宏定义的缺点是:在宏标识符处都会进行宏的替换展开,如果一个宏定义在程序中多次使用,会使得目标程序的长度急剧增长;此外,宏调用时并没有参数类型的检查,有可能引起不可预料的程序设计错误。使用函数的优点是:函数编译后只有一段代码,目标程序的长度较小。使用函数调用的缺点是:函数调用需要传送参数和返回值,会产生系统的时间开销。

在使用带参数宏定义时,同样需要做到"先替换,后计算",即先将所有的宏替换、实际参数带入都完成,然后对宏替换完成后的表达式进行处理。下面的例 8.5 讨论了这个问题。

[**例** 8.5] 带参数宏调用替换问题的理解示例。

```
/ * Name: ex0805.cpp * /
#include <stdio.h>
#define Min(x,y) (x)<(y)?(x):(y)
int main()
{
    int a=1,b=2,c=3,d=4,t;
    t=Min(a+b,c+d) * 1000;
    printf("t=%d\n",t);
    return 0;
}
```

在理解上面程序时最容易得到的错误结果是:t=3000。事实上,宏替换后得到的表达式为:t=Min(a+b,c+d) * 1000;→t=(a+b)<(c+d)?(a+b):(c+d) * 1000;,从预处理完成

的语句可以看出，在条件表达式中，当(a+b)<(c+d)的结果是1(非0)时，表达式最后的1000与应该取得的值毫无关系。程序运行的正确结果应为：

t=3

8.2 文件包含预处理命令及其简单应用

文件包含是C预处理器中的另一个重要功能。利用文件包含预处理命令可以使当前源文件包含另外一个源文件的全部内容。

8.2.1 文件包含书写形式及意义

文件包含编译预处理语句的功能是：在编译本源程序文件之前将指定文件的内容嵌入到本源程序文件的文件包含预处理语句处。文件包含编译预处理语句的一般形式为：

```
#include <文件名>
```

或

```
#include "文件名"
```

文件包含编译预处理语句中使用尖括号或双引号括住指定的文件名均可实现嵌入执行文件内容的目的。

使用不同的括号，表达了搜索指定文件时采用不同的搜索路线：

①使用尖括号时，指示编译系统按系统设定的标准目录搜索被包含的文件。

②使用双引号时，首先按照文件全名中的指定路径搜索；未指定路径时，则首先搜索当前工作目录(源程序文件存放的目录)，然后再搜索系统配置的其他目录。

书写文件包含预处理语句的一般原则是：包含系统配置的文件使用尖括号，包含用户自定义文件使用双引号。本教材的所有示例都按照这个原则进行处理。值得注意的是：现代程序设计技术中，一种趋势是在文件包含预处理语句的书写中都使用双引号形式。

8.2.2 用文件包含方式组织多源文件C程序

一个C程序可以由一个或多个称为函数的程序块组成。这些函数可以存放在同一个源程序文件中，也可以按某种方式分门别类地存放到不同的源程序文件中。需要提醒的是：在C语言中，函数是一个整体。C语言不支持将一个函数拆分放到不同的源程序文件中去。

一个规模较大的C程序，需要多人协同合作完成。每个程序设计者都有可能编写程序的某个部分，并将这部分代码用一个或多个源程序文件进行存放，这就意味着一个C程序会由多个源程序文件中的代码组成。另外，程序设计者也可以将自己的符号常量定义、函数说明甚至函数定义等编制成一个单独的文件，需要时将文件与程序的其他部分进行组合。

组织多源文件C程序常用的方法有3种：

①单独编译每一个源程序文件，然后用连接程序对编译好的目标文件进行连接构成执行文件。

②使用工程文件方式,这也是现代开发环境中使用的方法。

③使用文件包含预处理方式,在C程序设计中使用文件包含预编译语句将需要的源文件组合进来。对程序设计初学者而言,这也是最简单的组合多源文件C程序的方式。合理地使用文件包含预处理不仅可以避免重复劳动,而且可以降低出错的可能性。

[**例** 8.6] 使用文件包含组合多源程序文件C程序示例。

问题描述:求[a,b]区间内的绝对素数,区间上下限值从键盘输入。

问题分析:所谓"绝对素数",是指一个素数的倒序数也是素数。从问题的描述可以直观地分离出"判定素数"和"求倒序数"两个相对独立的功能。考虑到"判定素数"和"求倒序数"在许多问题上都会使用到,可以分别使用单独的C源文件进行存放,以方便使用。

①源程序文件 isprime.cpp 内容如下所示:

```
/ * Name: isprime.cpp
    函数功能:判断 n 是否为素数,是素数返回 1,否则返回 0
 * /
#include " math.h"
int isprime( int n)
{
    int i,k;
    if( n<=1)
        return 0;
    else if( n==2)
        return 1;
    k=( int) sqrt( n) ;
    for( i=2;i<=k;i++)
        if( n%i==0)
            return 0;
    return 1;
}
```

②源程序文件 ReverseOrderNnumber.cpp 内容如下所示:

```
/ * Name: ReverseOrderNnumber.cpp
    函数功能:返回 n 的倒序数
 * /
int ReverseOrderNnumber( int n)
{
    int revn=0;
    while( n)
    {
        revn=revn * 10+n%10;
        n/ =10;
```

```
    }
    return revn;
}
```

③求指定区间中所有“绝对素数”C程序：

```
/ * Name: ex0806.cpp * /
#include <stdio.h>
#include " isprime.cpp"
#include " ReverseOrderNnumber.cpp"

int main( )
{

    int a,b,n,nt;
    printf(" 请输入区间的下限和上限:");
    scanf(" %d,%d" ,&a,&b);
    for(n=a;n<=b;n++)
    {
        nt=ReverseOrderNnumber(n);
        if(isprime(n)&& isprime(nt))
            printf(" 绝对素数对:%d -- %d\n" ,n,nt);
    }
    return 0;
}
```

上面程序中，用文件包含方式将含有“求倒序数”功能和“判定素数”功能的源程序文件嵌入到程序 ex0806.cpp 中来，构成了一个解决问题的完整 C 程序。由于被包含的 C 文件逻辑上被嵌入在书写文件包含预处理语句，被调函数 ReverseOrderNnumber 和 isprime 出现在它们的调用点之前，所以主函数中不需要对其进行声明。程序一次执行过程如下：

```
请输入区间的下限和上限:1,50      //输入数据
绝对素数对:2 -- 2
绝对素数对:3 -- 3
绝对素数对:5 -- 5
绝对素数对:7 -- 7
绝对素数对:11 -- 11
绝对素数对:13 -- 31
绝对素数对:17 -- 71
绝对素数对:31 -- 13
绝对素数对:37 -- 73
```

8.3 条件编译预处理命令及其简单应用

使用条件编译可以对C源程序内容进行有选择性地编译。条件编译可有效地提高程序的可移植性并广泛地应用在商业软件中,为实现同一功能的应用程序提供适应不同使用环境的各种版本。最常使用的条件编译预处理有#if、#ifdef、#ifndef 3组,下面分别讨论,请读者注意它们之间的异同。

8.3.1 #if、#elif、#else、#endif

#if、#elif、#else等预处理语句的功能与第2章中介绍的if、else if以及else等C语句的功能类似。但特别要注意的是,if、else等是C语句,它们会被编译成执行代码,在程序执行的过程中决定控制的流向;而#if、#elif等则不是C语句,它们不会被编译成执行代码,它们的作用是指示编译器在进行编译处理时如何挑选C代码段,它们的处理是在C程序被编译之前就进行的。至于#endif预处理语句,则是作为条件编译预处理语句序列的结束语句使用,使用#if序列预处理语句构成常见程序段如下所示:

```
#if <条件 1>
    <程序段 1>
#elif<条件 2>
    <程序段 2>
    ⋮
#elif<条件 n>
    <程序段 n>
#else
    <缺省程序段>
#endif
```

上面代码段的含义是:当条件表达式为非0("逻辑真")时,编译对应程序段,否则编译缺省程序段。而且还需注意,#if后面的条件表达式部分不需要圆括号,仅需用空格和#if分开即可。

[**例**8.7] 编制程序实现功能:设置编译的条件,使程序在被编译时能够根据条件被处理成如下两种功能之一,程序执行时通过从键盘上输入#字符结束。(为讨论方便加上行号)

①将从键盘上循环输入的字母全改为大写字母输出,其余字符保持不变。

②将从键盘上循环输入的字母全改为小写字母输出,其余字符保持不变。

```
1  /* Name: ex0807.cpp */
2  #include <stdio.h>
3  #define LETTER 1       //定义宏标识符 LETTER 作为编译条件
4  int main( )
5  {
```

```
6       unsigned char ch;
7       while(1)
8       {
9           ch=getchar();
10              if(ch=='#')
11                break;
12          #if LETTER      //LETTER 表示的条件非 0
13              if(ch>='a'&&ch<='z')
14                  ch-=32;
15          #else
16              if(ch>='A'&&ch<='Z')
17                  ch+=32;
18              #endif
19                  putchar(ch);
20          }
21          return 0;
22  }
```

［例 8.8］ 程序在编译的时候,对于由第 12 行至 18 行所组成的程序块不会全部编译,而是会根据条件进行有选择性的编译处理,要么将第 13 行、14 行的 C 程序代码编译处理成执行代码,要么将 16 行、17 行的 C 程序代码编译处理成执行代码。由于在程序的第 3 行有宏定义:#define LETTER 1,预处理使得第 12 行#if 后的条件表达式值为 1(非 0),故在本次编译中被处理的是第 13 行、14 行构成的代码段,而由 16 行、17 行构成的代码段则被放弃(即不会被处理成执行代码)。本次编译完成后,程序实现的功能是:将输入的小写字母变为大写字母输出,其余字符保持不变。

如果在其他应用场合,我们需要程序实现上面提到的第 2 种功能,即实现将输入的大写字母变为小写字母输出的功能,只需要想办法改变#if 后面表达式的值即可实现。例如,将上面程序中的第 3 行改为:#define LETTER 0。

8.3.2 #ifdef 和#ifndef

1)#ifdef 编译预处理语句

#ifdef 预处理语句的基本使用格式是:#ifdef<标识符>,其基本意义是"如果定义有标识符,则条件成立(为真)"。#ifdef 预处理语句通常也和#elif、#else、#endif 预处理语句序列一起构成可以选择编译的程序段,其基本形式如下:

```
#ifdef <标识符>
    〈程序段 1〉
#else
    〈程序段 2〉
```

```
#endif
```

上面预处理代码段的含义是:如果“标识符”已经被#define 命令定义过,则编译程序段1,否则编译程序段2。注意,#ifdef 后面的标识符部分不需要圆括号,仅需用空格和#ifdef 分开即可。

[**例 8.9**] 利用条件编译实现在程序调试过程中输出中间结果。

问题描述:从键盘输入全班同学“C 程序设计技术”课程的考试成绩,统计有多少同学的成绩达到 80 分以上(含 80 分)。

为了能够判断程序处理数据是否正确,希望程序在调试的过程中能够有下面两部分数据可以参考:

①成绩大于等于 80 分的同学的序号和成绩。

②全班成绩的降序排列数据。

问题分析:程序要求的最终功能仅仅是统计成绩大于等于 80 分的人数,80 分以上同学的数据以及全班成绩降序排列数据的展示只是调试过程中需要,可以考虑将这部分数据展示功能的代码用条件编译预处理来进行处理。待程序调试完成后,注释掉用来进行条件编译的控制语句再重新编译程序,即可使得执行代码中仅有程序最终功能所需的执行代码。

```
/ * Name: ex0808.cpp * /
#include <stdio.h>
#define N 10
#define DEBUG
#define SORT
int main()
{
    double score[N];
    int i,count=0;
    for(i=0;i<N;i++)
    {
        printf("请输入第%d 个同学的成绩:",i+1);
        scanf("%lf",&score[i]);
    }
    for(i=0;i<N;i++)
    {
        if(score[i]>=80)
        {
            count++;
        #ifdef DEBUG      //以下代码仅在宏标识符 DEBUG 有定义的情况下编译
            printf("score[%d]=%7.2lf\n",i,score[i]);
        #endif
        }
```

```
    }
    printf("成绩80分以上的同学有%d个。\n",count);
#ifdef SORT      //以下代码仅在宏标识符SORT有定义的情况下编译
  void sort(double v[],int n);
  void ptarr(double v[],int n);
  sort(score,N);
  printf("以下是全班成绩的降序排列:\n");
  ptarr(score,N);
#endif
  return 0;
}
void sort(double v[],int n)
{
    int i,j,k;
    double t;
    for(i=0;i<n-1;i++)
    {
        k=i;
        for(j=i+1;j<n;j++)
            if(v[k]<v[j])
                k=j;
        if(k!=i)
           t=v[k],v[k]=v[i],v[i]=t;
    }
}
void ptarr(double v[],int n)
{
    int i;
    for(i=0;i<n;i++)
        printf("%7.2lf",v[i]);
    printf("\n");
}
```

在例8.8程序中,为了控制仅在调试时显示的数据,定义了两个宏标识符:DEBUG和SORT。在程序调试完成后,只需注释掉(或删除掉)两个宏标识符的定义语句,重新编译程序即可。在程序调试过程中其执行过程如下,请读者自行测试最终代码的结果:

```
请输入第1个同学的成绩:78.5      //输入数据
请输入第2个同学的成绩:90
请输入第3个同学的成绩:86
```

请输入第 4 个同学的成绩:56
请输入第 5 个同学的成绩:76
请输入第 6 个同学的成绩:60
请输入第 7 个同学的成绩:97
请输入第 8 个同学的成绩:54
请输入第 9 个同学的成绩:69
请输入第 10 个同学的成绩:98.5
score[1] =   90.00   //调试数据
score[2] =   86.00
score[6] =   97.00
score[9] =   98.50
成绩 80 分以上的同学有 4 个。   //最终结果
以下是全班成绩的降序排列: //调试数据
98.50 97.00 90.00 86.00 78.50 76.00 69.00 60.00 56.00 54.00

可以看到,上面执行过程中的输出可以帮助程序设计者用来了解程序运行时的中间结果和最终结果,分析程序的执行结果是否合理。

2)#ifndef 编译预处理语句

#ifndef 预处理语句的基本使用格式是:#ifndef<标识符>,其基本意义是“如果没有定义标识符”。#ifndef 预处理语句通常也和#elif、#else、#endif 预处理语句序列一起构成可以选择编译的程序段,其基本形式如下:

```
#ifndef <标识符>
    〈程序段 1〉
#else
    〈程序段 2〉
#endif
```

上面预处理程序段的意思是:如果没有用#define 预处理语句定义过“标识符”,则编译程序段 1,否则编译程序段 2。注意,#ifndef 后面的标识符部分不需要圆括号,仅需用空格和#ifdef 分开即可。

通过比较发现,#ifndef 编译预处理的含义与#ifdef 刚好相反,请读者自行分析#ifndef 的使用方法。

习题 8

一、单项选择题

1.C 系统对宏定义的处理工作是在(　　)。

A.程序进行编译时进行的　　B.程序进行连接时进行的

C.程序运行时进行的　　D.程序编译之前进行的

2.下面关于宏定义的叙述中,不正确的是(　　)。

A.宏定义不是C语句　　B.宏名没有类型

C.宏定义可以嵌套地定义　　D.宏替换不占用编译时间

3.C语言中,若要在源程序文件结束之前提前撤销宏定义,应使用(　　)。

A.#infdef　　B.#endif　　C.undefine　　D.#undef

4.C语言中,以下说法中正确的是(　　)。

A.#define N 5 和 printf(" hello!");都是C语句

B.#define N 5 是C语句,而 printf(" hello!");不是

C.printf(" hello!");是C语句,但#define N 5 不是

D.#define N 5 和 printf(" hello!");都不是C语句

5.#inlucde <a.cpp>是一条(　　)。

A.文件包含预处理命令　　B.宏定义预处理语句

C.条件编译预处理命令　　D.C语句

6.设有宏定义:#define　P 13,则 printf("PB * P=d%\n",PB * P);被处理成(　　)。

A.printf("PB * P=d%\n",13B * 13);　　B.printf("PB * 13=d%\n",PB * 13);

C.printf("PB * P=d%\n",PB * 13);　　D.printf("PB * 13=d%\n",PB * P);

7.设C程序中有宏定义:#define fun(x,y)　2 * x+1/y,则按 fun((2+1),1+4) 调用该宏后,得到的值为(　　)。

A.10　　B.11　　C.5.2　　D.6.2

8.下列宏定义在任何情况下计算平方数都不会引起歧义的是(　　)。

A.#define POWER(x) x * x　　B.#define POWER (x) ((x) * (x))

C.#define POWER (x * x)　　D.#define POWER (x) (x) * (x)

9.下面程序段执行后输出的结果是(　　)。

```
#define FUDGF(y)   2.54+y
#define PR(a) printf("%d",(int)(a))
#define PRINT(a) PR(a)
int x=2;
PRINT(FUDGF(5) * x);
```

A.11　　B.12　　C.15　　D.16

10.下面程序的执行结果是(　　)。

```
#include <stdio.h>
#define DEBUG
int main()
{
    int a=14,b=15,c;
    c=a/b;
    #ifdef DEBUG
      printf("a=%d,b=%d,",a,b);
```

```
    #endif
        printf("c=%d\n",c);
    return 0;
}
```

A.a=14,b=15,c=0　　B.a=14,c=0

C.b=15,c=0　　D.c=0

二、填空题

1.C语言处理系统包含3个组成部分:语言核心部分、__(1)__部分和运行库(标准函数库)部分。

2.C程序中的预处理命令并不是C语句,其特点是用__(2)__开始,__(3)__用分号“;”作为语句的结束标志。

3.在定义带参数的宏定义时最好将宏定义中__(4)__中出现的形式参数用__(5)__括起来。

4.下面程序的功能是:通过宏定义MOD求两个实数的余数。请填空完成程序。

```
#include <stdio.h>
#include <math.h>
#define MOD(x,y)x%y
int main()
{
    int a,b,c;
    printf("? a&b:");
    scanf("%d,%d",&a,&b);
    c= __(6)__;
    printf("c=%d\n",c);
    return 0;
}
```

三、阅读程序题

1.写出下面程序运行的结果。

```
#include <stdio.h>
#define MA(x) x*(x-1)
int main()
{
    int a=1,b=2;
    printf("%d \n",MA(1+a+b));
    return 0;
}
```

2.写出下面程序运行的结果。

```
#include <stdio.h>
#define N 10
#define s(x) x*x
#define f(x) (x*x)
int main()
{
    int i1,i2;
    i1=1000/s(N);i2=1000/f(N);
    printf("%d %d\n",i1,i2);
    return 0;
}
```

3.写出下面程序运行的结果。

```
#include <stdio.h>
#include <string.h>
#define N 1
int main()
{
    char s[100]="abcdefg";
#if N
     printf("串 s 的长度为:%d\n",strlen(s));
#else
     printf("串 s 占据的空间长度为:%d\n",sizeof(s));
#endif
     return 0;
}
```

4.写出下面程序运行的结果。

```
#include <stdio.h>
int main()
{
    char toUP(char c);
    char toLOWER(char c);
    char s[100]="abcdefgABCDEFG1234567! @#$ %^&?";
    int i;
#ifndef UP
    for(i=0;s[i]!='\0';i++)
        s[i]=toLOWER(s[i]);
#else
```

```
    for(i=0;s[i]!='\0';i++)
        s[i]=toUP(s[i]);
#endif
    puts(s);
    return 0;
}
char toUP(char c)
{
    return c>='a'&&c<='z'?c-32:c;
}
char toLOWER(char c)
{
    return c>='A'&&c<='Z'?c+32:c;
}
```

5.写出下面程序运行的结果。

```
#include <stdio.h>
#define FM(a,x) int i,m;m=a[0];\
                for(i=1;i<x;i++)\
                {   if(a[i]>m) \
                        m=a[i];\
                }\
                printf("%d\n",m);
/*注:上面宏定义每行后的反斜杠是续行标志*/
int main()
{
    int arr[10]={87,11,35,55,7,99,90,112,323,60};
    FM(arr,10);
    return 0;
}
```

四、程序设计题

1.定义一个含 3 个参数的带参数宏定义,利用该宏定义实现已知三边求三角形面积的功能。

2.定义表示被积函数的宏,并使用该宏定义求定积分 $f_2(x)=\int_{-1}^{1}\frac{1}{1+4x^2}dx$ 。

3.定义一个宏,用来计算 3 个数中的最大值。

4.定义一个宏,它接收一个数组及该数组的元素个数为参数,打印输出数组中的所有元素。

5.定义一个宏,它接收一个数组及该数组的元素个数为参数,计算数组中的所有元素之和。

6.定义一组宏用于实现英语字母的大小写互换,这组宏包含:判断是否大写字母的宏 IsUp,判断是否小写英文字母的宏 IsLow,字母转换为大写的宏 toUp,字母转换为小写的宏 toLow。用字符串数据测试这些宏。

7.定义一个能够实现两个整型数据交换的带参数宏定义 Swap(x,y),并利用该宏定义实现两个长度相同的整型数组所有元素值的交换。

8.定义一个能够判定字符 c 是否为英语字母的宏 isALPHA(c),并利用该宏定义统计文本文件 data.txt 中英文字母的个数。

9.定义一个能够判定闰年的带参宏定义,并利用该宏定义求出 2010 年至 2020 年间的所有闰年。

10.编程序实现功能:通过条件编译方式确定程序运行时实现字符串复制还是字符串连接。

第9章

枚举类型和位运算

9.1 枚举类型及其简单应用

在一些问题的解决方案中，程序中某些变量只能在由若干个特定数值构成的集合中取值。例如，表示一周内星期一到星期日的7个数据元素{ Sun,Mon,Tue,Wed,Thu,Fri,Sat }就可以构成一个数据集合，这些数据元素不但表示了其所包含的物理意义，而且它们还是一组有序数据。在C程序设计中，通过把该集合自定义为描述星期的枚举数据类型，用名称来代替有特定含义的数字，从而达到增强程序可读性的目的。

9.1.1 枚举类型的定义和枚举变量的引用

C语言中，枚举数据类型属于基本数据类型，但它并不是内置基本数据类型。程序中如果需要某种枚举类型，仍然需要自行定义。枚举数据类型定义的一般形式为：

enum 枚举类型名{ 枚举元素标识符列表};

其中，enum是定义枚举类型的关键字，枚举元素必须使用合法的标识符予以表示。例如，下面语句定义了数据类型名为enum weekday的枚举数据类型：

enum weekday{ Sun,Mon,Tue,Wed,Thu,Fri,Sat };

枚举元素标识符不是字符常量也不是字符串常量，定义时不要加单双引号。枚举元素在同一程序中是唯一的，即使在不同的枚举类型中也不能存在同名的枚举元素标识符。

编译器在编译程序时，会给每一个枚举元素指定一个整型常量值。若枚举类型定义中没有给元素指定整型常量值，默认情况下，整型常量值从0开始依次递增。因此，枚举数据类型weekday的7个元素Sun、Mon、Tue、Wed、Thu、Fri、Sat对应的整型常量值分别为0、1、2、3、4、5、6。

定义枚举类型时也可以从某一枚举元素开始指定起始值，从指定位置之后的每个枚举元素值依次递增1。也可以在枚举类型定义中对枚举元素起始值作多次改变，每次改变后，枚举值从该处开始递增，直到遇到下一次起始值的指定为止。例如，下面的枚举定义语句：

um Weekday{ Thu=4,Fri,Sat,Sun,Mon=1,Tue,Wed };

从 Thu 到 Sun 的枚举常量值依次为 4、5、6 和 7，接着从 Mon 到 Wed 的枚举常量值依次为 1、2 和 3。

枚举数据类型定义完成后，仍然需要定义枚举变量才能使用，常见的方法有：

①先定义枚举类型，然后定义枚举变量。

```
enum weekday{Sun,Mon,Tue,Wed,Thu,Fri,Sat};
enum weekday a,b,c;              //定义变量a,b,c
enum weekday day=Mon;            //定义变量day并赋初值
```

②定义枚举类型与定义变量同时进行。

```
enum weekday{Sun,Mon,Tue,Wed,Thu,Fri,Sat}a,b,c;    //同时定义变量a,b,c
```

③只定义几个某种枚举数据类型的枚举变量。

```
enum {Sun,Mon,Tue,Wed,Thu,Fri,Sat}a,b; //定义无枚举数据类型名的变量a,b
```

使用枚举数据类型和枚举变量时必须注意以下几点：

①不能在程序中修改枚举元素的值。例如：

```
enum weekday{Sun,Mon,Tue,Wed,Thu,Fri,Sat }day;
day=Sun;
Sat=7;                          //错误,Sat不是变量,Sat表示某常量值
```

②枚举变量只能用枚举元素标识符进行赋值，不能把常数值直接赋给枚举变量。例如：

```
enum weekday{Sun,Mon,Tue,Wed,Thu,Fri,Sat }day;
day=Wed;
day=3;                          //错误
```

如一定要把常数值赋给枚举变量，则必须用强制类型转换。例如：

```
day=(enum weekday)3;            // 与语句day=Wed;等效
```

③枚举类型变量和枚举类型数据可以进行关系运算。

枚举变量可与元素常量进行关系比较运算，同类枚举变量之间也可以进行关系比较运算，它们之间的关系运算是按它们表示的序号值进行的。例如：

```
enum weekday{Sun,Mon,Tue,Wed,Thu,Fri,Sat }day1,day2;
day1=Wed;
day2=Mon;
```

则表达式 day2>day1 的值为 0，表达式 Sat>day1 的值为 1，

④程序中不能直接输入或输出枚举变量的值（即枚举元素的标识符，如 Mon），只能输入或输出枚举变量值对应的序号值。

［**例 9.1**］ 枚举变量的输入输出示例。

```
/ * Name: ex0901.cpp * /
#include <stdio.h>
enum Colors
{ RED,YELLOW,GREEN };
int main( )
```

```
{
    enum Colors c;
    printf("RED--%d,YELLOW--%d,GREEN--%d\n",RED,YELLOW,GREEN);
    printf("输入颜色号(0--2):");
    scanf("%d",&c);
    switch(c)
    {
        case RED:
            printf("颜色号%d: RED\n",c);
            break;
        case YELLOW:
            printf("颜色号%d: YELLOW\n",c);
            break;
        case GREEN:
            printf("颜色号%d: GREEN\n",c);
            break;
        default: printf("没有对应的颜色! \n");
            break;
    }
    return 0;
}
```

程序的运行结果为:

```
RED--0,YELLOW--1,GREEN--2
输入颜色号(0--2):2
颜色号2: GREEN
```

9.1.2 枚举数据类型的简单应用

在程序设计中,使用枚举类型的主要意义在于限制数据的取值范围,使得应用程序尽可能避免出现一些毫无意义的结果。同时,程序设计中使用枚举型数据,在一定程度上可以描述数据对象的物理含义,比直接使用阿拉伯数字会使得程序更加清晰、更容易理解。下面的程序演示了枚举数据类型的一些应用。

[**例9.2**] 某部门每天需要安排2名技术人员值班,该部门有5位技术人员:程利华、李小明、王琳、高小杰、潘俊民,请编程序为他们安排1~5天的轮流值班表。

```
/* Name: ex0902.cpp */
#include<stdio.h>
#define N 10
enum staff
{ Cheng,Li,Wang,Gao,Pan };      //用姓氏拼音作为枚举元素
```

```
int main( )
{
    enum staff day[N],j;
    int i,n,k;
    char *name[]={"程利华","李小明","王琳","高小杰","潘俊民"};
    j=Cheng;
    for(i=0;i<N;i++)           //生成轮流值班信息
    {
        day[i]=j;
        j=(enum staff)((int)j+1);
        if(j>Pan)
          j=Cheng;
    }
    for(i=0;i<N/2;i++)         //每两个 day 数组元素保存有同一天值班人员的信息
    {
        n=int(day[i*2]);       //将枚举值转换成整数,作为数组 name 的下标使用
        k=int(day[i*2+1]);
        printf(" %2d %-8s %-8s\n",i+1,name[n],name[k]);
    }
    printf("\n");
    return 0;
}
```

本程序采用了另一种利用枚举数据输出信息的方法,指针数组 name 共有 5 个数组元素,数组元素 name[0]指向字符串"程利华", name[1]指向字符串"李小明",name[2]指向字符串"王琳",name[3]指向字符串"高小杰",name[4]指向字符串"潘俊民"。程序的运行结果为:

```
1 程利华    李小明
2 王  琳    高小杰
3 潘俊民    程利华
4 李小明    王  琳
5 高小杰    潘俊民
```

[**例 9.3**] 设有 A,B,C,D,E5 个旅游景点,某旅游团只能选择去其中的 3 个景点,输出该旅游团可能采取的景点游览方案。

```
/ * Name: ex0903.cpp  * /
#include <stdio.h>
enum scene {A,B,C,D,E};
int main( )
{
```

```
    void print(enum scene k);
    enum scene x,y,z;
    int i=0;
    for(x=A;x<=E;x=(enum scene)((int)x+1))
        for(y=(enum scene)((int)x+1);y<=E;y=(enum scene)((int)y+1))
          for(z=(enum scene)((int)y+1);z<=E;z=(enum scene)((int)z+1))
          {
              i++;
              printf("旅游方案%d:",i);
              print(x);
              print(y);
              print(z);
              printf("\n");
          }
    return 0;
}
void print(enum scene k)
{
    switch(k)
    {
        case A:
            printf("%2c",'A');
            break;
        case B:
            printf("%2c",'B');
            break;
        case C:
            printf("%2c",'C');
            break;
        case D:
            printf("%2c",'D');
            break;
        case E:
            printf("%2c",'E');
            break;
    }
}
```

上面程序,用三重循环控制挑选出了 A 到 E 的所有每组 3 个不同的组合,程序运行的结果是：

旅游方案1：A B C

旅游方案2：A B D

旅游方案3：A B E

旅游方案4：A C D

旅游方案5：A C E

旅游方案6：A D E

旅游方案7：B C D

旅游方案8：B C E

旅游方案9：B D E

旅游方案10：C D E

9.2 位运算及其应用

二进制位(Bit)是计算机系统中能够表达信息的最小单位,一个二进制位能够表达出两个信息“0”和“1”之一。字节(byte)是计算机系统中的基本信息单位。一个字节由8个二进制位组成,其中,最右边一位称为“最低有效位”,最左边的一位称为“最高有效位”。

C语言提供了位运算的功能,使用C语言可以开发出一些直接对计算机系统硬件(如存储器、外部设备端口、显示系统等)进行操作的软件。使用C语言中提供的位运算功能需要注意以下两点:

①位运算的数据对象只能是整型类型兼容的数据,如字符型(char)、整型(int)、无符号整型(unsigned)以及长整型(long)等。

②位运算符对于数据对象的处理方式和C语言提供的其他运算符不同。对于其他运算符而言,操作时将其能够处理的数据对象作为一个整体看待;而对于位运算符而言,则将其能够处理的数据对象(整型类型)拆分为二进制位分别对待。

9.2.1 位运算符

C语言中,提供了用于二进制位操作的运算符以及复合运算符对程序设计中的位运算提供支持,如表9.1所示。

表9.1 C语言中的位运算符

运算符	运算符含义	运算符	运算符含义
&	按位与	|	按位或
^	按位异或	~	按位取反
<<	按位左移	>>	按位右移
&=	位与赋值	|=	位或赋值
^=	位异或赋值	<<=	左移赋值
>>=	右移赋值		

1)按位与运算符(&)

按位与运算符 & 是一个双目运算符,其功能是将参与操作的两个对象的各个位分别对应进行“与”运算,即:两者都为 1 时结果为 1,否则结果为 0。

按位与运算通常用来对被操作数据对象的某些位清零或保留某些位。例如把整型变量 a 的高 16 位清零,保留数据的低 16 位,可以对变量 a 进行 a&65535 运算(65535 对应的二进制数为 00000000000000001111111111111111)。位运算的表达式中,描述整型常量时使用 16 进制书写形式更为方便和简单明了,例如 a&65535 可以用十六进制常数的形式写为 a&0xffff。

[**例 9.4**] 按位与运算示例。

```
/ * Name: ex0904.cpp * /
#include <stdio.h>
int main( )
{
    unsigned int x,y;
    printf(" Input x and y:");
    scanf(" %u,%u",&x,&y);
    printf(" x&y=%u\n",x&y);
    return 0 ;
}
```

运行该程序,当输入数据为:128,64 时,x&y=0。其运算过程为:

```
      00000000000000000000000010000000   (十进制数:128)
  &)  00000000000000000000000001000000   (十进制数:64)
  ------------------------------------
      00000000000000000000000000000000   (十进制数:0)
```

2)按位或运算符(|)

按位或运算符|是一个双目运算符,其功能是将参与操作的两个对象的各个位分别对应进行“或”运算,即:两者都为 0 时结果为 0,否则结果为 1。

按位或运算常用来将被操作数某些位置 1,而保持其他位不变。例如把整型变量 a 的低 16 位置 1,保留高 16 位,可以通过对变量 a 施加 a|0xffff 运算实现(0xffff 对应的二进制数为 00000000000000001111111111111111)。

[**例 9.5**] 按位或运算示例。

```
/ * Name: ex0905.cpp * /
#include <stdio.h>
int main( )
{
    unsigned int x,y;
    printf(" Input x and y:");
    scanf(" %u,%u",&x,&y);
```

```
    printf("x|y=%u\n",x|y);
    return 0 ;
}
```

运行该程序,当输入数据为:128,64 时,x|y=192。其运算过程为:

```
       00000000000000000000000010000000    (十进制数:128)
   |)  00000000000000000000000001000000    (十进制数:64)
   ------------------------------------
       00000000000000000000000011000000    (十进制数:192)
```

3)按位异或运算符(^)

按位异或运算符^是一个双目运算符,其功能是将参加操作的两个对象的各个位分别对应进行“异或”运算,运算规则为:两者值相同时结果为0,否则结果为1。

按位异或运算常用于将被操作数某些特定位的值取反,例如把整型变量a的低16位值取反,保留高16位,可以通过对变量a施加a^0xffff运算实现(0xffff对应的二进制数为00000000000000001111111111111111)。

[例9.6] 按位异或运算示例。

```
/ * Name: ex0906.cpp * /
#include <stdio.h>
int main()
{
    unsigned int x,y;
    printf("Input x and y:");
    scanf("%u,%u",&x,&y);
    printf("x^y=%u\n",x^y);
    return 0;
}
```

运行该程序,当输入数据为:128,64 时,x^y=192。其运算过程为:

```
       00000000000000000000000010000000   (十进制数:128)
   ^)  00000000000000000000000001000000   (十进制数:64)
   ------------------------------------
       00000000000000000000000011000000   (十进制数:192)
```

4)按位取反运算符(~)

按位取反运算符~是一个单目运算符,其功能是将参加操作的对象的各个位进行“取反”操作,即:0变为1,1变为0。

[例9.7] 按位取反运算示例。

```
/ * Name: ex0907.cpp * /
#include <stdio.h>
int main()
{
    unsigned int x;
```

```
    printf("Input x:");
    scanf("%u",&x);
    printf("~x=%u\n",~x);
    return 0;
}
```

运行该程序,当输入数据为:128 时,~x=4294967167。其运算过程为:

```
        00000000000000000000000010000000    (十进制数:128)
    ~x=11111111111111111111111101111111     (十进制数:4294967167)
```

5)左移运算符(<<)

左移运算符<<是一个双目运算符,其功能是将参与操作的左操作数的全部二进制位向左移动右操作数指定的位数,左移出去的数位丢失,左移后数的右边补0。如:a<<3 表示将 a 中的各位全部向左移动3位。在计算机系统中,只要没有出现溢出现象(即移位后的数据仍在取值范围之内),那么某数左移一位相当于将该数乘2,左移两位相当于将该数乘4,以此类推。

[**例** 9.8] 左移运算示例。

```
/* Name: ex0908.cpp */
#include <stdio.h>
int main()
{
    unsigned int x,n;
    printf("Input x:");
    scanf("%u",&x);
    printf("Input number to move:");
    scanf("%u",&n);
    printf("x<<%u=%u\n",n,x<<n);
    return 0;
}
```

运行该程序,当输入数据为128,移动位数为2时,x<<2=512。其运算过程为:

```
           00000000000000000000000010000000    (十进制数:128)
    x<<2   00000000000000000000001000000000    (十进制数:512)
```

当输入数据为128,移动位数为25时,出现溢出现象,x<<25=0。其运算过程为:

```
              00000000000000000000000010000000    (十进制数:128)
    x<<25   1 00000000000000000000000000000000    (十进制数:0,最前面的1丢失)
```

6)右移运算符(>>)

右移运算符>>是一个双目运算符,其功能是将参与操作的左操作数的全部二进制位向右移动右操作数指定的位数,右移出去的数位丢失,右移后左边留下的空位填充取决于左操作对象的数据类型:

①对无符号数据(unsigned char 和 unsigned int),左边补 0。

②对有符号数据(int 和 char)左边补其符号位,即正数补 0、负数补 1。

与左移运算类似,如果移位后没有溢出,右移 1 位相当于将该数除以 2。

[例 9.9] 右移运算示例。

```
/ * Name: ex0909.cpp * /
#include <stdio.h>
int main( )
{
    int x,n;
    printf("Input x:");
    scanf("%d",&x);
    printf("Input number to move:");
    scanf("%d",&n);
    printf("x>>%d=%d\n",n,x>>n);
    return 0;
}
```

运行该程序,当输入数据为 128,移动位数为 2 时,x>>2=32。其运算过程为:

```
         00000000000000000000000010000000   (十进制数:128)
   x>>2  00000000000000000000000000100000   (十进制数:32)
```

9.2.2 位运算的简单应用

前面章节介绍的运算都是基于数据对象作为整体对待的基础,当需要编写对系统的软硬件进行控制的程序时,经常要求对二进制位进行处理。利用 C 语言提供的位运算功能,可以开发出一些直接对存储器、外部设备等进行操作的程序。下面的程序示例给出了位运算的一些简单应用。

[例 9.10] 编写程序实现功能:不用临时变量交换两个整型变量的值。

```
/ * Name: ex0910.cpp * /
#include <stdio.h>
int main( )
{
    void swap(int *x,int *y);
    int a,b;
    printf("input a,b:");
    scanf("%d,%d",&a,&b);
    printf("交换前 a=%d,b=%d\n",a,b);
    swap(&a,&b);
    printf("交换后 a=%d,b=%d\n",a,b);
    return 0;
```

```
}
void swap(int *x,int *y)
{
    *x= *x^ *y;
    *y= *y^ *x;
    *x= *x^ *y;
}
```

根据二进制位异或运算的规则,对于任意两个整数 x 和 y,则有等式 y=y^x^x 一定成立,上面程序正是利用位异或运算的这一性质实现数据交换的。

[**例** 9.11] 利用二进制位运算进行十进制整数到二进制数的转换。

从数的进制以及进制之间的转换原理上说,十进制整数到二进制数的转换应该使用"除 2 取余法"。从前面的介绍得知,对整型数据而言,在系统存储器中存储的是其二进制补码形式。如果被转换的十进制数是正数,则其补码与其原码相同,转换时只需要判断出最高位(符号位)以外的所有二进制位,二进制位值为 1 时输出 1,二进制位值为 0 时输出 0,即可得到转换后的二进制数据。如果被转换的十进制数是负数,首先单独处理数据符号位,然后将其在存储器中的数据转换为对应的原码后再按处理正整数的方法进行处理即可。实现利用二进制位运算进行十进制整数到二进制数的转换的 C 程序如下所示:

```
/* Name: ex0911.cpp */
#include <stdio.h>
int getwordlen();                    //测试整型数据长度(位数)
int main()
{
   int j,num,intlen;
   unsigned int mask;
   intlen=getwordlen();
   if(intlen==16)
        mask=0x8000;                 //16 位系统时
   else if(intlen==32)
        mask=0x80000000;             //32 位系统时
   printf("请输入要转换的数据:");
   scanf("%d",&num);
   printf("%d 的二进制码为:",num);
   if(mask&num)                      //如果是负数求出其原码
   {
      num=~num;
      num+=1;
      printf("-");
```

```
    }
    mask>>=1;
    for(j=0;j<intlen-1;j++)
    {
        printf("%d",mask&num?1:0);
        mask>>=1;
    }
    printf("\n");
    return 0;
}
int getwordlen()
{
    int i;
    unsigned v=~0;
    for(i=1;v>>=1>0;i++)
        ;
    return i;
}
```

上面的程序中,为了保证在不同位数开发环境(例如16位系统或者32位系统)中都能够按正确的二进制位数输出,设计并定义了函数getwordlen。函数getwordlen的功能是测试出当前所用的系统环境的字长是多少位,然后用该字长控制二进制转换的长度。下面是程序两次执行的过程和输出结果:

```
请输入要转换的数据:12345        //第一次执行输入正整数测试
12345的二进制码为:00000000000000000011000000111001
请输入要转换的数据:-12345       //第二次执行输入负整数测试
-12345的二进制码为:-00000000000000000011000000111001
```

[例9.12] 函数moveRightLeft的原型是:short int moveRightLeft(short int num,short int k),其功能是把num循环位移k位,若k>0表示右移,k<0表示左移。编写函数moveRightLeft,并编写主函数进行测试。

```
/* Name: ex0912.cpp */
#include <stdio.h>
short int moveRightLeft(short int num,short int k);
void showBin(short int num);
int main()
{
    unsigned short int num;
    int n;
    printf("请输入要移动的数据:");
```

```
    scanf("%d",&num);
    printf("请输入要移动的位数:");
    scanf("%d",&n);
    printf("移动前的二进制码为:");
    showBin(num);
    num=moveRightLeft(num,n);
    if(n>0)
        printf("\n 右移%d 位\n",n);
    else
        printf("\n 左移%d 位\n",-n);
    printf("移动后的二进制码为:");
    showBin(num);
    printf("\n");
    return 0;
}
short int moveRightLeft(short int num,short int k)
{
    short unsigned int mask,t;
    if(k<0)                          //循环左移 k 位转换成循环右移 16+k 位
        k=16+k;
    t=num<<(16-k);
    num=num>>k;                      //num 右移 k 位
    mask=0xffff>>k;
    num=num&mask;                    //使 num 的最高 k 位为 0
    return num|t;
}
void showBin(short int num)
{
    short unsigned int mask=0x8000;
    int j;
    for(j=0;j<16;j++)
    {
        printf("%d",mask&num?1:0);
        if(j==8) printf(" ");
        mask>>=1;
    }
}
```

对于一个 short int 类型的数据,循环左移 n 位,相当于循环右移 16-n 位。根据这一

点,上面程序中把循环左移转换成了循环右移。下面是程序两次执行的过程和输出结果:

```
请输入要移动的数据:5                    //第一次执行时的输入和输出
请输入要移动的位数:2
移动前的二进制码为:00000000 00000101
右移2位
移动后的二进制码为:01000000 00000001

请输入要移动的数据:-5                   //第二次执行时的输入和输出
请输入要移动的位数:-2
移动前的二进制码为:11111111 11111011     //-5的补码
左移2位
移动后的二进制码为:11111111 11101111
```

习题9

一、单项选择题

1.如果有 int a=68,则表达式 a|0x0f 的值是(　　)。

A.6　　B.8　　C.79　　D.68

2.语句 printf("%hx\n",~12);的输出结果是(　　)。

A.12　　B.fff3　　C.-12　　D.语句有错误

3.若有语句 enum weekday{Sun,Mon,Tue,Wed,Thu,Fri,Sat}day; 则下面所列语句中错误的是(　　)。

A.if(day>0);　　B.day=0

C.day=(enum weekday)0　　D.day=Mon;

4.若有字符变量 a 和 b 进行异或运算的表达式 a=a^b,要求对变量 a 进行高4位求反,低四位不变,则 b(二进制表示)应为(　　)。

A.11110000　　B.00001111　　C.视 a 值而定　　D.不可能实现

5.如果有 short int a=12,b=4; 则表达式 a&b 的值是(　　)。

A.6　　B.4　　C.9　　D.12

6.若整型变量 x 和 y 的值相等且为非0值,则以下选项中,结果为零的表达式是(　　)。

A.x || y　　B.x | y　　C.x & y　　D.x ^ y

7.以下对枚举类型名的定义,正确的是(　　)。

A.enum a={one,two,three};　　B.enum a {"one","two","three"};

C.enum a={1,2,3};　　D.enum a {x1,x2,x3};

8.下面程序运行结果是(　　)。

```
#include <stdio.h>
```

```
int main()
{
    enum team {Zhang,Li=3,Wu,Wang=Wu+2};
    printf("%d,%d,%d,%d\n",Zhang,Li,Wu,Wang);
    return 0;
}
```

A.0,3,4,6　　B.程序有错误　　C.0,3,0,2　　D.0,1,2,3

9.以下叙述中,不正确的是(　　)。

A.表达式 a&=b 等价于 a=a&b　　B.表达式 a|=b 等价于 a=a|b

C.表达式 a!=b 等价于 a=a! b　　D.表达式 a^=b 等价于 a=a^b

10.若有 语句 char n=-5;n--; n=~n; 则 n 的值是(　　)。

A.-4　　B.4　　C.6　　D.5

二、填空题

1.若在枚举类型定义中没有给其第一个元素指定整型常量值,则第一个元素对应的整型常量值为__(1)__。

2.若有语句 enum boolean { FALSE,TRUE} x;则逗号表达式 x=(enum boolean)1,x!=TRUE 的值是__(2)__。

3.设 char a='A',b=2,则表达式 a^b>>2 的十进制值是__(3)__。

4.在位运算中,操作数每左移一位,则结果相当于__(4)__。

5.若有运算符<<,sizeof,^,&=,则它们按优先级由高到低的正确排列次序是__(5)__。

6.请填空完善下面程序,使执行程序时能输出 YELLOW BLUE GREEN RED。

```
#include <stdio.h>
int main()
{
    enum Color { (6) };
    char *msg[]={"YELLOW","RED","GREEN","BLUE"};
    printf("%s %s %s %s\n",msg[YELLOW],msg[RED],msg[GREEN],msg
    [BLUE]);
    return 0;
}
```

7.位运算的数据对象的数据类型只能是__(7)__。

8.一个整数________直接赋给一个枚举变量。

9.-20 的 8 位二进制数补码是__(8)__。

10.表达式:12|012 的十进制值是__(9)__。

三、阅读程序题

1.写出下列程序执行后的结果。

```
#include <stdio.h>
enum Weekday
{
    Mon=1,Tue,Wed,Thu,Fri,Sat,Sun};
    int main()
    {
        enum Weekday today=Sun,tomorrow;
        printf("Tue is %d\n",Tue);
        printf("%d %c\n",Wed+64,Wed+64);
        if(today==Sun)
        {
            printf("Today is WeekEnd! \n");
            tomorrow=Mon;
        }
        else
            tomorrow=(Weekday)(today + 1);
        printf("Tomorrow=%d\n",tomorrow);
        printf("sizeof Tomorrow is: %d bytes\n",sizeof(tomorrow));
        printf("sizeof Weekday is: %d bytes\n",sizeof(Weekday));
        return 0;
}
```

2.写出下列程序执行后的结果。

```
#include <stdio.h>
int main()
{
    int x,a=5,b=9;
    x=9;
    x=a^b^x;
    printf("x=%d\n",x);
    x=5;
    x=a^b^x;
    printf("x=%d\n",x);
    return 0;
}
```

3.写出下列程序执行后的结果。

```
#include <stdio.h>
short unsigned rightmove(unsigned m,int n);
int main()
{
    short unsigned   x=0xfe00;
    printf("%x\n",rightmove(x,-2));
    return 0;
}
short unsigned rightmove(unsigned m,int n)
{
    if(n<0)
        n=-n,m=m<<n;
    else
        m=m>>n;
    return m;
}
```

4.写出下列程序执行后的结果。

```
#include <stdio.h>
int main()
{
    unsigned short a,b,c,d;
    a=0x35;
    b=a>>4;
    c=~(~0<<4);
    d=b&c;
    printf("%x\n%x\n",a,d);
    return 0;
}
```

5.写出下列程序执行后的结果。

```
#include <stdio.h>
int main()
{
    char *p,s[]="I am a student!";
    printf("First string=%s",s);
    p=s;
    while(*p)
    {
        *p=(*p)^0x7a;
```

```
        p++;
    }
    printf(" \nencrypt string=%s",s);
    p=s;
    while( *p)
    {
        *p=( *p)^0x7a;
        p++;
    }
    printf(" \nunencrypt string=%s\n",s);
    return 0;
}
```

四、程序设计题

1.编程序实现功能:利用位运算,将十进制整数转换成十六进制数输出。

2.函数原型是:int countBits(int num);,其功能是统计一个整数的二进制表示中1的个数。请编写函数countBits,并用相应的主函数进行测试。

3.函数的原型是:void encrypt(char * word,char code);,其中,参数 * word表示待加密/解密的字符串,code表示密码字符,函数要实现的功能是利用位异或操作特性进行字符串的加密/解密。请编写函数encrypt,并用相应的主函数进行测试。

4.编程序实现功能:定义一个描述3种颜色的枚举类型{ Red、Blue、Green },输出这3种颜色的全部27种排列结果。

5.函数的原型是:void unpackChar(unsigned short int n);,其功能是利用位右移、位与等运算将一个无符号短整数分解为2个字符输出。请编写函数unpackChar,并用相应的主函数进行测试。

6.函数的原型是:unsigned getBits(unsigned value,int start,int end);,其函数功能是从一个无符号整数中从左边开始取出一段二进制数位,参数start和end分别表示起始位和结束位。请编写函数getBits,并用相应的主函数进行测试。

7.函数的原型是:boolean isPower2(unsigned n);其中,boolean是自定义枚举数据类型,函数的功能是利用位运算判断一个整数是否是2的n次方。请定义枚举类型boolean、编写函数isPower2,并用相应的主函数进行测试。

8.函数的原型是:unsigned inputBin();,其功能是二进制数的格式输入一个正整数。请编写函数inputBin,并用相应的主函数进行测试。

9.编程序实现功能:输入一个数的原码(用一个8位二进制数表示),输出该数对应的补码。例如:输入00000101,输出00000101;输入10000101,输出11111011。

10.函数的原型是: short int moveLeft(short int num,short int k);其中,参数num表示要被移动的数,k表示位移的位数(k>0),函数的功能是用左移的方法实现循环位移。请编写函数moveLeft,并用相应的主函数进行测试。

附 录

附录 A　ASCII 码表(基本表部分 000~127)

ASCII	字符	ASCII	字符	ASCII	字符	ASCII	字符
000	NUL	032	space	064	@	096	`
001	SOH	033	!	065	A	097	a
002	STX	034	"	066	B	098	b
003	ETX	035	#	067	C	099	c
004	EOT	036	$	068	D	100	d
005	ENQ	037	%	069	E	101	e
006	ACK	038	&	070	F	102	f
007	BEL	039	’	071	G	103	g
008	BS	040	(	072	H	104	h
009	HT	041	)	073	I	105	i
010	LF	042	*	074	J	106	j
011	VT	043	+	075	K	107	k
012	FF	044	,	076	L	108	l
013	CR	045	-	077	M	109	m
014	SO	046	.	078	N	110	n
015	SI	047	/	079	O	111	o
016	DLE	048	0	080	P	112	p
017	DC1	049	1	081	Q	113	q
018	DC2	050	2	082	R	114	r
019	DC3	051	3	083	S	115	s
020	DC4	052	4	084	T	116	t
021	NAK	053	5	085	U	117	u
022	SYN	054	6	086	V	118	v
023	ETB	055	7	087	w	119	w
024	CAN	056	8	088	X	120	x
025	EM	057	9	089	Y	121	y
026	SUB	058	:	090	Z	122	z
027	ESC	059	;	091	[	123	{
028	FS	060	<	092	\	124	|
029	GS	061	=	093	]	125	}
030	RS	062	>	094	^	126	~
031	US	063	?	095	_	127	DEL

续表

ASCII	字符	ASCII	字符	ASCII	字符	ASCII	字符
128	Ç	160	á	192	└	224	α
129	ü	161	í	193	┴	225	ß
130	é	162	ó	194	┬	226	Γ
131	â	163	ú	195	├	227	π
132	ä	164	ñ	196	─	228	Σ
133	à	165	Ñ	197	┼	229	σ
134	å	166	ª	198	╞	230	μ
135	ç	167	º	199	╟	231	τ
136	ê	168	¿	200	╚	232	Φ
137	ë	169	⌐	201	╔	233	Θ
138	è	170	¬	202	╩	234	Ω
139	ï	171	½	203	╦	235	δ
140	î	172	¼	204	╠	236	∞
141	ì	173	¡	205	═	237	φ
142	Ä	174	≪	206	╬	238	ε
143	Å	175	≫	207	╧	239	∩
144	É	176	░	208	╨	240	≡
145	æ	177	▒	209	╤	241	±
146	Æ	178	▓	210	╥	242	⩾
147	ô	179	│	211	╙	243	⩽
148	ö	180	┤	212	Ô	244	⌠
149	ò	181	╡	213	╒	245	⌡
150	û	182	╢	214	╓	246	÷
151	ù	183	╖	215	╫	247	≈
152	ÿ	184	╕	216	╪	248	≈
153	Ö	185	╣	217	┘	249	·
154	Ü	186	║	218	┌	250	•
155	¢	187	╗	219	█	251	√
156	£	188	╝	220	▄	252	^{n}
157	¥	189	╜	221	▌	253	^{2}
158	₧	190	╛	222	▐	254	■
159	ƒ	191	┐	223	▀	255	

附录 B C 语言中的保留字

(标有星号上标的是在 C99 标准中增加的保留字)

auto	_Bool*	break	case	char
_Complex*	const	continue	default	do
double	else	enum	extern	float
for	goto	if	_Imaginary*	inline*
int	long	register	restrict*	return
short	signed	sizeof	static	struct
switch	typedef	union	unsigned	void
volatile	while			

特殊标识符

下面几个标识符从严格意义上说不属于系统保留字,它们常出现在 C 的预处理器中。C 语言处理系统中,为它们赋予了特定的含义,建议用户不要将它们在程序中随意使用,以免造成混淆。

define	undef	include	ifdef	ifndef
endif	line	error	elif	pragma

附录 C

C 标准库中的函数有数百个之多,下面仅列举出在程序设计基础学习过程中最常用的标准库函数。所列举的标准库函数均符合 ANSI C 标准,在其他 C 系统中对标准库均有扩充,在此并未涉及。列举时以函数声明所在头文件分类。

1.头文件:stdio.h

(1)fclose

函数原型:int fclose(FILE *stream);

函数功能:关闭 stream 所指的文件,释放文件缓冲区。成功时返回 0,出错则返回 EOF。

(2)feof

函数原型:int feof(FILE *stream);

函数功能:检测 stream 所指的文件内部记录指针是否到达文件尾。遇到文件结束符,返回非 0 值,否则返回 0。

(3)fgetc

函数原型:int fgetc(FILE *stream);

函数功能:从 stream 所指的文件中读取一个字符。读取出错返回 EOF,否则返回读取的字符。

(4)fgets

函数原型:char *fgets(char *string, int n, FILE *stream);

函数功能:从 stream 所指的文件中读取长度为 n-1 的字符串存入起始地址为 string 的空间。若遇文件结束或读取出错返回 NULL(可用 feof 或 ferror 判断是出错还是遇到了文件尾),否则返回地址 string。

(5) fopen

函数原型:FILE *fopen(const char *filename, const char *mode);

函数功能:以 mode 指定的方式打开名为 filename 的文件。操作成功返回一个指向打开文件的文件指针(文件信息区的起始地址),否则返回 NULL。

(6) fprintf

函数原型:int fprintf (FILE *stream, const char *format [, argument, ...]);

函数功能:以 format 指定的格式输出 argument 的值到 stream 所指的文件中。返回值表示实际输出的数据字节数(字符个数),出错时返回一个负数。

(7) fputc

函数原型:int fputc(int c, FILE *stream);

函数功能:将变量 c 的值作为字符输出到 stream 所指的文件中。操作成功返回该字符,否则返回 EOF。

(8) fputs

函数原型:int fputs(const char *string, FILE *stream);

函数功能:将串 string 输出到 stream 所指的文件中。操作成功返回一个非负整数值,出错时返回 EOF。

(9) fread

函数原型:size_t fread(void *buffer, size_t size, size_t count, FILE *stream);

函数功能:从 stream 所指的文件中读取长度为 size 的 count 个数据项存入起始地址为 buffer 的内存空间。操作成功返回读取的数据项个数,当返回值小于 count 时,可用 feof 或 ferror 判断是出错还是遇到了文件尾。

(10) fscanf

函数原型:int fscanf(FILE *stream, const char *format [, argument]...);

函数功能:从 stream 所指的文件中按 format 指定的格式读取数据送到 address 所指定的内存单元。返回已输入数据的个数,出错时返回 EOF。

(11) fseek

函数原型:int fseek(FILE *stream, long offset, int origin);

函数功能:以 origin 指定的位置为基准,将 stream 所指的文件内部记录的记录指针移动 offset 所指的距离。操作成功返回 0,否则返回非 0 值。

(12) ftell

函数原型:long ftell(FILE *stream);

函数功能:测试 stream 所指文件的内部记录指针位置,返回内部记录指针距文件头字节数,出错时返回-1L。

(13) fwrite

函数原型:size_t fwrite(const void *buffer, size_t size, size_t count, FILE *stream);

函数功能:将以 buffer 为起始地址的 count * size 个字节输出到 stream 所指的文件中。返回实际写的数据项个数 count,出错时,文件内部记录指针的位置不定。

(14)gets

函数原型:char * gets(char * buffer);

函数功能:从标准输入设备读取一个字符串并将其放入字符数组 buffer。操作成功返回字符串 buffer,否则返回 NULL。

(15)puts

函数原型:int puts(const char * string);

函数功能:将字符串 string 输出到标准输出设备。操作成功返回非负值,否则返回 EOF。

(16)printf

函数原型:int printf (const char * format [, argument, …]);

函数功能:在标准输出设备上按 format 规定的格式输出 argument 表列的值。操作成功返回输出的字符个数,出错时则返回负数。

(17)getchar

函数原型:int getchar(void);

函数功能:从标准输入设备读取一个字符并返回读取的字符,若遇文件结束或出错返回 EOF。

(18)putchar

函数原型:int putchar(int c);

函数功能:将变量 c 表示的字符输出到标准输出设备。操作成功返回输出的字符,否则返回 EOF。

(19)rename

函数原型:int rename(const char * oldname, const char * newname);

函数功能:将 oldname 所指的文件改名为 newname。操作成功返回 0,否则返回非 0 值。

(20)rewind

函数原型:void rewind(FILE * stream);

函数功能:将 stream 所指文件的内部记录指针置于文件开始位置,清除文件结束标志和文件出错标志。

(21)scanf

函数原型:int scanf(const char * format [,argument]…);

函数功能:按 format 规定的格式从标准输入设备读取数据存入 argument 所指的单元。操作成功函数返回正确读取的数据个数,出错时返回 EOF。

2.头文件:ctype.h

(1)isalnum

函数原型:int isalnum(int c);

函数功能:检测 c 的内容是否是字母或数字,若 c 是字母或数字则返回非 0 值,否则返回 0。

(2)isxdigit

函数原型:int isxdigit(int c);

函数功能:检测 c 的内容是否是一个 16 进制数字(即 0~9、a~f 或 A~F),是则返回非 0 值,否则返回 0。

(3)isalpha

函数原型:int isalpha(int c);

函数功能:检测 c 的内容是否是字母,是字母返回非 0 值,否则返回 0。

(4)iscntrl

函数原型:int iscntrl(int c);

函数功能:检测 c 的内容是否是控制字符,是控制字符(ASCII 码值为:0x00~0x1F 或 0x7F)返回非 0 值,否则返回 0。

(5)isprint

函数原型:int isprint(int c);

函数功能:检测 c 的内容是否是可打印字符(包括空格),是则返回非 0 值,否则返回 0。

(6)isgraph

函数原型:int isgraph(int c);

函数功能:检测 c 的内容是否是可打印字符(不包括空格),是则返回非 0 值,否则返回 0。

(7)isdigit

函数原型:int isdigit(int c);

函数功能:检测 c 的内容是否是数字(0~9),是数字返回非 0 值,否则返回 0。

(8)ispunct

函数原型:int ispunct(int c);

函数功能:检测 c 的内容是否是标点字符(除字母,数字和空格外的所有可打印字符),是则返回非 0 值,否则返回 0。

(9)isspace

函数原型:int isspace(int c);

函数功能:检测 c 的内容是否是空格、制表符或换行符,是则返回非 0 值,否则返回 0。

(10)isupper

函数原型:int isupper(int c);

函数功能:检测 c 的内容是否是大写字母(A~Z),是则返回非 0 值,否则返回 0。

(11)islower

函数原型:int islower(int c);

函数功能:检测 c 的内容是否是小写字母(a~z),是小写字母返回非 0 值,否则返回 0。

(12)toupper

函数原型:int toupper(int ch);

函数功能:若 c 的内容是小写字母,则将其转换为对应大写字母(若本身是大写则不用转换)并返回 c 所代表的大写字母。

(13) tolower

函数原型:int tolower(int ch);

函数功能:若 c 的内容是大写字母,则将其转换为对应小写字母(若本身是小写则不用转换)并返回 c 所代表的小写字母。

3.头文件 string.h

(1) strcpy

函数原型:char * strcpy(char * strDestination, const char * strSource);

函数功能:将字符串 strSource 复制到 strDestination 并返回 strDestination。

(2) strncpy

函数原型:char * strncpy(char * strDest, const char * strSource, size_t count);

函数功能:将字符串 strSource 中的前 count 个字符复制到 strDest 并返回 strDest。

(3) strcat

函数原型:char * strcat(char * strDestination, const char * strSource);

函数功能:将字符串 strSource 连接到字符串 strDestination 的后面并返回字符串 strDestinationdest。

(4) strncat

函数原型:char * strncat(char * strDest, const char * strSource, size_t count);

函数功能:将 strSource 中的前 count 个字符连接到字符串 strDest 并返回字符串 strDest。

(5) strcmp

函数原型:int strcmp(const char * string1, const char * string2);

函数功能:比较两个字符串 string1 和 string2。string1<string2 时返回负值,string1 = string2 时返回 0,string1> string2 时返回正值。

(6) strncmp

函数原型:int strncmp(const char * string1, const char * string2, size_t count);

函数功能:比较两个字符串 string1 和 string2 的前 maxlen 个字符。string1<string2 时返回负值,string1=string2 时返回 0,string1> string2 时返回正值。

(7) strchr

函数原型:char * strchr(const char * string, int c);

函数功能:在字符串 string 中正向(从左至右)查找第一次出现字符 c 的位置,找到则返回该字符的指针,否则返回 NULL。

(8) strstr

函数原型:char * strstr(const char * string, const char * strCharSet);

函数功能:在字符串 string 中正向查找字符串 strCharSet (不包含结束符)第一次出现的位置,找到则返回该位置指针,否则返回 NULL。

(9) strlen

函数原型:size_t strlen(const char * string);

函数功能:统计字符串 string 中的字符个数(不包含结束符),返回统计出的字符个数。

4.头文件:math.h

(1)sin

函数原型:double sin(double x);

函数功能:计算并返回 sin(x)的值,x 单位为弧度。

(2)cos

函数原型:double cos(double x);

函数功能:计算并返回 cos(x)的值,x 单位为弧度。

(3)tan

函数原型:double tan(double x);

函数功能:计算并返回 tan(x)的值,x 单位为弧度。

(4)asin

函数原型:double asin(double x);

函数功能:计算并返回 $\sin^{-1}(x)$的值。

(5)acos

函数原型:double acos(double x);

函数功能:计算并返回 $\cos^{-1}(x)$的值。

(6)atan

函数原型:double atan(double x);

函数功能:计算并返回 $\tan^{-1}(x)$的值。

(7)atan2

函数原型:double atan2(double y, double x);

函数功能:计算并返回 $\tan^{-1}(x/y)$的值。

(8)sinh

函数原型:double sinh(double x);

函数功能:计算并返回 x 的双曲正弦值。

(9)cosh

函数原型:double cosh(double x);

函数功能:计算并返回 x 的双曲余弦函数值。

(10)tanh

函数原型:double tanh(double x);

函数功能:计算并返回 x 的双曲正切函数值。

(11)abs

函数原型:int abs(int n);

函数功能:计算并返回 n 的绝对值,n 是整型数据。

(12)fabs

函数原型:double fabs(double x);

函数功能:计算并返回 x 的绝对值,x 是实型数据。

(13) labs

函数原型:long labs(long n);

函数功能:计算并返回 n 的绝对值,n 是长整型数据。

(14) floor

函数原型:double floor(double x);

函数功能:按实型数据形式返回不大于 x 的最大整数。

(15) fmod

函数原型:double fmod(double x, double y);

函数功能:按实型数据形式返回 x/y 的余数。

(16) log

函数原型:double log(double x);

函数功能:计算并返回 ln x 的值。

(17) log10

函数原型:double log10(double x);

函数功能:计算并返回 $\log_{10}x$ 的值。

(18) modf

函数原型:double modf(double x, double *intptr);

函数功能:将双精度数 x 分解成整数部分和小数部分,整数部分存放在 intptr 单元,返回小数部分的值。

(19) pow

函数原型:double pow(double x, double y);

函数功能:计算并返回 x^y 的值。

(20) sqrt

函数原型:double sqrt(double x);

函数功能:计算并返回 x 的平方根值。

(21) exp

函数原型:double exp(double x);

函数功能:计算并返回 e^x 的值。

5.头文件:stdlib.h

(1) atoi

函数原型:int atoi(const char *string);

函数功能:将 string 表示的字符串转换为整数并返回,遇到非数字字符结束转换。

(2) atol

函数原型:long atol(const char *string);

函数功能:将 string 表示的字符串转换为长整数并返回,遇到非数字字符结束转换。

(3) atof

函数原型:double atof(const char *string);

函数功能:将 string 表示的字符串转换为双精度实型数据并返回,遇到除小数点"."、字母"E"或"e"外的非数字字符结束转换。

(4) exit

函数原型:void exit(int status);

函数功能:终止正在执行的程序,将 status 值传递给调用者。

(5) srand

函数原型:void srand(unsigned seed);

函数功能:用 seed 值初始化随机数发生器。

(6) rand

函数原型:int rand(void);

函数功能:产生并返回一个 0~RAND_MAX 之间的伪随机数。

(7) malloc

函数原型:void *malloc(size_t size);

函数功能:分配 size 个字节长度的连续内存空间。分配成功则返回用 void 类型指针表示的存储块起始地址,否则返回 NULL。

(8) realloc

函数原型:void *realloc(void *memblock, size_t size);

函数功能:将以 memblock 值为首地址的存储块长度调整为 size 所指定的长度。分配成功时返回用 void 类型指针表示的存储块起始地址;若返回的新存储块首地址与由 memblock 确定的原首地址相同,则不需要进行原块内存放内容的复制;若返回的新存储块的首地址与 memblock 确定的原首地址不同,则需要将原块内存放内容复制到新分配的存储块中。

(9) calloc

函数原型:void *calloc(size_t num, size_t size);

函数功能:分配 num 个数据项的连续内存空间,每个数据项的大小为 size。分配成功则返回用 void 类型指针表示的分配空间的起始地址,否则返回 NULL。

(10) free

函数原型:void free(void *memblock);

函数功能:释放指针 memblock 所指定的内存区域。这些被释放的存储区域只能是用存储分配函数 calloc、malloc 或 realloc 分配的存储区间。

附录 D

一、Visual C++ 6.0 集成开发环境简介

Visual C++是微软推出的目前使用极为广泛的视窗平台下的可视化软件开发环境。在视窗操作系统(Windows x/NT)下正确安装了 Visual C++ 6.0 后,如图 D.1 所示,可以通过单击任务栏的“开始”按钮,选择“程序”菜单中的“Microsoft Visual Studio6.0”,然后再选择“Microsoft Visual C++ 6.0”菜单启动运行 Visual C++ 6.0。

第一次运行 Visual C++ 6.0 时,系统将显示“Tip of the Day”对话框,如图 D.2 所示。在对话框中可以通过单击“Next Tip”按钮一步一步地查看各种操作的相关提示。如果不选中“Show tips at startup”复选框,则以后运行 Visual C++ 6.0 时将不再出现该对话框。单击

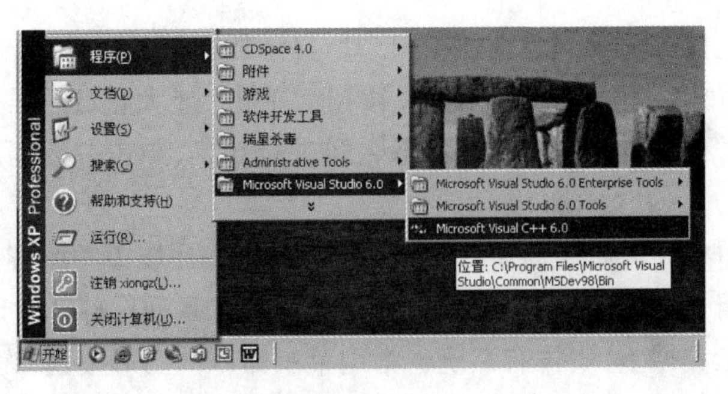

图 D.1　启动 Visual C++ 6.0

"Close"按钮关闭该对话框后进入 Visual C++ 6.0 开发环境。

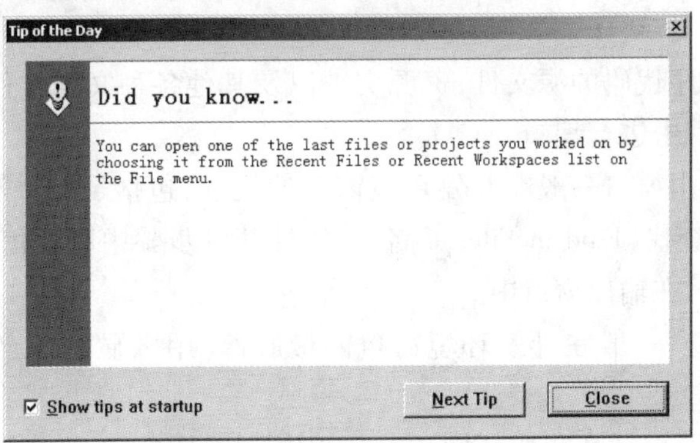

图 D.2　Tip of the Day 话框

Visual C++ 6.0 开发环境界面由标题栏、菜单栏、工具栏、项目工作区窗口、文档窗口、输出窗口以及状态栏等构成,如图 D.3 所示。

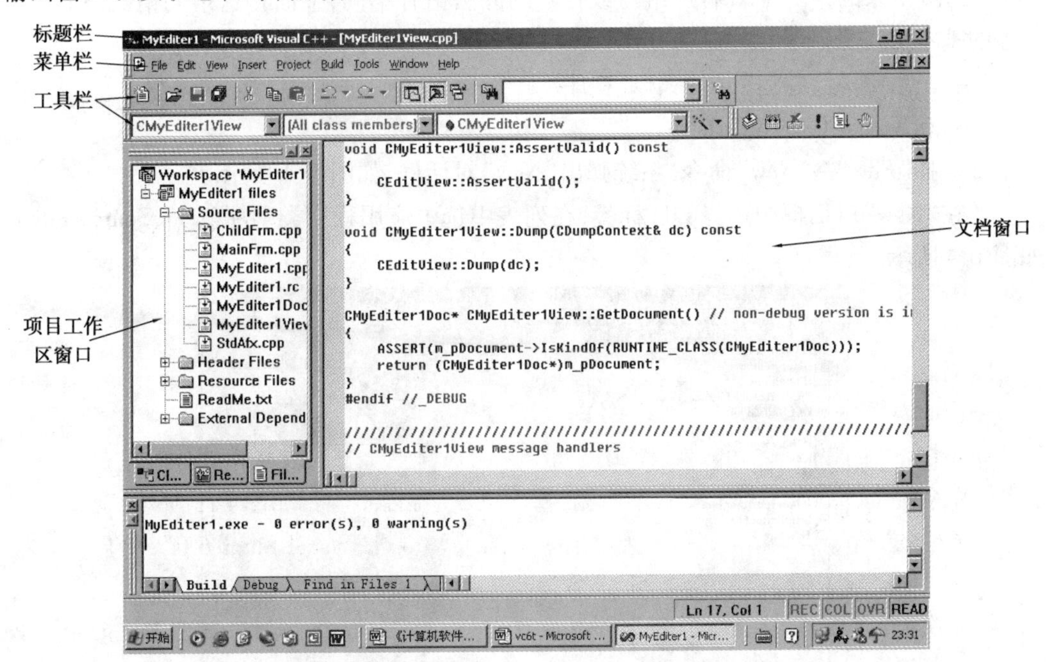

图 D.3　Visual C++ 6.0 集成开发环境

• 标题栏:标题栏上显示当前文档窗口中所显示的文档的文件名。在标题栏的右端一般有“最小化”“最大化/还原”以及“关闭”按钮。单击“最大化/还原”按钮或在标题栏上双击可以使窗口在“最大化”与“还原”状态之间进行切换,单击“关闭”按钮可以退出集成开发环境。

• 菜单栏:菜单栏中几乎包含了 Visual C++ 6.0 集成环境中的所有命令,为用户提供了文档操作、程序编辑、程序编译、程序调试、窗口操作等一系列软件开发环境功能。

• 工具栏:在工具栏上,安排有系统中常用菜单命令的图形按钮,为用户提供更方便的操作方式。

• 项目工作区窗口:项目工作区窗口中包含用户项目的有关信息,包括类、项目文件以及项目资源等。

• 文档窗口:程序代码的源文件、资源文件以及其他各种文档文件等都可以在文档窗口中显示并可以在其中进行编辑。

• 输出窗口:输出窗口一般在开发环境窗口的底部,包括了编译和连接(Build)、调试(Debug)、在文件中查找(Find in Files)等各种软件开发步骤中相关信息的输出,输出信息以多页面的形式显示在输出窗口中。

• 状态栏:状态栏一般在开发环境窗口的最底部,用以显示与当前操作相应的状态信息。

二、使用 Visual C++ 6.0 集成环境开发 C 程序

在 Visual C++ 6.0 IDE(集成开发环境)中开发 C 程序对应着 Visual C++软件开发平台中的控制台应用程序开发。每次启动 Visual C++ 6.0 IDE 后,在 IDE 中编写或打开第一个 C 程序与接下来的第二个 C 程序编写或打开的方法稍有不同,下面将这不同情况下开发 C 程序的基本方法分别予以介绍。

(1)新建(编写)并运行第一个 C 程序

①启动 Visual C++ 6.0 IDE。

②选择“File”→“New”命令,系统弹出“New”对话框,如图 D.4 所示。

③在“New”对话框中选择 File 标签,在列表中选中应用程序类型项(C++ Source File),如图 D.4 所示。

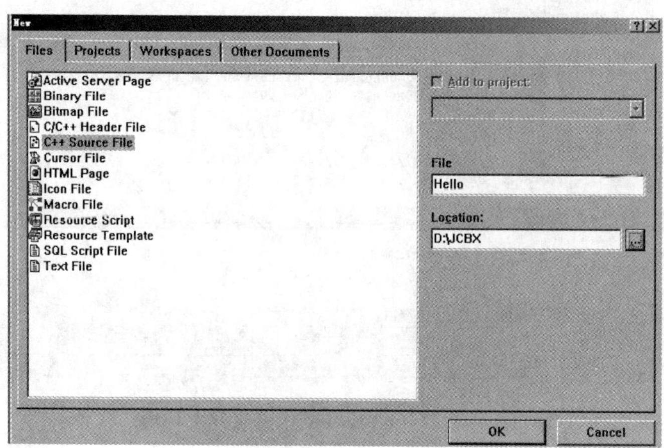

图 D.4 “New”对话框

④在“New”对话框的“File”框中输入要建立的应用程序的名字，在“Location”框中输入或通过其旁边的浏览按钮选择存放应用程序的文件夹(目录)，然后单击OK进入集成环境应用程序编辑器，如图D.5所示。

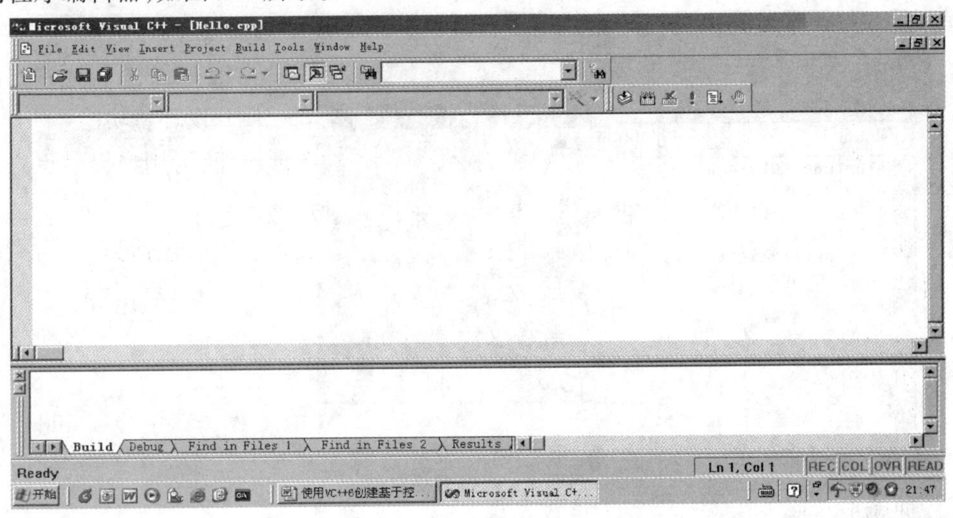

图D.5　应用程序编辑器

⑤在编辑器中输入、编辑源程序代码并保存。

⑥在“Build”菜单组中选择“Compile”命令或单击编译工具按钮编译源程序，如图D.6所示。

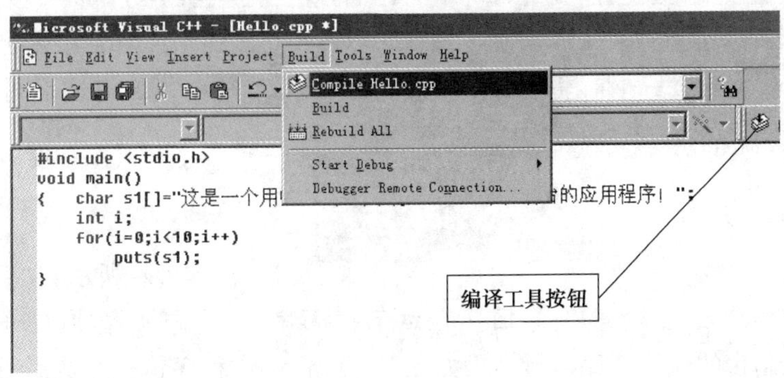

图D.6　编译源程序

⑦当系统出现如图D.7所示提示信息，提示使用默认的项目工作空间时选择“Yes”，系统对源程序进行编译。若编译中发现错误，错误信息在输出窗口中显示；编译成功时提示信息为：xxx.obj - 0 error(s)，0 warning(s)；

图D.7　提示使用默认的项目工作空间

⑧在“Build”菜单组中选择“Build”命令或单击连接工具按钮对编译后的目标文件进行连接以生成相应的执行文件，如图 D.8 所示。连接成功的提示信息为：xxx.exe - 0 error(s), 0 warning(s)；

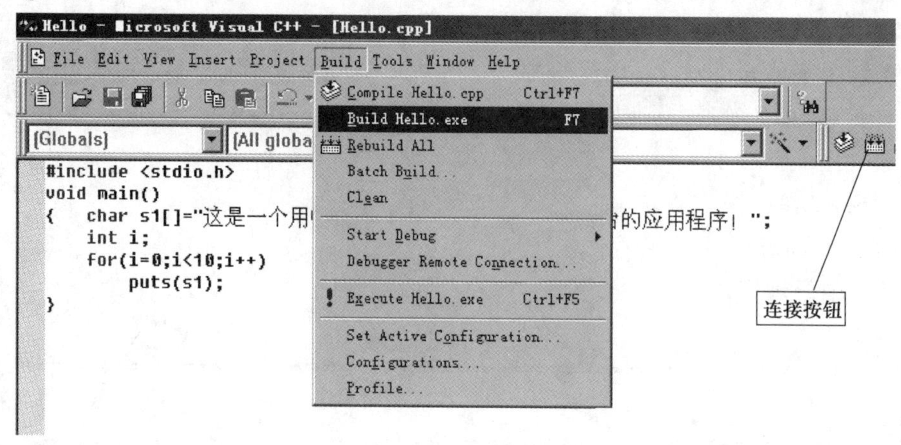

图 D.8　连接目标文件

⑨在“Build”菜单组中选择“Execute”（快捷键 Ctrl+F5）命令或者在工具栏上单击运行按钮运行相应程序，如图 D.9 所示。

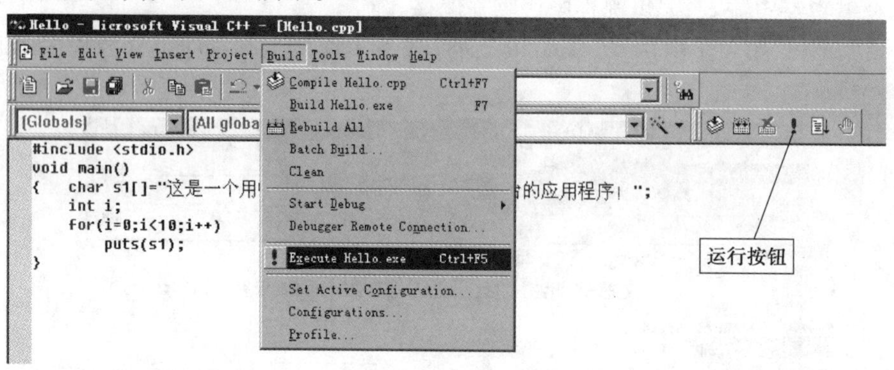

图 D.9　运行应用程序

⑩基于控制台的应用程序运行结果如图 D.10 所示，在程序执行完成后，按任意键系统返回 Visual C++ 6.0 软件开发环境。

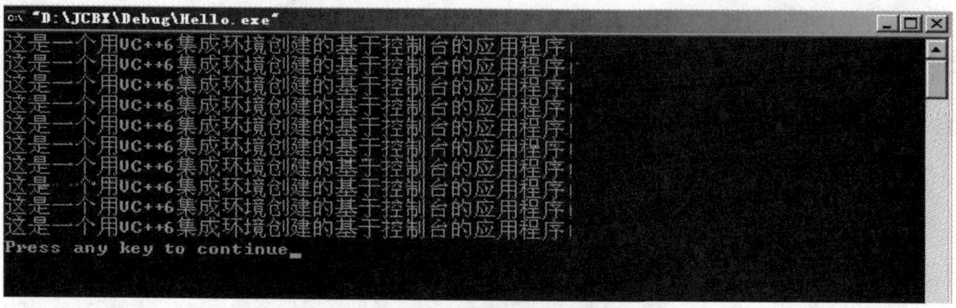

```
"D:\JCBX\Debug\Hello.exe"
这是一个用VC++6集成环境创建的基于控制台的应用程序！
这是一个用VC++6集成环境创建的基于控制台的应用程序！
这是一个用VC++6集成环境创建的基于控制台的应用程序！
这是一个用VC++6集成环境创建的基于控制台的应用程序！
这是一个用VC++6集成环境创建的基于控制台的应用程序！
这是一个用VC++6集成环境创建的基于控制台的应用程序！
这是一个用VC++6集成环境创建的基于控制台的应用程序！
这是一个用VC++6集成环境创建的基于控制台的应用程序！
这是一个用VC++6集成环境创建的基于控制台的应用程序！
这是一个用VC++6集成环境创建的基于控制台的应用程序！
Press any key to continue
```

图 D.10　C 程序运行的结果

(2)打开(编辑)并运行第一个 C 程序

①启动 Visual C++ 6.0 IDE。

②选择“File”→“Open”命令，系统弹出“打开”对话框，如图 D.11 所示。

③在打开对话框中选取源文件并打开；

此后的各个步骤与“新建(编写)并运行第一个 C 程序”中的第⑤~⑨相同，此处不再赘述。

图 D.11　打开对话框

(3)处理非第一个 C 程序

所谓处理“非第一个 C 程序”，指的是当在集成环境中处理完了第一个 C 程序后，在不关闭集成环境的情况下继续处理(新建或打开)后续的 C 程序。

在 Visual C++ 6.0 IDE 中处理 C 程序时要使用到工作区概念。工作区环境中包含了系统为了处理当前 C 程序而需要的所有信息。每一个独立的 C 程序都需要在自己的工作区中处理，所以每当要进行下一个 C 程序的处理时都必须关闭上一个 C 程序处理时的工作区，否则会出现“error LNK2005: _main already defined in e0112.obj(主函数已经存在)”等错误。关闭当前(上一个)C 程序处理工作区的方法为：

①选择“File”→“Close Workspace”命令，如图 D.12 所示；

②在集成环境系统出现的提示对话框中选择“是(Y)”按钮，如图 D.13 所示。

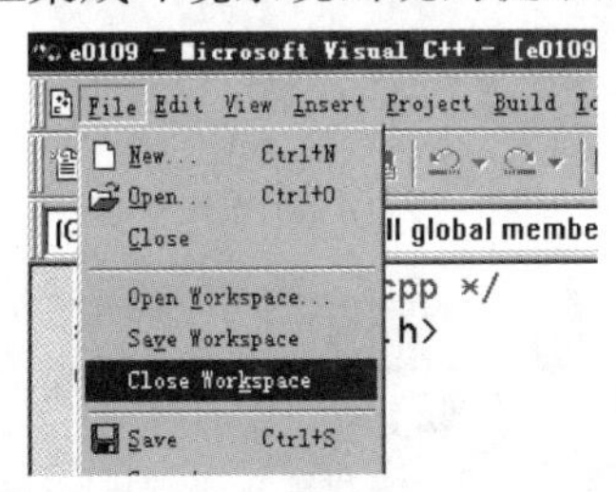

图 D.12　关闭工作区

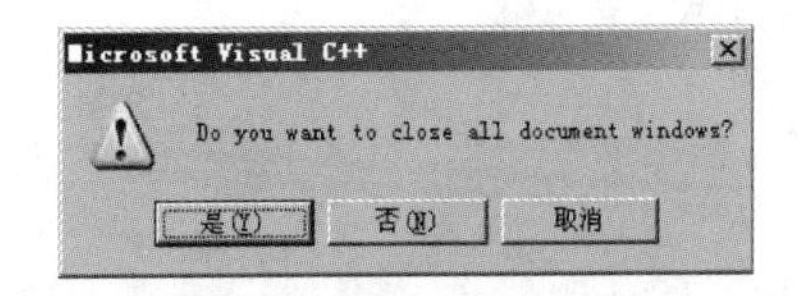

图 D.13　系统提示对话框

(4)处理命令行参数

在处理含有命令行参数的 C 程序时，需要设置命令行参数的字符串(除命令本身)。在 VC++ 6.0 IDE 中命令行参数处理方法如下：

①编译(或编译连接)所处理的 C 程序(注意只有当对处理的 C 程序编译或者编译连接后才能进行下面步骤的操作)。

②选择“Project/Settings…”命令，进入 Projcet Setting 对话框。

③在 Projcet Setting 对话框中选择 Debug 标签，如图 D.14 所示。然后在“Program arguments”框中输入命令行参数即可。

④单击“Projcet Setting”对话框中的“OK”按钮，退出命令行参数设置。

⑤在“Build”菜单组中选择“Execute”(快捷键 Ctrl+F5)命令或者在工具栏上单击运行按钮运行相应程序，如图 D.14 所示。

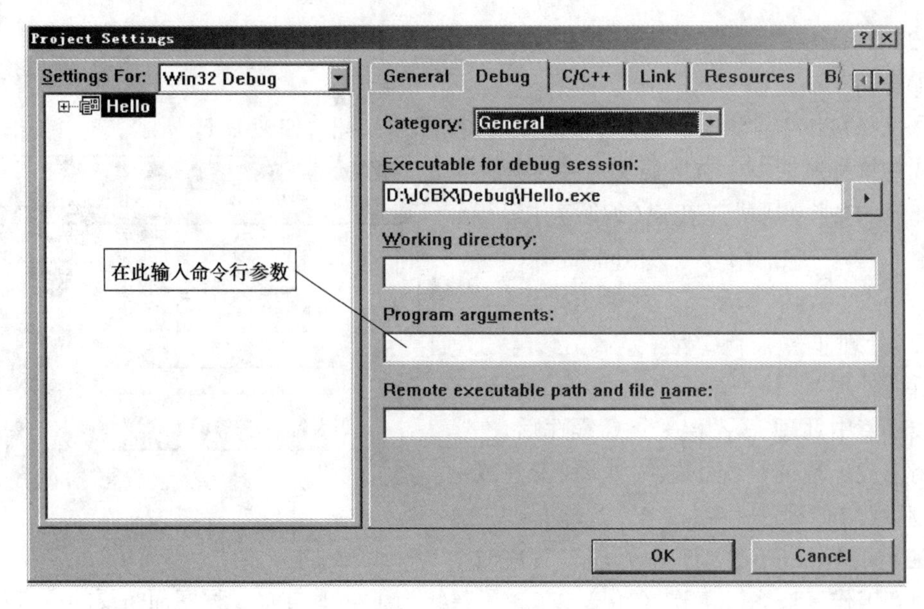

图 D.14　命令行参数处理

参考文献

[1] Al Kelley,Ira Pohl.A Book on C: Fourth Edition[M]. 北京:机械工业出版社,2004.

[2] Robert Sedgewick.C 算法第一卷[M].周良忠,译. 北京:人民邮电出版社,2004.

[3] Samuel P.Harbison III,Guy L.Steele Jr. A Reference Manual[M].Fifth Edition.北京:人民邮电出版社,2003.

[4] Brian W. Kernighan, Dennis M. Ritchie. The C Programming Language [M]. Second Edition.北京:机械工业出版社,2006.

[5] 孙家骕.C 语言程序设计[M].北京:北京大学出版社,1998.

[6] Eric S.Roberts.Programming Abstractions in C[M].北京:机械工业出版社,2004.

[7] 熊壮,等.程序设计技术[M].3 版.重庆:重庆大学出版社,2008.

[8] P.J.Plauger.卢红星,等,译.C 标准库[M].北京:人民邮电出版社,2009.

[9] 熊壮,等.计算机程序设计基础(C 语言)[M].北京:清华大学出版社,2010.